普通高等学校计算机教育
“十三五”规划教材

Java EE
应用开发教程

胡安明 陈惠娥 主编
陈世红 何韦颖 副主编

人 民 邮 电 出 版 社
北 京

图书在版编目（CIP）数据

Java EE应用开发教程 / 胡安明，陈惠娥主编. --
北京 ：人民邮电出版社，2021.3(2023.4重印)
普通高等学校计算机教育“十三五”规划教材
ISBN 978-7-115-50091-5

Ⅰ. ①J… Ⅱ. ①胡… ②陈… Ⅲ. ①JAVA语言—程序
设计—高等学校—教材 Ⅳ. ①TP312.8

中国版本图书馆CIP数据核字(2018)第251363号

内 容 提 要

Java 语言作为一种优秀的面向对象的程序设计语言，以其较高的安全机制和高可靠性及跨平台性等特点，得到了广泛应用。目前，Java 语言已成为应用开发的主要编程语言。Java EE 作为基于 Java 的企业级应用程序开发的事实标准，已经得到了广泛的应用。

本书是介绍 Java EE 应用程序开发的入门级教材，主要介绍基于主流开发工具 MyEclipse 进行 Java EE 开发的关键技术和方法。全书共分 14 章，从开发环境配置、JSP/Servlet 基础、JDBC 和 MySQL、JSTL/EL 到主流开发框架 Struts 2、Hibernate、Spring 的应用，通过案例贯穿的形式，详细介绍了 Java EE 技术体系。

本书可以作为高等院校计算机专业及其他相关专业的教材，也可以作为软件编程开发人员的技术参考书。

◆ 主　　编　胡安明　陈惠娥
　副 主 编　陈世红　何韦颖
　责任编辑　张　斌
　责任印制　王　郁　马振武

◆ 人民邮电出版社出版发行　　北京市丰台区成寿寺路 11 号
　邮编　100164　　电子邮件　315@ptpress.com.cn
　网址　https://www.ptpress.com.cn
　固安县铭成印刷有限公司印刷

◆ 开本：787×1092　1/16
　印张：15.25　　　　2021 年 3 月第 1 版
　字数：371 千字　　　2023 年 4 月河北第 3 次印刷

定价：56.00 元

读者服务热线：(010)81055256　印装质量热线：(010)81055316
反盗版热线：(010)81055315
广告经营许可证：京东市监广登字 20170147 号

前言 FOREWORD

Java EE 是目前广泛使用的 Web 开发框架，其体系也不断推陈出新，从 Struts、Hibernate、Spring、JPA、DWR、JSF、Spring MVC 到 Spring Boot 等，但 Java EE 的核心仍然是 JSP、Servlet、Struts、Hibernate、Spring 等技术。本书以培养计算机专业应用型人才为目标，借鉴 CDIO[构思（Conceive）、设计（Design）、实现（Implement）和运作（Operate）]工程教育理念变革创新课程体系，基于软件产业的发展和学生创新创业能力培养的需求，突出操作的实践性，详细介绍 Java EE 核心内容及 Java EE 程序开发的方法与技能。本书通过项目案例贯穿式讲解，将一个项目案例从 Java EE 基础（JSP+JDBC 的实现）开始讲解，逐步深化到 Hibernate 技术框架及 SSH 框架，通过结合创新创业项目让读者由浅入深、全面深入地掌握 Java EE 编程技术与开发思想。

本书以 Java EE 6.0 为基础，使用 Tomcat 8.0 和 MyEclipse 2016 作为开发工具，系统地讲解 Java EE 开发技术与开发技巧。建议读者学习编程时，最好是边看书边实践，大量的实践才是通向成功之路的捷径。本书提供了很多案例，建议读者独立完成案例训练，这样才能快速地提升软件设计与开发水平。

本书共分为 14 章，各章内容如下。

第 1 章：介绍 Java EE 基础概念与 Java EE 开发环境，以及 MyEclipse 的使用方法与技巧。

第 2 章：介绍 JSP 的页面构成和基本语法，以及 JSP 中常用内置对象的使用。

第 3 章：介绍 JDBC 数据库访问技术，详细讲解了 JDBC 数据库的连接、数据库的读取及数据库的修改和优化。

第 4 章：介绍 JavaBean 技术，详细讲解了 JavaBean 技术规范、JavaBean 的定义、JavaBean 对 JDBC 的封装以及 JavaBean 的动作指令等。

第 5 章：介绍 Servlet 的工作原理、Servlet 编程、Servlet 生命周期以及 Servlet 部署，并通过综合案例来讲解如何进行 Servlet 编程，如何使用 Servlet+JavaBean 实现 MVC 模式。

第 6 章：介绍由 Servlet 派生出的两类技术——过滤器与监听器的应用。

第 7 章：介绍 HTML5 的概念、HTML5 的常用标签、HTML5 的表单。

第 8 章：介绍 EL 与 JSTL 标准标签库的使用，详细讲解了 JSTL 支持的任务，如迭代、条件判断、XML 文档操作、国际化标签等。

第 9 章：介绍 Struts 2 框架，从 Struts 框架的历史，到 Struts 2 框架原理、Struts 2 框架的配置及综合应用。

第 10 章：介绍 Struts 2 中 OGNL 的原理及应用，以及 Struts 2 的标签、国际化与中文处理。

第 11 章：介绍 Hibernate 框架，从 Hibernate 框架的 ORM 技术原理，到 Hibernate 框架的配置、数据关系映射，以及 Hibernate 的应用。

第 12 章：介绍 Hibernate 框架查询技术，如 HQL 查询、Criteria 查询、Native SQL 查询，以及 Hibernate 构建数据访问层。

第 13 章：介绍 Spring 框架的原理，以及 Spring 框架中两个重要的实现技术——IoC 和 AOP 的原理与应用。

第 14 章：介绍 Spring 与 Struts 框架的技术整合方法，Spring 与 Hibernate 框架的技术整合方法，以及 SSH 框架的实现方法。

本书由工作在教学一线的高校教师编写，编者具有多年的高校计算机教学经验，了解学生的学习特点及学习中可能遇到的问题。书中突显了学习中的重点和难点，针对编程部分还增加了代码解释。建议全书教学学时为 60～72 学时。

本书第 1、2、8、11、12、13 章由胡安明编写，第 3、4、9、10、14 章由陈惠娥编写，第 5、6 章由陈世红编写，第 7 章由何韦颖编写。广州粤嵌通信科技股份有限公司开发团队参与指导了 Hibernate 框架内容，广州腾科网络技术有限公司开发团队参与指导了 Spring 框架与 Struts 框架内容，广东技术师范大学天河学院计算机科学与工程学院、广东金融学院互联网金融与信息工程学院、广东生态工程职业学院信息工程系的同仁参与指导了各章的综合应用部分，在此深表谢意。

由于编者水平所限，本书难免存在疏漏和不足之处，敬请广大读者批评指正。

编　者

2020 年 3 月

目录 CONTENTS

第 1 章 Java EE 基础……1

1.1 Java EE 概述……1

1.1.1 Java EE 简介……3

1.1.2 常见 Web 应用开发技术……4

1.2 Java EE 开发环境配置……5

1.2.1 下载及安装 JDK……5

1.2.2 Tomcat 安装与配置……7

1.2.3 MyEclipse……9

1.3 第一个 Java EE 程序……13

1.4 小结……16

第 2 章 JSP 基础……17

2.1 JSP 页面构成……17

2.1.1 JSP 页面结构……17

2.1.2 JSP 技术原理……18

2.2 JSP 基本语法……19

2.2.1 JSP 脚本代码、表达式和声明……19

2.2.2 JSP 指令……22

2.2.3 JSP 动作指令……25

2.2.4 page 指令综合案例……27

2.3 JSP 内置对象……30

2.3.1 out 对象……30

2.3.2 request 对象……30

2.3.3 response 对象……35

2.3.4 session 对象……39

2.3.5 Cookie 操作……40

2.3.6 application 对象……41

2.3.7 综合案例……41

2.4 小结……42

第 3 章 JDBC 基础……43

3.1 JDBC 概述……43

3.2 JDBC 基本操作……45

3.2.1 建立 ODBC 数据源及访问过程……45

3.2.2 添加数据……48

3.2.3 删除数据……50

3.2.4 查找数据……50

3.2.5 修改数据……50

3.3 JDBC 优化技术……51

3.3.1 PreparedStatement 接口……51

3.3.2 访问 MySQL 数据库……52

3.4 综合案例……54

3.5 小结……64

第 4 章 JavaBean……65

4.1 JavaBean 概述……65

4.2 JavaBean 定义及应用……66

4.2.1 JavaBean 技术规范……66

4.2.2 编写一个 JavaBean……67

4.2.3 <useBean>标签……68

4.2.4 <setProperty>标签……69

4.2.5 <getProperty>标签……71

4.3 DAO 和 VO……71

4.4 小结……75

第 5 章 Servlet 基础……76

5.1 Servlet 概述……76

5.1.1 如何实现 Servlet……77

5.1.2 Servlet 代码结构……77

5.2 Servlet 生命周期……80

5.3 Servlet 配置……83
5.4 Servlet 与 JSP 内置对象……84
5.5 基于 Servlet 的 MVC 模式……84
5.6 小结……89

第 6 章 Servlet 高级应用……90

6.1 过滤器……90
6.1.1 过滤器技术原理……90
6.1.2 过滤器开发过程及配置……92
6.1.3 案例：图片水印……96
6.2 监听器……100
6.3 小结……101

第 7 章 HTML5……102

7.1 HTML 概述……102
7.2 HTML5 常用标签……106
7.2.1 <details>标签……106
7.2.2 <progress>标签……107
7.2.3 <meter>标签……108
7.2.4 <ol>标签……109
7.2.5 <hgroup>标签……110
7.2.6 <embed>标签……111
7.2.7 <canvas>标签……111
7.3 HTML5 表单……112
7.3.1 <input>标签……112
7.3.2 <form>标签……118
7.3.3 <datalist>标签……118
7.4 小结……119

第 8 章 EL 和 JSTL……120

8.1 EL 概述……120
8.2 EL 表达式……121
8.2.1 EL 表达式语法……121
8.2.2 EL 隐含对象……123
8.3 JSTL……124
8.4 综合案例……126
8.5 小结……130

第 9 章 Struts 基本原理……131

9.1 Struts 2 概述……131
9.2 Struts 2 的配置及原理……132
9.2.1 第一个 Struts 2 程序……132
9.2.2 Struts 2 的原理……137
9.3 Action 类……140
9.3.1 Action 类的实现及应用……140
9.3.2 Action 数据校验……142
9.3.3 method 属性……143
9.4 拦截器……144
9.4.1 拦截器的原理……144
9.4.2 拦截器的实现过程……145
9.4.3 Struts 2 内置拦截器……146
9.5 小结……152

第 10 章 Struts 2 的应用开发……153

10.1 OGNL……153
10.2 Struts 2 标签……156
10.2.1 表单标签……156
10.2.2 逻辑控制标签……163
10.3 Struts 2 国际化……166
10.4 Struts 2 中文处理……167
10.5 小结……170

第 11 章 Hibernate 基础……171

11.1 Hibernate……171
11.1.1 ORM……171
11.1.2 Hibernate 简介……172
11.2 Hibernate 基本应用……173
11.2.1 第一个 Hibernate 程序……173
11.2.2 Hibernate 常用接口……181
11.3 Hibernate 对象状态……183
11.4 Hibernate 关系映射……185
11.4.1 一对多关系映射……187
11.4.2 一对一关系映射……191
11.4.3 多对多关系映射……194

11.4.4　继承关系映射……197
11.5　小结……200

第 12 章　Hibernate 高级开发……201

12.1　HQL 查询……201
12.2　Criteria 查询……207
12.3　Native SQL 查询……209
12.4　案例：Hibernate 构建数据访问层……210
12.5　小结……212

第 13 章　Spring 基础……213

13.1　Spring 简介……213
13.2　Spring 框架的基本应用……215
13.3　依赖注入……217
13.3.1　属性注入……217
13.3.2　构造函数注入……221
13.4　面向切面编程……222
13.4.1　AOP 通知的原理和类型……222
13.4.2　实现案例……223
13.5　Spring 核心技术……224
13.5.1　Spring 中的 JavaBean……224
13.5.2　Bean 的生命周期……226
13.5.3　BeanFactory 接口……227
13.5.4　ApplicationContext 接口……227
13.6　小结……227

第 14 章　Spring、Struts、Hibernate 的整合……228

14.1　SSH 简介……228
14.2　Spring 与数据持久层……229
14.3　Spring 整合 Struts 2……234
14.4　Spring 整合 Struts 2、Hibernate……234
14.5　小结……236

01

第1章 Java EE基础

Java EE（Java Enterprise Edition，Java 企业版）是基于 Java 的解决方案，是一套技术架构。Java EE 的核心是一组技术规范与指南，它使开发人员能够开发具有可移植性、安全性和可复用的企业级应用。Java EE 良好定义和设计的体系结构保证了开发人员更多地将注意力集中在架构设计和业务逻辑上。本章主要介绍 Java EE 的基本概念及基本理论，以及 Java EE 开发环境的安装、配置及开发方法。

本章内容：

- Java EE 的概念；
- Java EE 的特点；
- Java EE 的开发环境；
- MyEclipse 的使用。

1.1 Java EE 概述

Java EE 是目前广泛使用的企业级应用开发技术架构，以其稳定的性能、良好的开放性及严格的安全性而著称，在对信息化要求较高的证券、电信、银行等行业中都有广泛的应用。Java 语言是 Java EE 开发的基础，整个 Java EE 都是构建在 Java 基础之上的，掌握好 Java 语言，对于初学者学习 Java EE 是非常必要的。

1. Java 语言简介

Java 语言是 Sun 公司（Sun 公司已在 2009 年被 Oracle 公司收购）开发的一种面向对象的程序设计语言。它摒弃了 C++中的一些弊端，按照纯面向对象的设计思路进行软件开发的程序语言，且有着较好的稳定性和跨平台性。根据 TIOBE 2019 年 12 月的调查显示，Java 语言是全球应用最广泛的程序设计语言，它以 17.253%的占有率位居榜首，如图 1.1 所示。

2019年12月排名	2018年12月排名	排名变动	编程语言	比例	比例变动
1	1		Java	17.253%	+1.32%
2	2		C	16.086%	+1.80%
3	3		Python	10.308%	+1.93%
4	4		C++	6.196%	-1.37%
5	6	↑	C#	4.801%	+1.35%
6	5	↓	Visual Basic .NET	4.743%	-2.38%
7	7		JavaScript	2.090%	-0.97%
8	8		PHP	2.048%	-0.39%
9	9		SQL	1.843%	-0.34%
10	14	⇈	Swift	1.490%	+0.27%

图 1.1　计算机语言排名

2. Java 系列版本

Java 一共有 3 个版本，具体介绍如下。

① Java SE（Java Standard Edition，Java 标准版）：适用于 Java 小程序和独立桌面应用程序的开发。

② Java EE（Java Enterprise Edition，Java 企业版）：适用于服务器端程序和企业应用软件的开发。

③ Java ME（Java Micro Edition，Java 微型版）：适用于小型设备、独立设备、互联网设备、嵌入式设备的程序开发。

Java 语言 3 个版本的关系如图 1.2 所示。

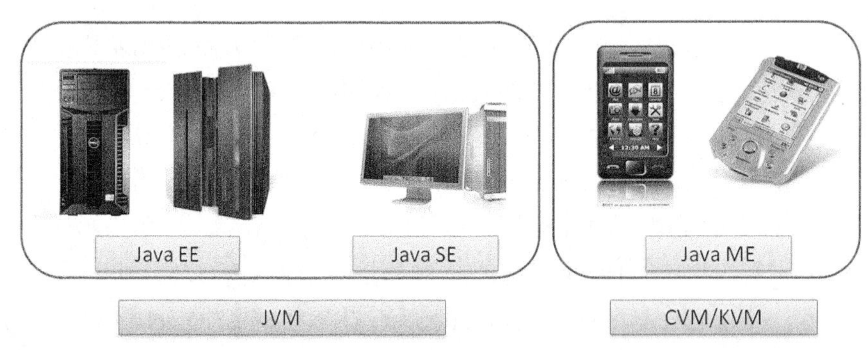

图 1.2　Java 语言 3 个版本的关系

从图 1.2 中可以看出，Java SE 和 Java EE 都是运行在 Java 虚拟机（Java Virtual Machine，JVM）上的，其中 Java EE 是面向企业应用，运行在服务器或大型机上的应用程序，它也是本书讲解的重点。Java ME 运行在移动智能设备上，如基于 Linux 内核虚拟机（Kernel-based Virtual Machine，KVM）、智能 Card 虚拟机（Smart Card Virtual Machine，CVM），但近年来 Android 发展迅猛，已取代 Java ME 成为主流的移动智能开发平台。

1.1.1　Java EE 简介

从技术开发的角度来看，Java EE 并不是某一种技术，而是基于 Java 的专为解决企业应用的技术架构，即 Framework。Java EE 的核心是一组技术规范与指南，它使开发人员能够开发具有可移植性、安全性和可复用的企业级应用。Java EE 基于标准的平台框架，是用于开发、部署和管理 *N* 层结构，面向 Web，以服务器为中心的企业级应用。Java EE 良好定义和设计的体系结构保证了开发人员更多地将注意力集中于架构设计和业务逻辑上。

1. 为什么要学习 Java EE

（1）学习 Java EE 能快速掌握主流的软件开发技术

Java EE 是按经典 MVC（Model-View-Controller，模型－视图－控制器）模式进行设计的企业级应用开发技术，熟练掌握 Java EE 就掌握了主流的软件开发技术，可广泛应用到各类信息系统的开发中去，同时对于学习其他程序开发技术（如.NET）也不再有太大的难度，很容易过渡。

（2）学习 Java EE 有较好的前景

从 TIOBE 的主流开发语言调查结果可知，Java 仍是使用率第一的主流开发程序设计语言，Java 语言主要应用在 Java EE 和 Android 两个方向，且很多大型网站都采用 Java EE 开发，如淘宝网、12306 网站等。

学习 Java EE 可以有较好的就业前景和不错的薪酬待遇，以权威招聘类网站的 Java 相关职位检索数据为例，仅北京每周就提供了 1 万多个与 Java EE 相关的招聘岗位，且待遇较好。

2. Java EE 技术体系

Java EE 分为重量级和轻量级开发两类。重量级是以传统的 EJB（Enterprise JavaBean）技术为代表的应用开发，其中包含 EJB、JPA、JSF、RMI、Java IDL 等，应用服务器包含 WebSphere、WebLogic、Glassfish 等，其结构如图 1.3 所示。重量级的 Java EE 性能稳定，功能全面，但开发成本较高，周期较长，一般只有大型企业才能承担得起。

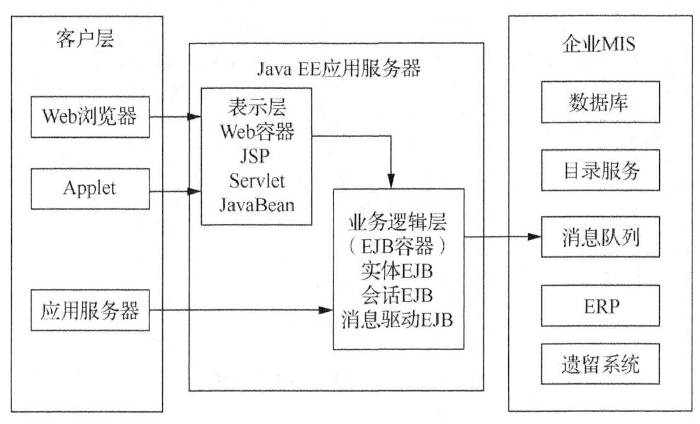

图 1.3　重量级 Java EE 结构

轻量级即 Framework，其实就是某种应用的半成品，也可以说是一组组件，供用户选用以完成自己的系统。这些组件是把不同的应用中有共性的任务抽取出来加以实现，做成程序供人使用。简而言之，就是使用别人搭好的舞台来表演。而且，框架一般是成熟的、不断升级的软件。框架的概念最早起源于 Smalltalk 环境，最知名的框架是 Smalltalk-80 的用户界面框架 MVC（Model-View-Controller）。

轻量级框架不需要昂贵的设备和软件费用，且系统搭建容易，服务器启动快捷，适合于中小型企业或项目。目前，使用轻型框架开发项目非常普遍，常用的轻型框架包括 Hibernate、Struts、Spring、WebWork、Tapestry、DWR、JSF 等，其中 SSH（Spring+Struts+Hibernate）是本书要重点讲解的内容。

轻量级框架可以完成开发中的一些基础性工作，开发人员可以集中精力完成系统的业务逻辑设计。总体而言，使用轻量级框架的好处有以下几点。

① 减少重复开发，缩短开发周期，降低开发成本。

② 使程序设计总体上更规范，程序运行更稳定。

③ 软件开发更能适应需求变化，且运行维护费用也较低。

学习轻量级 Java EE 技术路线可分为以下 6 步，Java EE 学习线路图如图 1.4 所示。

① JSP（Java Server Page，Java 服务器页面）基础。

② JSP+JavaBean。

③ JSP+JavaBean+Servlet。

④ JSP+Struts+JavaBean。

⑤ JSP+Struts+Hibernate。

⑥ Spring+Struts+Hibernate。

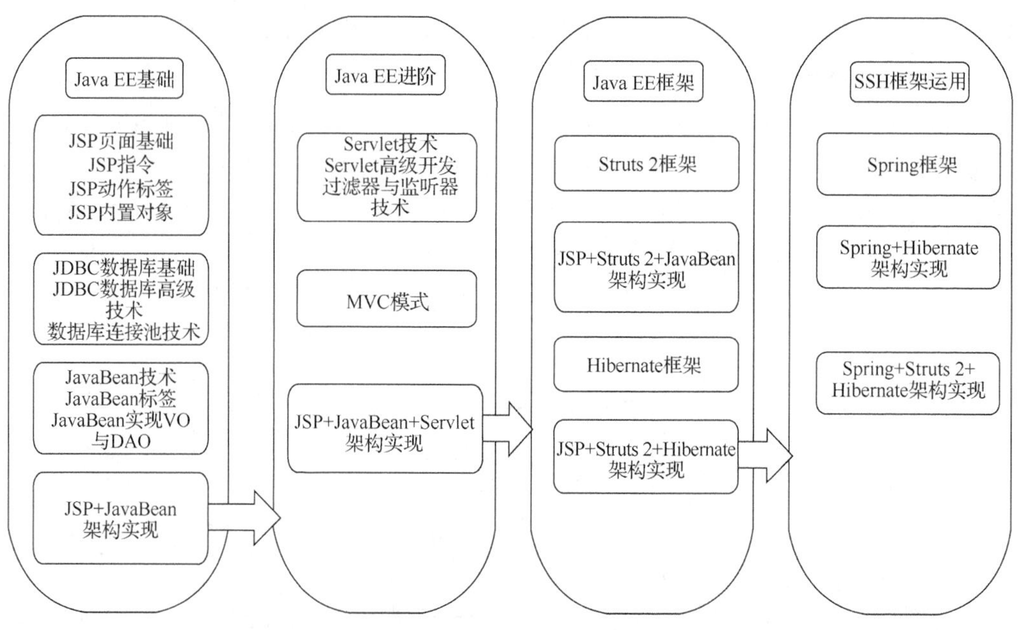

图 1.4　Java EE 学习线路图

1.1.2　常见 Web 应用开发技术

目前，比较常用的服务器端应用开发技术有 ASP、PHP 等，表 1.1 是 Java EE 与这几种技术的比较。

表 1.1　　Java EE、ASP 和 PHP 技术的比较

参数	Java EE	ASP	PHP
运行速度	快	较快	较快
运行耗损	较小	较大	较大
难易程度	容易掌握	简单	简单
运行平台	绝大部分平台均可	Windows 平台	Windows/Linux 平台
扩展性	好	较好	较差
安全性	好	较差	好
函数支持	多	较少	多
数据库支持	多	多	多
厂商支持	多	较少	较多
对 XML 的支持	支持	不支持	支持
对组件的支持	支持	支持	不支持
对分布式处理的支持	支持	支持	不支持
应用程序	较广	较广	较广

1.2　Java EE 开发环境配置

Java EE 开发需要安装 Java 运行环境 JDK、IDE 工具和服务器等。下面介绍安装 JDK（Java Development Kit，Java 开发工具包）的步骤，JDK 是开发及运行 Java 程序的基础平台。

1.2.1　下载及安装 JDK

1. 下载 JDK

登录 Oracle 官网，下载 JDK 的最新版本，读者可根据自己的操作系统的具体情况进行选择，如图 1.5 所示，32 位 Windows 系统选择 jdk-8u121-windows-i586.exe，64 位 Windows 系统则选择 jdk-8u121-windows-x64.exe。

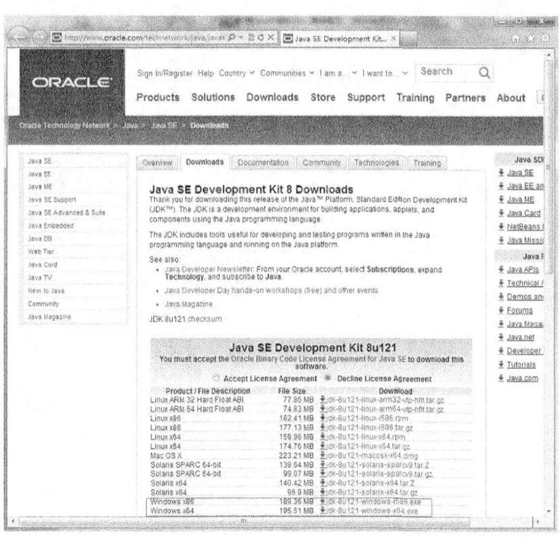

图 1.5　下载 JDK

2. 安装 JDK

直接双击下载的可执行程序，即可进行安装，具体步骤如下。

（1）双击可执行程序，单击“下一步”按钮，如图 1.6 所示。

（2）在图 1.7 所示的对话框中，可以更改文件的安装路径以及是否安装某些组件，这里选择默认安装。

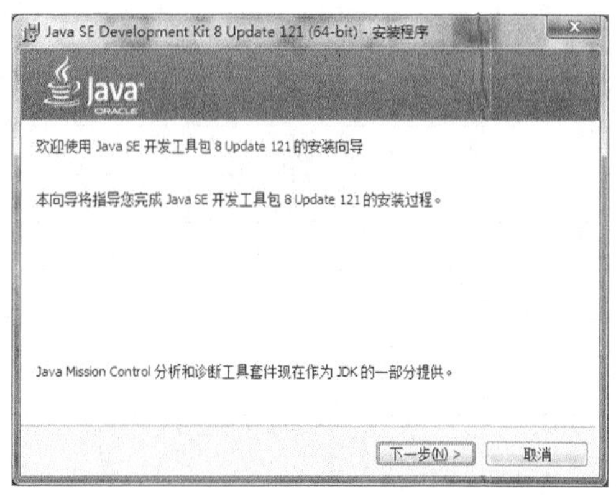

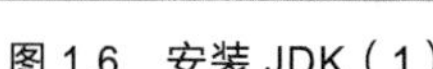
图 1.6 安装 JDK（1）

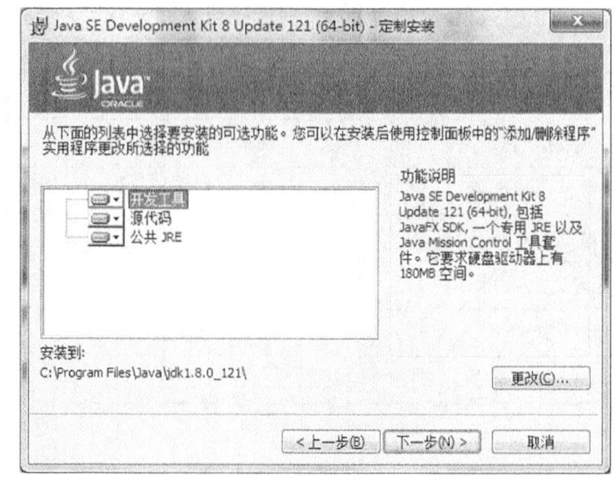

图 1.7 安装 JDK（2）

（3）设置完成后，单击“下一步”按钮开始进行安装，在整个安装过程中可一直单击“下一步”按钮。在安装快要结束时，系统会根据本地计算机的情况提示是否安装或重新安装 JRE（Java Runtime Environment，Java 运行时环境），直接选择安装，其安装路径和 JDK 安装路径一样。安装完成后，会显示安装成功提示。

（4）安装完成后，还需要对 JDK 进行设置，使用鼠标右键单击“我的电脑”，选择“属性”命令，会弹出一个“系统属性”对话框，如图 1.8 所示。

（5）单击“高级”选项卡中的“环境变量”按钮，会显示图 1.9 所示的对话框。

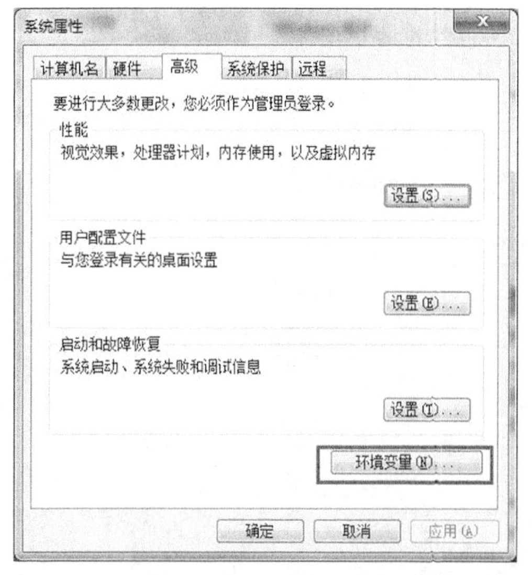

图 1.8 “系统属性”对话框

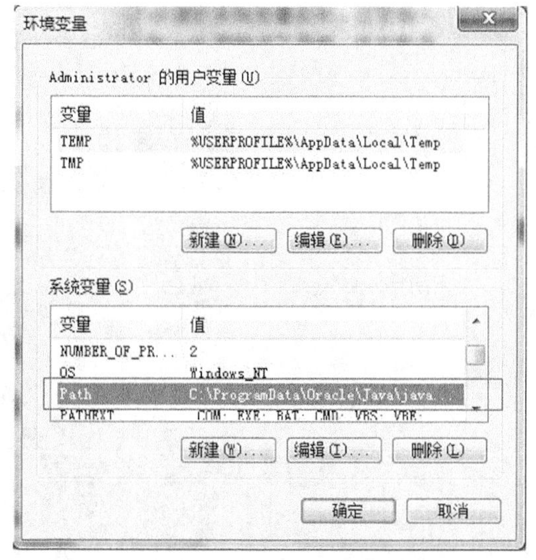

图 1.9 设置环境变量

（6）在“系统变量”区域找到 Path，会显示图 1.10 所示的对话框。在该对话框中为 Path 环境变量增加 JDK 路径配置，这里输入“Path”。“Path”表示 Java 在运行时，如果需要相关命令可以到 Path 的路径下寻找。在“变量值”文本框中输入 JDK 安装路径下 bin 文件夹的所在路径，如输入“.;C:\Program Files\Java\jdk1.8.0_121\bin;”。此变量值由三部分构成，“.”表示在当前目录下寻找，“;”表示不同路径分隔符，“C:\Program Files\Java\jdk1.8.0_121\bin”表示在该目录下寻找。

（7）上述操作完成后，单击“确定”按钮。然后单击“新建”按钮添加 classpath 系统变量，其设置过程与 Path 一样，系统变量值为 JDK 安装路径下的 lib 文件路径。以笔者计算机为例，应输入变量值为“.; C:\Program Files\Java\jdk1.8.0_121\lib\dt.jar;”。

设置完成后，要检测安装是否成功，可单击“开始”→“运行”命令，在弹出的对话框中输入“cmd”，确定后，会显示图 1.11 所示的窗口，在该窗口中输入“javac –version”命令，如果窗口中输出了 JDK 开发工具包的版本，就表示安装成功，否则表示安装失败。

图 1.10　编辑系统变量

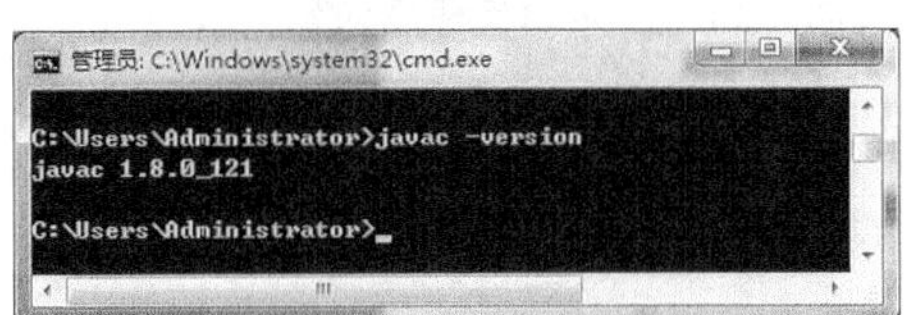

图 1.11　测试环境变量

1.2.2　Tomcat 安装与配置

Java EE 的服务器有多种，如 Jboss、Resin、WebLogic、Tomcat、GlassFish 等，其中轻量级框架主要使用的是 Tomcat 服务器，Tomcat 服务器在中、小型的企业网站中应用比较广泛，具有与 SSH 技术结合紧密等特点，下面介绍 Tomcat 的安装配置过程。

（1）在安装 Tomcat 之前，要先确认计算机上是否安装了 JDK 1.6 或更高的版本，并配置了环境变量。读者可在 Tomcat 官网下载该应用，如图 1.12 所示。

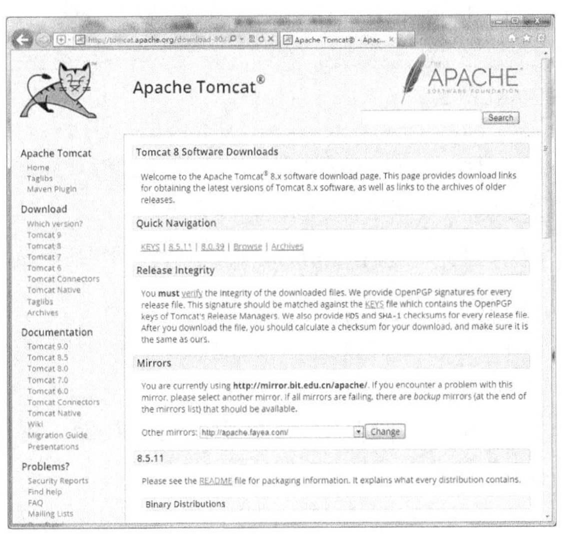

图 1.12　下载 Tomcat

（2）单击要下载的可执行程序，会弹出图 1.13 所示的窗口，在该窗口中单击“Next”按钮，会弹出图 1.14 所示的安装窗口。

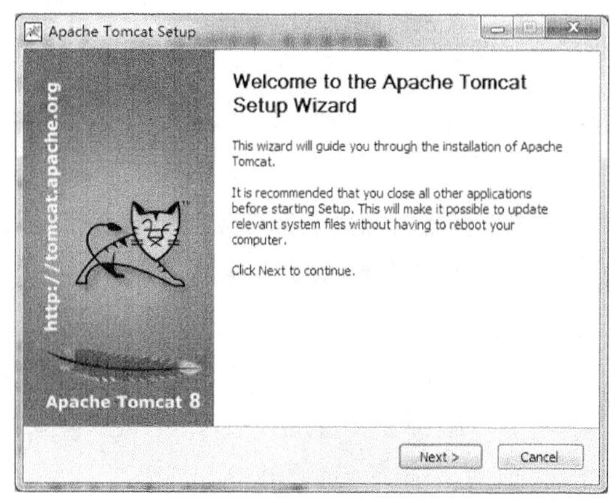

图 1.13　Tomcat 安装启动窗口

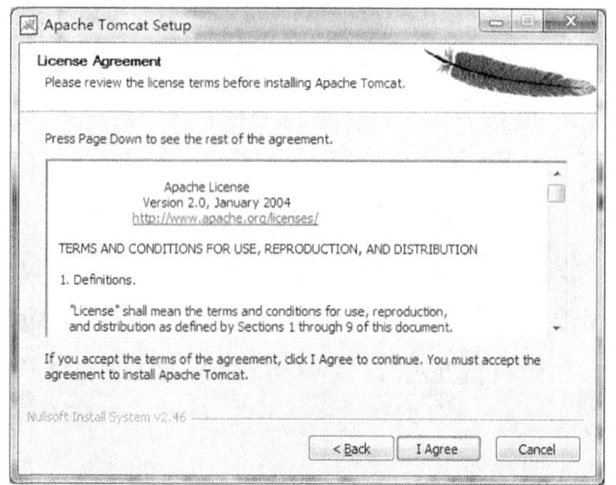

图 1.14　Tomcat 安装窗口（1）

（3）在图 1.14 所示的窗口中单击“I Agree”按钮，会进入下一个安装窗口，如图 1.15 所示，该窗口中有相关的插件需要进行选择，在这里把所有的插件全部选中，即选择“Full”选项，然后单击“Next”按钮，会显示图 1.16 所示的窗口。

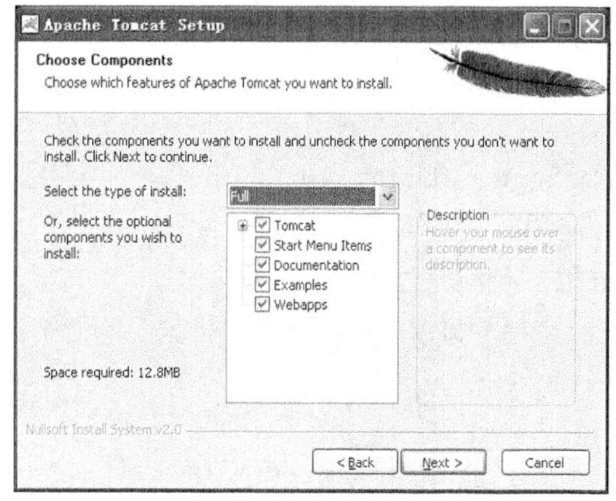

图 1.15　Tomcat 安装窗口（2）

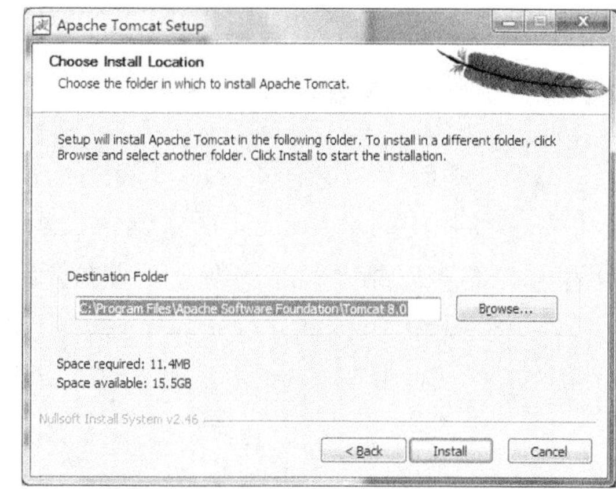

图 1.16　安装位置选择窗口

（4）在图 1.16 所示的窗口中单击“Browse”按钮以设置该 Tomcat 安装的路径位置，设置完毕单击“Next”按钮，进入下一个窗口，如图 1.17 所示。在该窗口中可进行端口的配置，即所编写的 JSP 程序在哪个端口运行，这里 Tomcat 默认的是操作系统的 8080 端口。单击“Next”按钮，会进入下一个窗口，如图 1.18 所示。

（5）在图 1.18 所示的窗口中可选择 Tomcat 服务器在运行的时候，使用哪个开发工具包编译和解释执行 JSP 文件，JSP 文件实质上是一个 Java 文件，是由 Java 中的 Servlet 包产生的。这里要选择的是 jdk1.8.0 文件夹，选择好后，单击“Install”按钮，程序会自动完成安装。安装完成后，会弹出一个图 1.19 所示的窗口。

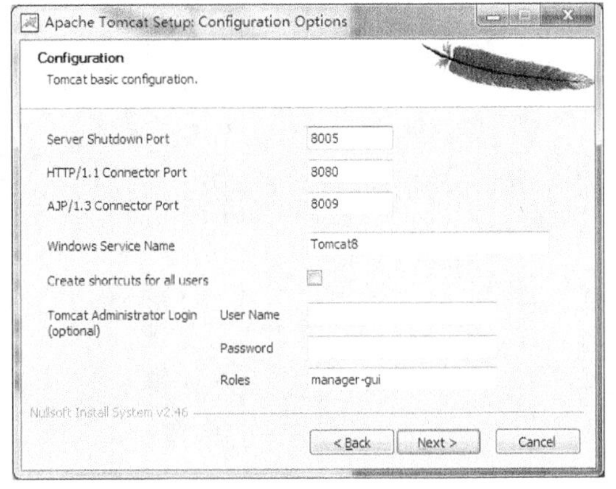

图 1.17　端口选择窗口

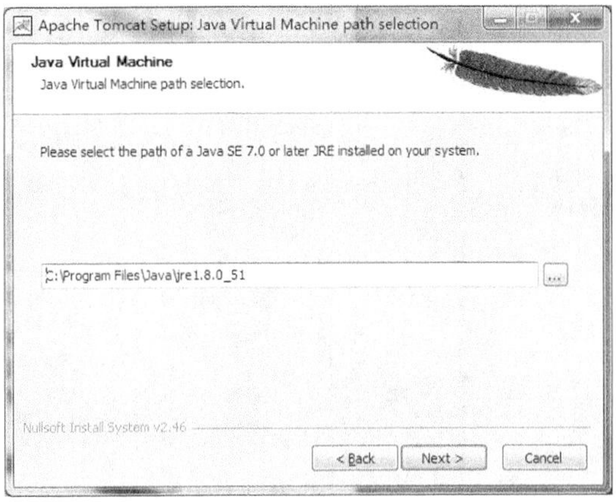

图 1.18　选择 Java 虚拟机窗口

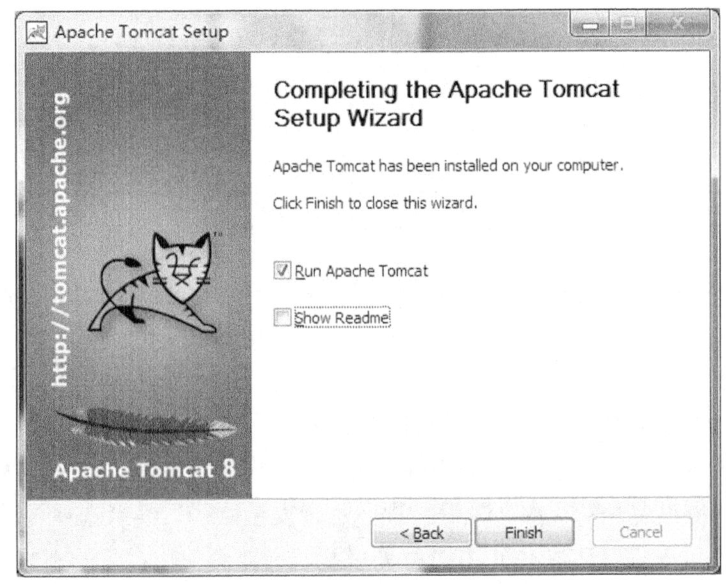

图 1.19　安装完成窗口

（6）在图 1.19 所示的窗口中选择要运行的软件，如可以直接运行该 Tomcat 服务器，或打开 Tomcat 的使用说明书。这里选择运行 Tomcat 服务器，Tomcat 服务器运行后，会在系统右下角的状态栏中出现一个图标，绿色表示正常启动，可以使用，红色表示不可以使用。至此，Tomcat 就已经安装完成了，若要检验 Tomcat 是否安装成功，可打开 IE 浏览器，在地址栏中输入“http://localhost:8080/”，然后单击“转到”按钮，会弹出一个图 1.20 所示的窗口，这就表明服务器已经正确安装了。

Tomcat 安装完成后，用户就可以进行实例的开发了。

1.2.3　MyEclipse

Eclipse 是 IBM 公司推出的开放源码的通用开发平台，它支持包括 Java 在内的多种开发语言。Eclipse 采用插件机制，是一种可扩展的、可配置的集成开发环境（Integrated Development Environment，IDE）。

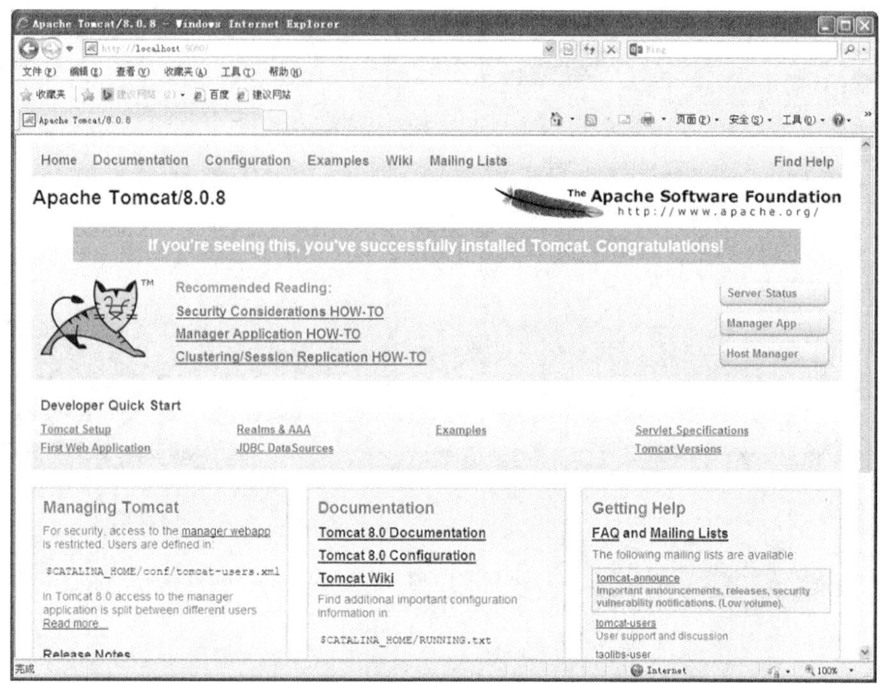

图 1.20 Tomcat 服务器主页运行窗口

MyEclipse 本质上是 Eclipse 插件。其企业级开发平台（MyEclipse Enterprise Workbench）是功能强大的 Java EE 集成开发环境，在其上可以进行代码编写、配置、调试、发布等工作，且 MyEclipse 还支持 HTML、JavaScript、CSS、JSF、Spring、Struts、Hibernate 等的开发。下面对 MyEclipse 的安装配置、使用方法进行简单介绍。

（1）用户可从 MyEclipse 官网下载 MyEclipse 企业级开发平台。首先在 MyEclipse 官网中下载 MyEclipse 的安装包执行文件，然后按提示选择安装路径，其余选项可以按默认设置进行安装。在此过程中系统会自动搜索 JDK 进行环境配置，或者使用自带的 JDK。

（2）安装完成后，选择“开始”→“所有程序”→“MyEclipse”→“MyEclipse 2016”→“MyEclipse 2016 CI”命令，启动 MyEclipse 2016 环境。

（3）初次启动 MyEclipse 会要求用户选择一个工作区（Workspace），即用于存放用户项目（所开发程序）的地方，可以选择默认设置，也可以在其他盘设置文件夹进行存放，如图 1.21 所示。

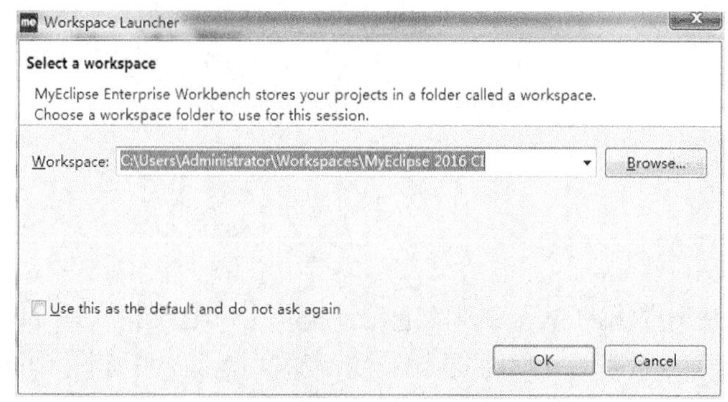

图 1.21 设置 MyEclipse 工作区

（4）设置完毕单击“OK”按钮，可进入 MyEclipse 集成开发工作界面，如图 1.22 所示。

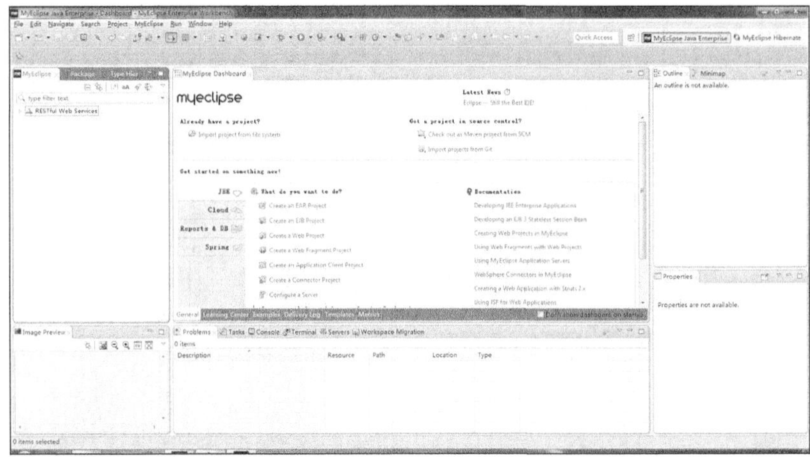

图 1.22　MyEclipse 集成开发工作界面

MyEclipse 的工作界面主要可以分成 5 个部分。

（1）菜单栏

窗体顶部是菜单栏，包含主菜单（如 File）和其所属的菜单项（如 File→New），菜单项下面还可以有子菜单，如图 1.23 所示。

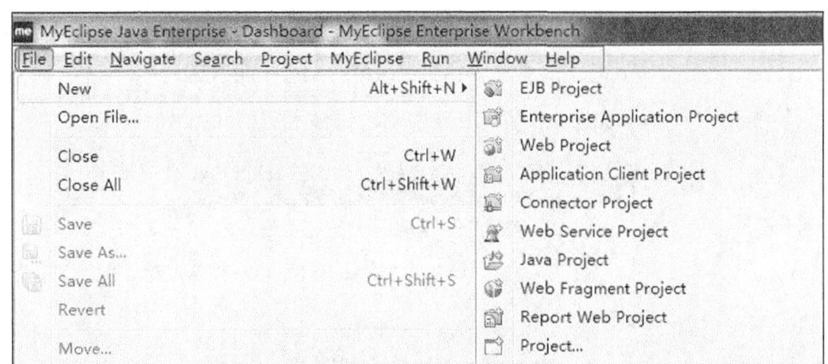

图 1.23　MyEclipse 菜单栏

（2）工具栏

位于菜单栏下方的是工具栏，如图 1.24 所示。

图 1.24　MyEclipse 工具栏

（3）视图切换器

位于工具栏最右侧的是 MyEclipse 所特有的工作视图切换器，如图 1.25 和图 1.26 所示。

图 1.25　切换工作视图

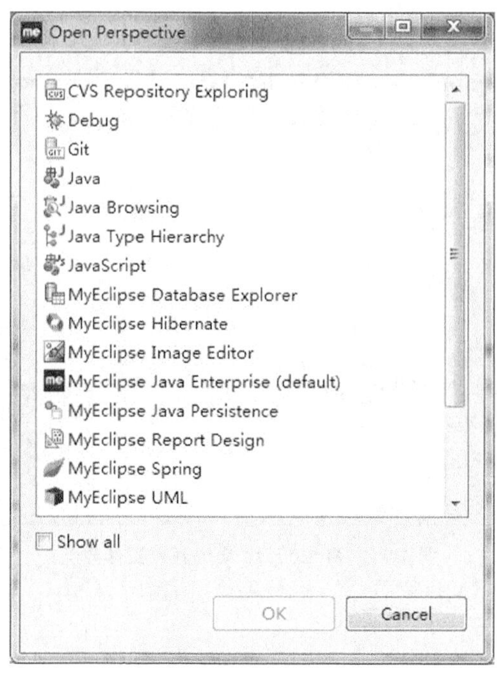

图 1.26 "Open Perspective"对话框

（4）视图

视图是显示在主界面中的一个小窗口，可以将其最大化、最小化显示，也可以调整其大小和位置。除菜单栏、工具栏和状态栏之外，MyEclipse 的界面就是由这样一个个的小窗口组合起来的，像拼图一样构成了 MyEclipse 界面的主体。图 1.27 所示为一个大纲视图。

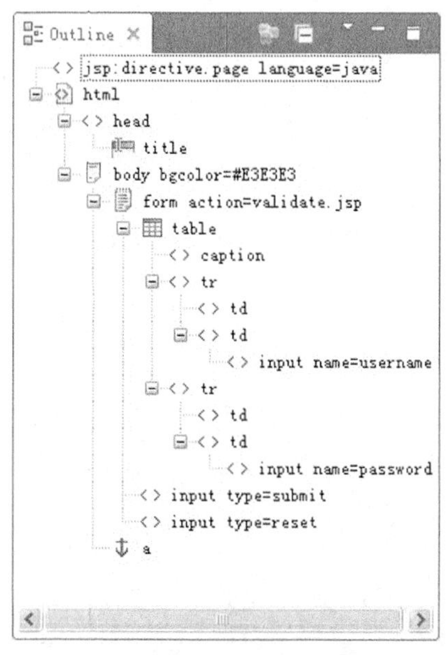

图 1.27 MyEclipse 大纲视图

（5）编辑区域

在主界面的中央会显示文件编辑器及文件的程序代码。这个编辑器与视图非常相似，也能最大化和最小化，若打开的是 JSP 源文件，还会在编辑器上半部分窗口中实时地显示出页面的预览效果，如图 1.28 所示。

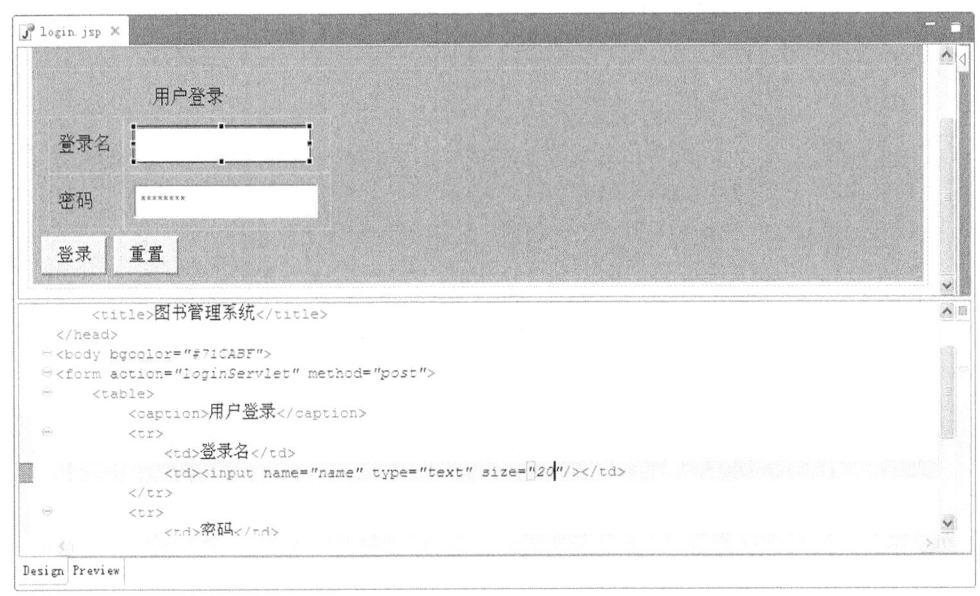

图 1.28　MyEclipse 编辑区域

1.3　第一个 Java EE 程序

【例 1.1】第一个 Java EE 程序。

打开 MyEclipse，选择“File”→“New”→“Web Project”命令，新建一个 Web 项目，如图 1.29 所示。设置项目名称为“Chap1-1 Demo1”，如图 1.30 所示。

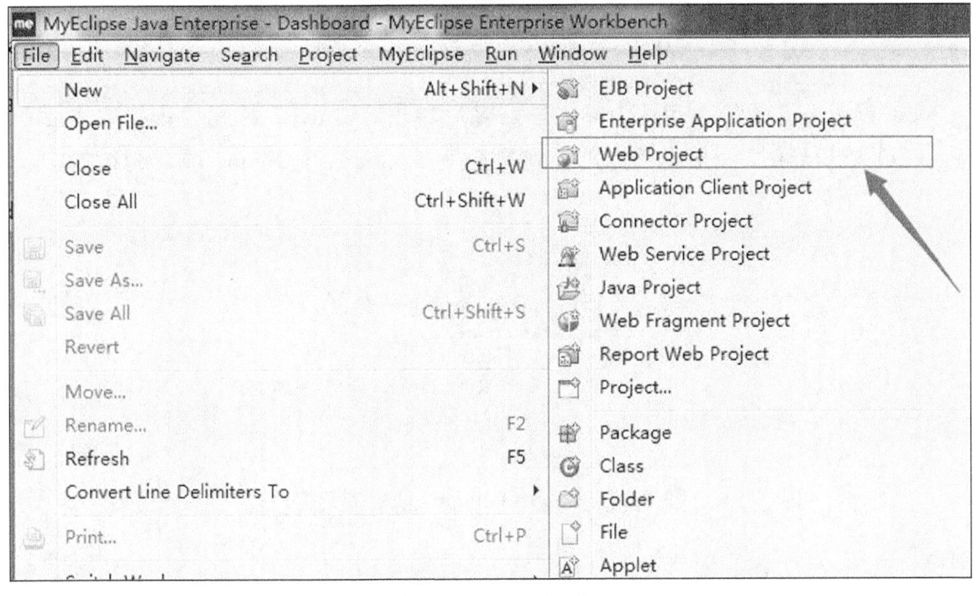

图 1.29　新建 Web 项目

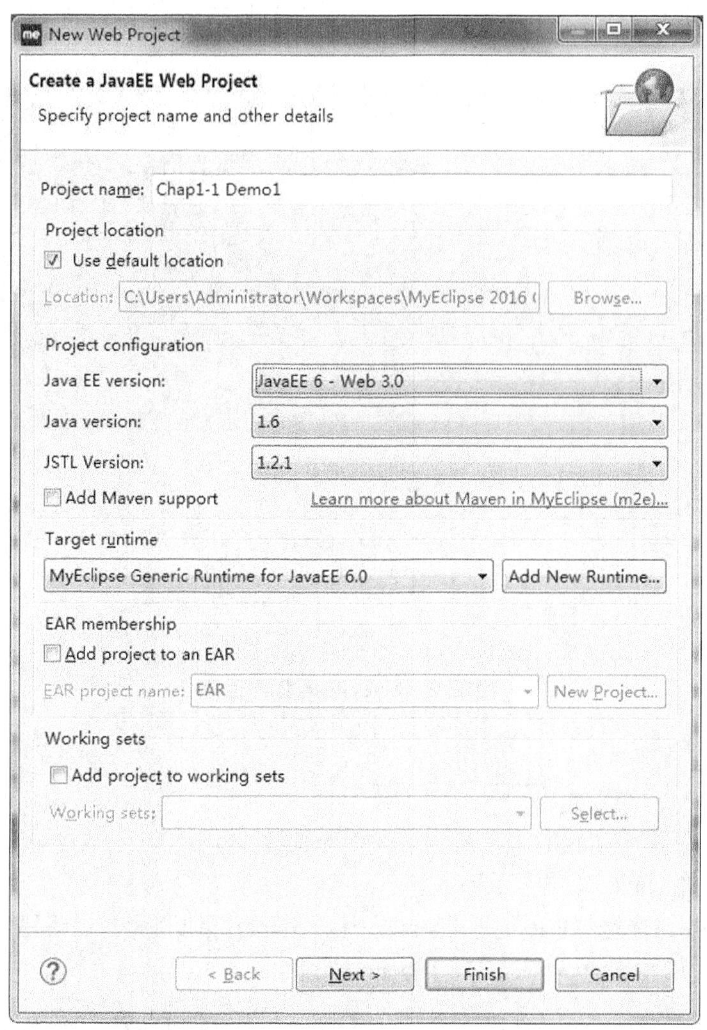

图 1.30 “New Web Project”对话框

在“New Web Project”对话框中输入项目名后单击“Finish”按钮，新建项目后在窗口左侧的“Package Explorer”面板中可以看见刚刚建立的 Chap1-1 Demo1 项目的结构，如图 1.31 所示。

图 1.31 Chap1-1 Demo1 项目的结构

一般 MyEclipse 的 Web 项目可以分成三部分：源码文件夹（如 src 文件夹）、项目所引用的库和 WebRoot 文件夹部分。其中，src 文件夹用于存放项目中的源代码，WebRoot 文件夹是 Web

应用的顶层目录，用于存放 Web 各类资源。在 WebRoot 下有两个非常重要文件夹：WEB-INF 和 META-INF。这两个文件夹不能随意修改或删除。

WEB-INF 文件夹是 Java 的 Web 应用的安全目录。所谓“安全”就是客户端无法访问，只有服务端可以访问的目录，其结构如图 1.32 所示。WEB-INF 文件夹下通常包含 web.xml 文件、classes 文件夹、tags 文件夹、lib 文件夹。

- web.xml 文件：Java EE 项目中非常重要的配置文件。
- classes 文件夹：存放 src 目录中编译后的 class 文件。
- tags 文件夹：存放标签库实现类文件。
- lib 文件夹：存放项目中调用到的库或 jar 包。

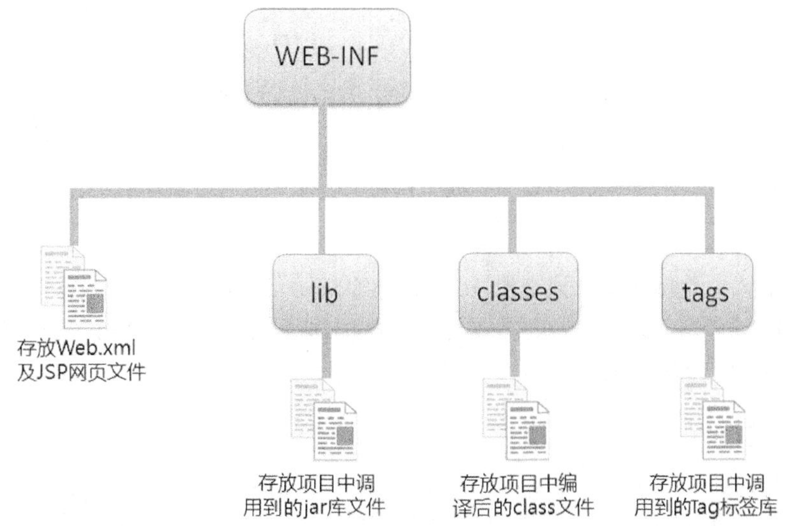

图 1.32 WEB-INF 文件夹的结构

META-INF 文件夹是系统自动生成的，用于存放系统描述信息。

双击 index.jsp 页面，编写图 1.33 所示的代码。

```
<body>
<% out.println("<h2>第一个Java EE程序</h2>");
   System.out.println("第一个Java EE程序");
%><br>
</body>
```

图 1.33 index.jsp 页面

在“Package Explorer”面板中选中该项目，单击鼠标右键，选择“Run As”→“MyEclipse Server Application”命令，或者单击工具栏中的“Run As”按钮，在弹出的“Server Selection”窗口中选择“MyEclipse Tomcat 7”选项，如图 1.34 所示。

运行结果可在 MyEclipse Web Browser 视图或 Console 视图中查看，如图 1.35 所示。如果找不到 Console 视图，可以选择“Window”→“Show View”→“Console”命令以打开 Console 视图。

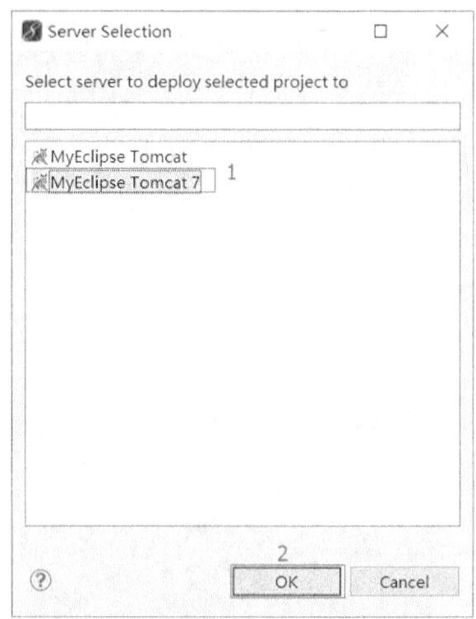

图 1.34　选择 MyEclipse Tomcat 7

图 1.35　运行结果

1.4　小结

本章首先讲解了 Java EE 的基本概念和应用前景，以及 Java EE 学习线路与学习方法，接着介绍了 Java EE 开发环境的安装配置与使用。Java EE 开发一般在 MyEclipse 环境下进行，读者应在课后多进行实践性练习，熟悉开发环境的使用。

02

第2章 JSP基础

本章将介绍 JSP 的页面构成和 JSP 的基本语法，以及 JSP 中常用指令动作和内置对象的使用。

本章内容：

- JSP 页面结构；
- JSP 技术原理；
- JSP 常用指令；
- JSP 内置对象。

2.1 JSP 页面构成

JSP（Java Server Page）是 Java EE 中实现 Web 页面的基础技术，也是掌握 Java EE 应用的最基本技术。JSP 是由 Sun 公司倡导、多家公司共同参与建立的一种动态技术标准。

JSP 是一种可实现普通静态 HTML 和动态 HTML 混合编码的技术。JSP 页面文件通常以.jsp 为扩展名，并且可以安装到任何能够存放普通 Web 页面的地方。虽然从代码的编写来看，JSP 页面更像普通的 Web 页面而不像 Servlet，但实际上，JSP 页面第一次被访问时，会由 JSP 引擎自动编译成 Servlet，然后开始执行，以后每次调用时，都是直接执行编译好的 Servlet 而不需要重新编译。

JSP 设计的目的在于简化显示层。JSP 并没有增加任何本质上不能用 Servlet 实现的功能。但是，在 JSP 中编写静态 HTML 更加方便，不必再用 println 语句来输出每一行 HTML 代码。更重要的是，借助内容和外观的分离，页面制作过程中不同性质的任务可以方便地分开。例如，由页面设计人员进行 HTML 设计，同时留出供 Java 程序员插入动态内容的空间。

2.1.1 JSP 页面结构

一个标准的 JSP 页面主要包含静态内容、JSP 指令、表达式、JSP 脚本、JSP 声明、动作、注释等，其页面结构如图 2.1 所示。

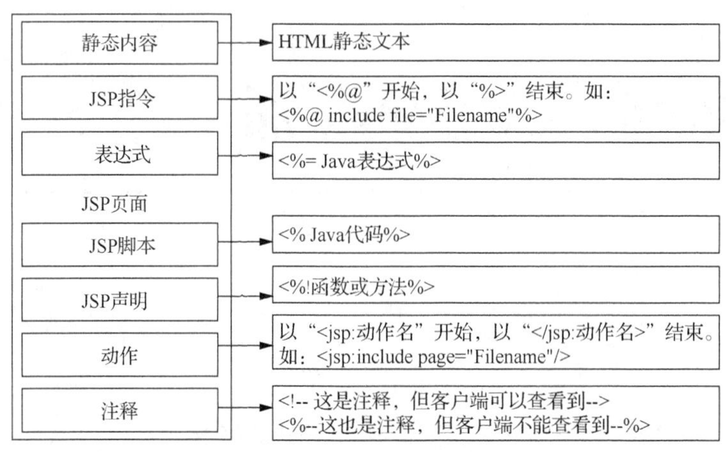

图 2.1 JSP 页面组成

1. 静态内容

静态内容主要包含 HTML、CSS、JavaScript 等代码，这些代码用于实现页面的布局、排版设计和界面交互，界面的美观与否都是通过这些代码来实现的。其中，HTML、CSS 用于实现页面整体效果，JavaScript 用于实现交互界面及浏览器端的程序处理，具体内容将在后续章节中进行详细介绍。

2. JSP 指令

JSP 指令主要用于设置服务器按何种方式编译执行 JSP 页面，例如，在 Page 指令中可以设置 JSP 页面使用的语言和编码格式，以及导入 Java 包等。

3. 表达式

JSP 表达式主要用于数据的输出，既可以向页面输出内容以显示给用户，也可以输出 HTML 标签中的属性值。

4. JSP 脚本

JSP 脚本是嵌入 JSP 页面的 Java 代码，它由服务器端执行，客户端是不可见的。其执行结果与 HTML 代码会一同发送到客户端浏览器进行显示。通过向 JSP 页面嵌入 Java 代码，可以使该页面生成动态的内容。

5. JSP 声明

在 JSP 页面中可以声明 Java 变量、方法和类的代码段。

常见的 JSP 页面结构如图 2.2 所示。

2.1.2 JSP 技术原理

JSP 页面从本质上看是一个 Servlet，在 JSP 页面第一次访问运行时，会被 Web 服务器将 JSP 转译成一个 Servlet，然后再把 Servlet 文件编译成 class 文件，并由服务器装载并解释执行 Servlet，其执行过程和普通的 Servlet 一样。以 Tomcat 为例，Tomcat 会将 JSP 页面编译生成的 Servlet 源文件和 class 类文件放置在“<TOMCAT_HOME>\work\Catalina\<主机名>\<应用程序名>\org\apache\jsp\”目录下，读者可以借助开发工具（如 NetBeans）来查看页面编译产生的 Servlet，如图 2.3 所示。

```
<%@ page contentType="text/html; charset=GBK" %>
<%@ page import="java.io.*" %>
<%-- 这是注释的方法 --%>
<%//当然这样也是可以的%>
<%!
    private static int Num;
    public void jspInit(){
        Num = 0;
    };
%>
<html>
    <head><title>我的第一个JSP程序！！！</title></head>
    <body>
        <h1>
        <%= "欢迎！ " %>
        <%    Num ++; %>
        <br>
        <%= "您是第" + Num + "个客人!" %>
        </h1>
    </body>
</html>
```

Page指令

JSP中注释

声明

表达式

脚本

图 2.2 常见的 JSP 页面结构

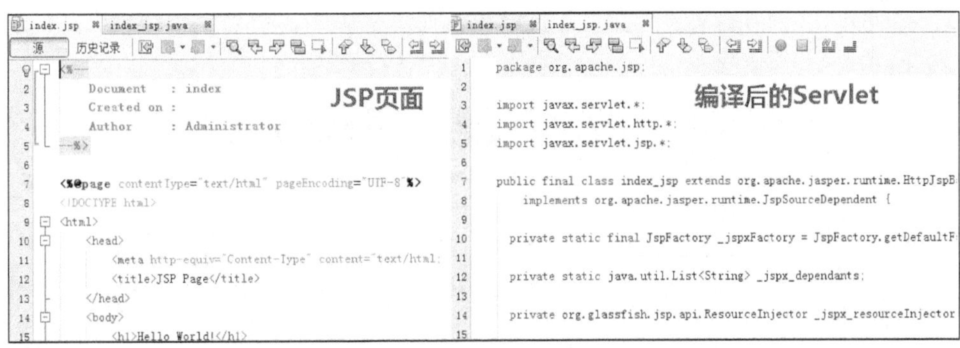

图 2.3 JSP 页面与编译后的 Servlet

一般来讲，JSP 页面首次执行需要进行编译，运行速度较慢，此后的访问执行速度会很快。具体执行过程如下：

① 客户端发出请求；

② Web 服务器将 JSP 转译成 Servlet 源代码；

③ Web 服务器对产生的源代码进行编译；

④ Web 服务器加载编译后的代码并执行；

⑤ 把执行结果响应至客户端。

2.2 JSP 基本语法

2.2.1 JSP 脚本代码、表达式和声明

1. 脚本代码

JSP 脚本代码是嵌入 JSP 页面中的 Java 代码，简称 JSP 脚本，在客户端浏览器中不可见。

它们被服务器执行，然后由服务器将执行结果与 HTML 标签一起发送给客户端进行显示。通过执行 JSP 脚本，可以在该页面生成动态的内容。

【例 2.1】 计算 1 到 10 相加的和。

```
<%@ page language="java" pageEncoding="utf-8" %>
<%@ page contentType="text/html;charset= utf-8" %>
<html>
    <body>
    <p>1 到 10 求和</p>
    <% int sum=0;
    for(int i=1;i<=10;i++){ sum+=i;}  %>
结果为：
    <%=sum%>
    </body>
</html>
```

程序说明：

在 JSP 程序段中也可以像在 JSP 声明中一样定义变量，但用这两种方式定义的变量的作用域是不同的。在 JSP 声明中定义的变量的作用域是整个页面，相当于全局变量；而在 JSP 程序段中定义的变量，只能从定义这个变量的位置才开始可以引用，相当于局部变量。程序运行结果如图 2.4 所示。

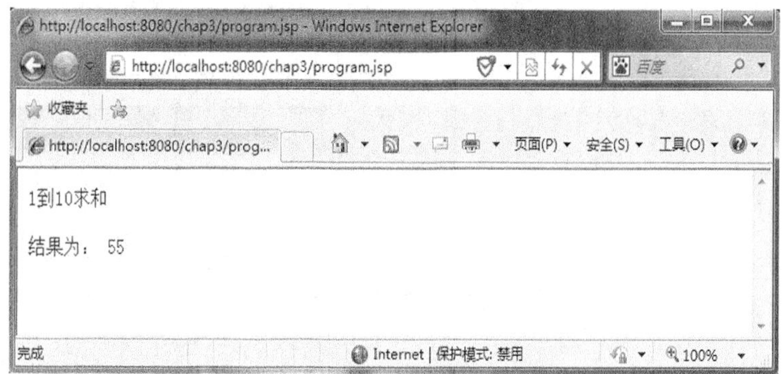

图 2.4　运行结果

2. 表达式

JSP 表达式主要用于数据的输出。它既可以向页面输出内容以显示给用户，又可以用来动态地指定 HTML 标签中属性的值。格式如下：

```
<%=表达式 %>
```

【例 2.2】 表达式的应用。

新建一个 JSP 网页，并输入如下代码。

```
<%@ page language="java" pageEncoding="utf-8" %>
<%@ page contentType="text/html;charset= utf-8" %>
<html>
    <body>
    <%  int a=5;%>
    <p>表达式的值：</p>
    <%=a+10 %>
    </body>
```

```
</html>
```

运行结果如图 2.5 所示。

图 2.5　运行结果

3. 声明

声明语句可以在 JSP 页面中定义方法或变量，这些方法和变量可被同一页面的其他代码访问。格式如下：

```
<%! 声明; [声明; ] … %>
```

在 JSP 里，声明是一段 Java 代码，用来定义在产生的类文件中类的属性和方法。在页面中通过声明标识声明的变量和方法，在整个页面内都有效，它们将成为 JSP 页面被转换为 Java 类后类中的属性和方法，并且它们会被多个线程（即多个用户）共享。也就是说，其中的任何一个线程对声明的变量或方法的修改都会改变它们原来的状态。它们的生命周期从创建时开始直至服务器关闭后结束。下面将通过一个具体实例来介绍声明标识的应用。

【例 2.3】 声明变量计数器。

具体代码如图 2.6 所示。

```
<%@page contentType="text/html" pageEncoding="UTF-8"%>
<!DOCTYPE html>
<html>
    <head>
        <meta http-equiv="Content-Type" content="text/html; charset=UTF-8">
        <title>JSP Page</title>
    </head>
    <body>
        <%! int i=0; //声明变量 i%>
        <%int j=0; //JSP脚本变量
         i++;j++; %>
         <h1><%="声明变量"+i%> <%="  脚本变量"+j%></h1>
    </body>
</html>
```

图 2.6　计数器代码

运行结果如图 2.7 所示。

图 2.7 运行结果

2.2.2 JSP 指令

指令可以用来设置服务器按照指令的参数属性来执行某个动作，或者设置在整个 JSP 页面范围内有效的属性，以及 JSP 的编译参数。在一个指令中可以设置多个属性，这些属性的设置可以影响整个页面。指令执行后在客户端是不可见的。

JSP 中主要包含 3 种指令：page 指令、include 指令和 taglib 指令。

指令通常以“<%@”开始，以“%>”结束，以上 3 种指令的通用格式如下：

```
<%@ 指令名称 属性 1="属性值" 属性 2="属性值"…%>
```

1. page 指令

page 指令即页面指令，可以定义在整个 JSP 页面范围内有效的属性，其使用格式如下：

```
<%@ page attribute1="value1" attribute2="value2" …%>
```

page 指令可以放在 JSP 页面中的任意行，但为了便于程序代码的阅读，习惯将其放在文件的开始部分。page 指令具有多种属性，通过这些属性的设置可以影响当前的 JSP 页面。

例如，在页面中正确设置当前页面响应的 MIME 类型为 text/html，如果 MIME 类型设置不正确，当服务器将数据传输给客户端进行显示时，客户端将无法识别传送来的数据，从而不能正确地显示内容。page 指令中除 import 属性外，其他属性只能在指令中出现一次，page 指令所有属性如下所示。

```
<%@ page
    [ language="java" ]
    [ contentType="mimeType;charset=CHARSET" ]
    [ import="{package.class|pageage.*},…" ]
    [ extends="package.class" ]
    [ session="true|false" ]
    [ buffer="none|8kb|size kb ]
    [ autoFlush="true|false" ]
    [ isThreadSafe="true|false" ]
    [ info="text" ]
    [ errorPage="relativeURL" ]
    [ isErrorPage="true|false" ]
    [ isELIgnored="true|false" ]
    [ pageEncoding="CHARSET" ]
%>
```

下面介绍常用属性的功能。

（1）导入包

在 JSP 实现某些功能时可能需要调用到 JDK 其他类或自行定义的类，这个时候就需要使用 import 属性来进行导入，import 属性使用方法如下：

```
<%@ page import="包名.类名" %>
```

例如：

```
<%@ page import="java.util.*" %>
```

导入多个包：

```
<%@ page import="java.util.*,java.text.*" %>
```

或者：

```
<%@ page import="java.util.*" %>
<%@ page import="java.text.*" %>
```

例如，通过 import 属性导入 java.util.Date 类，如图 2.8 所示。

```
<%@page contentType="text/html" pageEncoding="UTF-8"%>
<%@page  import="java.util.Date" %>
<!DOCTYPE html>
<html>
    <head>
        <meta http-equiv="Content-Type" content="text/html; charset=UTF-8">
        <title>JSP Page</title>
    </head>
    <body>
        <h1>当前时间：<%=new Date()%></h1>
    </body>
</html>
```

图 2.8　使用 import 属性

运行结果如图 2.9 所示。

图 2.9　运行结果

这个案例通过 import 属性导入 java.util.Date 类，再通过该类读取系统时间并输出到网页中。

（2）设置字符集格式

网页中显示不同的语言需要不同的字符编码集，pageEncoding 属性可用来设置 JSP 页面的字符编码集，常用的编辑集有 ISO-8859-1、UTF-8、GB2312 和 GBK 等。设置方法如下：

```
<%@page pageEncoding="编码类型"%>
```

当网页中中文显示乱码时，可以考虑使用 GB2312 编码或者 UTF-8 编码，如<%@page pageEncoding="GB2312"%>。

（3）设置错误页面

当网页运行中出现错误产生异常的时候，可以通过 page 指令的错误处理模式来将运行发生错误的页面统一到一个网页中显示。错误处理需要用到 errorPage 和 isErrorPage 两个属性。

errorPage 属性用来指定一个网页，当出现运行错误或抛出异常时就跳转到该网页进行错误处理。而这个负责错误处理的 JSP 网页的 isErrorPage 属性也必须设为 true。

例如，在某个 JSP 网页中声明 errorPage 属性：

```
<%@ page errorPage="error.jsp"%>
```

该页面运行时发生错误或抛出异常都会自动跳转到 error.jsp 页面，error.jsp 需要将其 isErrorPage 属性设为 true：

```
<%@ page isErrorPage="true"%>
```

注意：无论将 page 指令放在 JSP 文件的哪个位置，它的作用范围都是整个 JSP 页面。为了 JSP 程序的可读性，以及开发者养成良好的编程习惯，应该将 page 指令放在 JSP 文件的顶部。

2. include 指令

include 指令用来向当前 JSP 页面静态插入一个文件，这个静态文件可以是 HTML 文件、JSP 文件及其他文本文件，或者是一段 Java 代码。include 指令在 JSP 页面转换阶段完成包含，JSP 编译器在碰到 include 指令时，就会读入包含的文件，插入 include 位置，相当于多个文件共同组成一个 JSP 页面。

其语法格式如下：

```
<%@ include file="URL" %>
```

通常当应用程序中所有页面的某一部分（如标题、页脚、导航栏或信息栏）都相同的时候，我们就可以考虑使用 include 指令。

【例 2.4】假定一个网站的网页都包含头部、尾部、左侧菜单和主要显示区域，结构如图 2.10 所示。

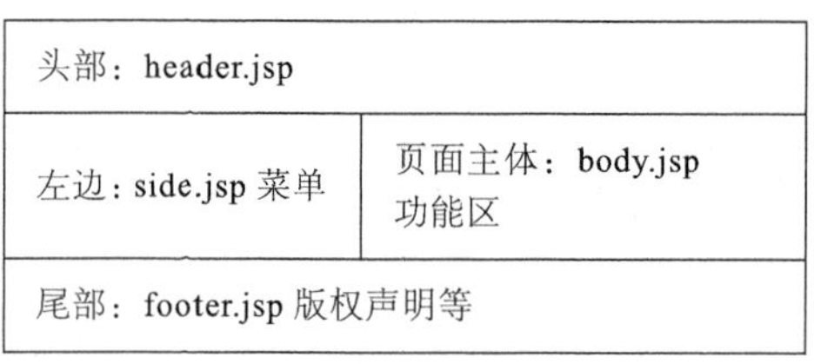

图 2.10 结构图

参考代码如下：

```
<frameset rows="20%,*,20%" frameborder="no" border="0" framespacing="0">
     <frame src="<%@ include file="Header.jsp" %>"/>
     <frameset cols="20%,80%" frameborder="yes" framespacing="1">
     <frame src="<%@ include file="side.jsp" %>" />
     <frame src="<%@ include file="body.jsp" %>" />
     </frameset>
     <frame src="<%@ include file="footer.jsp" %>"/>
</frameset>
```

需要注意的是，include 指令将会在 JSP 编译时插入一个文件，而这个包含过程是静态的。include 动作是可以动态插入的。

所谓静态是指 file 属性值不能是一个变量。例如，下面为 file 属性赋值的方式是不合法的：

```
<%String url="header.htmlf";%>
<%@ include file="<%=url%>"%>
```

不可以在 file 所指定的文件后添加任何参数，下面这行代码也是不合法的：

```
<% include file="query.jsp?name=browser"%>
```

3. taglib 指令

taglib 指令声明此 JSP 文件使用了自定义标签库，同时引用标签库，并且指定了它们的标签前缀。语法格式如下：

```
<%@ taglib uri="URIToTagLibrary" prefix="tagPrefix" %>
```

2.2.3　JSP 动作指令

JSP 中提供了一系列使用 XML 语法写成的动作标识，这些标识可用来实现特殊的功能，例如，请求的转发、在当前页中包含其他文件、在页面中创建一个 JavaBean 实例等。

动作标识是在请求处理阶段按照在页面中出现的顺序被执行的，只有它们被执行的时候才会去实现自己所具有的功能。这与指令标识是不同的，因为在 JSP 页面被执行时首先进入翻译阶段，程序会先查找页面中的指令标识并将它们转换成 Servlet，所以这些指令标识会首先被执行，从而设置了整个的 JSP 页面。

其语法格式如下：

```
<jsp:动作名称 属性 1="值 1" 属性 2="值 2"…/>
```

或

```
< jsp:动作名称 属性 1="值 1" 属性 2="值 2" …>
    <子动作 属性 1="值 1" 属性 2="值 2" …/>
</ jsp:动作名称>
```

本节只讲解两个常用的 JSP 动作。

（1）<jsp:include>：在页面被请求时动态引入一个文件。

include 动作和 include 指令的作用类似，都是页面执行过程中引入一个指定的文件，不同的是 include 动作是在 JSP 页面的执行过程中动态（在 JSP 页面执行阶段）地加入外部的资源，外部的资源可以是 HTML 或 JSP 文件。

不带参数的语法格式：

```
<jsp:include page="要加入文件的 URL" flush="true | false"/>
```

带参数的语法格式：

```
<jsp:include page="要加入文件的 URL"  flush="true | false">
   <jsp:param name="parameterName"  value="parameterValue"/>
</jsp:include>
```

① page 属性：指定被包含文件的相对路径，该路径是相对当前 JSP 页面的 URL。

② flush 属性：该属性是可选的。如果设置为 true，当页面输出使用了缓冲区，那么在进行包含工作之前，先要刷新缓冲区。如果设置为 false，则不会刷新缓冲区。默认值是 false。

例如：

```
<jsp:include page="head.jsp"> </jsp:include>
```

include 指令与 include 动作的区别如表 2.1 所示。

表 2.1　　include 指令和 include 动作的区别

	语法	相对路径	发生时间	包含的对象	描述
include 指令	<%@ include file="url" %>	相对当前文件	转换期间	静态	包含的内容被 JSP 容器分析
include 动作	<jsp:include page="url" />	相对当前页面	请求处理期间	静态和动态	包含的内容不进行分析，但在相应的位置被包含

（2）<jsp:forward>：把请求转到一个新的页面。

forward 动作的功能是转发，可以实现运行时将当前的请求转发给另一个 JSP 页面或者 Servlet，请求被转向到的页面必须位于同 JSP 发送请求相同的上下文环境中。forward 转发请求时可以通过带参数的 param 进行转发。

<jsp:forward>动作的语法格式如下。

不带参数：

```
<jsp:forward page="url"/>
```

带参数：

```
<jsp:forward page="url">{ <jsp:param … /> }*
</jsp:forward>
```

<jsp:forward>动作只有一个属性 page。page 属性指定请求被转向的页面的相对路径，该路径是相对当前 JSP 页面的 URL，可以经过表达式计算得到的相对 URL。

【例 2.5】带参数的 forward 动作。

新建一个名为 ForwardDemo.jsp 的 JSP 网页，并在该网页中制作一个用户登录表单，效果如图 2.11 所示。

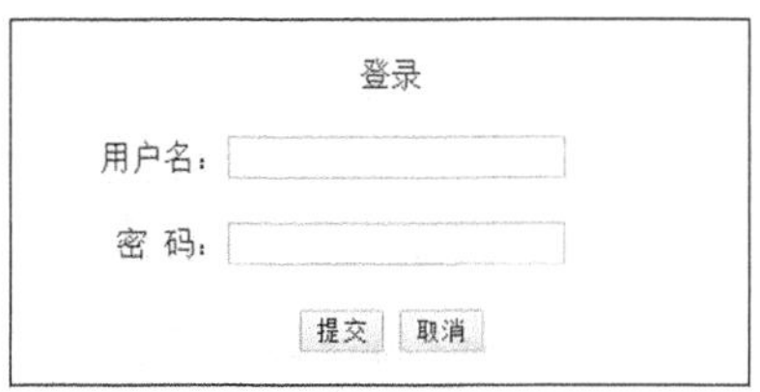

图 2.11　ForwardDemo.jsp 页面

设置表单的 action 属性为“Forward.jsp”，method 属性为“post”，如图 2.12 所示。

```
<body>
<form id="form1" name="form1" method="post" action="Forward.jsp">
  <table width="398" height="168" border="0" cellpadding="0" cellspacing="0">
    <tr>
      <td colspan="2" align="center">登录</td>
```

图 2.12　设置 ForwardDemo.jsp 页面表单

表单中的标签设置如表 2.2 所示。

表 2.2　ForwardDemo.jsp 表单中的标签属性

类型	name 属性	说明
文本框	name	用户名文本框
文本框	passwd	密码

新建一个名为 Forward.jsp 的 JSP 网页，此页面中使用 forward 动作跳转到 Forward2.jsp 页面，且带参数 age 进行跳转。其关键代码如图 2.13 所示。

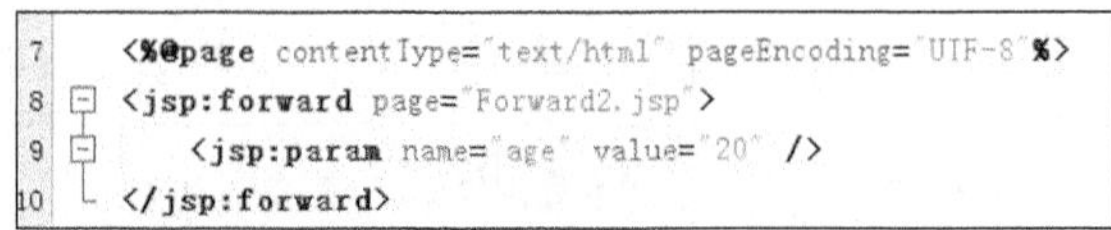

```
<%@page contentType="text/html" pageEncoding="UTF-8"%>
<jsp:forward page="Forward2.jsp">
    <jsp:param name="age" value="20" />
</jsp:forward>
```

图 2.13　Forward2.jsp 页面

新建一个 JSP 网页，名为 Forward2.jsp。在此页面中对 ForwardDemo.jsp 和 Forward.jsp 的请求数据进行输出。其关键代码如图 2.14 所示。

```
<body>
    <h1>
        <%="用户名:"+ request.getParameter("name")%>
        <%="密 码:"+ request.getParameter("passwd") %>
        <%="age:"+request.getParameter("age") %>
    </h1>
</body>
```

图 2.14　Forward2.jsp 页面代码

运行结果如图 2.15 所示。

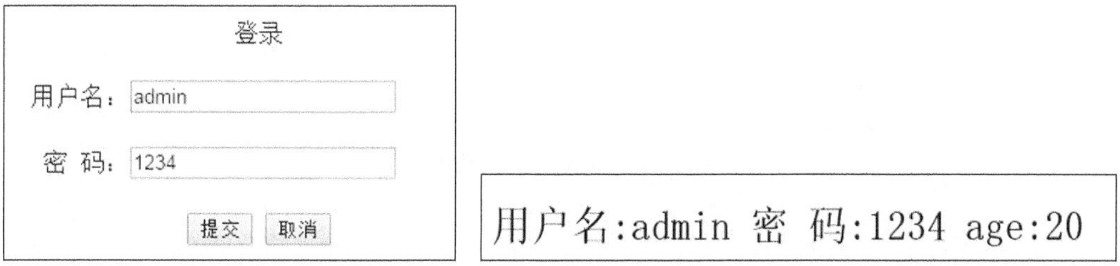

登录

用户名：admin

密 码：1234

提交　取消

用户名:admin 密 码:1234 age:20

图 2.15　运行结果

程序说明：

forward 动作可以转发请求，转发的同时也将 request 对象的数据进行转发，当请求转发到某一个页面可通过 param 动作添加参数再次转发请求。

2.2.4　page 指令综合案例

【例 2.6】 page 指令综合案例。

打开 MyEclipse，新建一个 Web Project 项目，然后在 WebRoot 下建一个 JSP 名为 login.jsp 的网页，并在网页中制作一个用户登录表单，效果如图 2.16 所示。

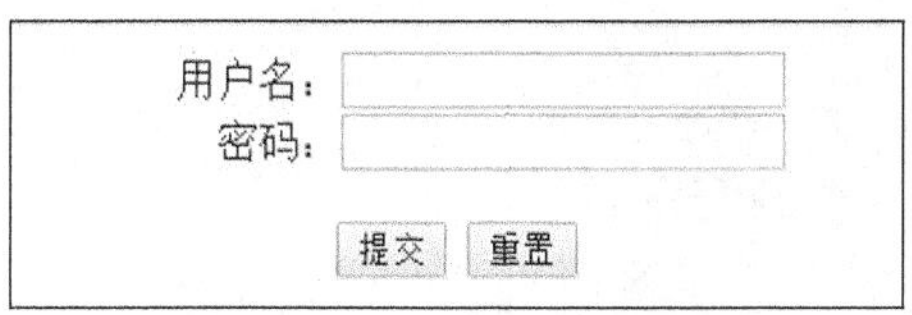

图 2.16　login.jsp 页面

设置表单的 action 属性为“logincheck.jsp”；method 属性为“post”，如图 2.17 所示。

```
<form id="form1" name="form1" method="post" action="logincheck.jsp" >
  <table width="346" height="105" border="00" cellpadding="0" cellspacing="0">
    <tr>
      <td width="128" height="25" align="right">用户名: </td>
      <td width="218" colspan="2"><label>
        <input name="uname" type="text" id="uname" />
```

图2.17　设置login.jsp页面表单

表单中的标签设置如表 2.3 所示。

表 2.3　　login.jsp 表单中的标签属性

类型	name 属性	说明
文本框	uname	用户名文本框
文本框	passwd	密码

新建一个 index.jsp 网页，在该页面中使用 include 指令调用 login.jsp 页面，关键部分代码如图 2.18 所示。

```
    <meta http-equiv="Content-Type" content="text/html; charset=UTF-
    <title>JSP Page</title>
</head>
<body>
    <h1>JSP指令测试实验</h1>
    <%@include file="login.jsp" %>
</body>
```

图 2.18　index.jsp 页面代码

新建一个 logincheck.jsp 网页，修改该网页的 page 指令，添加 errorPage 属性，并输入如下关键代码，如图 2.19 和图 2.20 所示。

```
<%@page contentType="text/html" pageEncoding="UTF-8" errorPage="error.jsp"%>
<!DOCTYPE HTML PUBLIC "-//W3C//DTD HTML 4.01 Transitional//EN"
   "http://www.w3.org/TR/html4/loose.dtd">
```

图 2.19　logincheck.jsp 页面头部代码

```
<body>
    <%
    String name=request.getParameter("uname");
    String passwd=request.getParameter("passwd");
    if(name.equals("admin") && passwd.equals("123456"))
      {%>
      <jsp:forward page="welcome.jsp"></jsp:forward>

    <% }
    else {
       throw new Exception("输入的用户信息信息错误");
    }
    %>
</body>
```

图 2.20　logincheck.jsp 页面代码

新建一个名为 error.jsp 的网页，修改该页面的 page 指令，添加 isErrorPage 属性，并输入如下关键代码，如图 2.21 和图 2.22 所示。

```
<%@ page contentType="text/html; charset=gb2312" language="java" isErrorPage="true" %>
<!DOCTYPE html PUBLIC "-//W3C//DTD XHTML 1.0 Transitional//EN" "http://www.w3.org/TR/xhtm
<html xmlns="http://www.w3.org/1999/xhtml">
```

图 2.21　error.jsp 页面头部代码

```
<body>
<%
    StackTraceElement a[]=exception.getStackTrace();
        out.print("出错原因: "+exception+"<br>");
        out.print("出错的文件: "+a[0].getFileName()+"<br>");
    out.print("出错的方法名: "+a[0].getMethodName()+"<br>");
        out.print("出错的行号: "+a[0].getLineNumber()+"<br>");
%>
<jsp:include page="login.jsp"/>
</body>
```

图 2.22　error.jsp 页面代码

新建一个名为 welcome.jsp 的网页，其页面代码如图 2.23 所示。

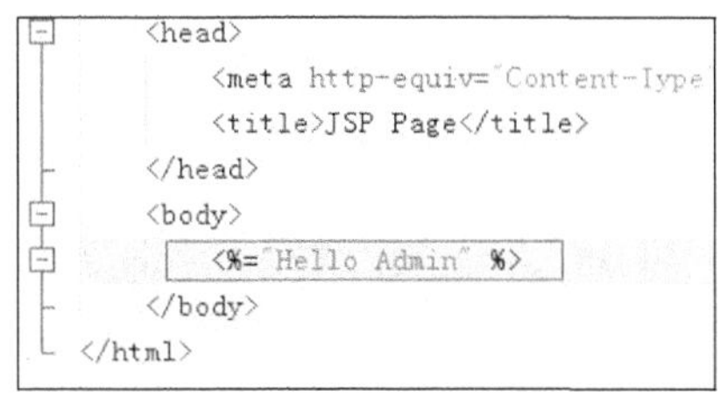

```
    <head>
        <meta http-equiv="Content-Type
        <title>JSP Page</title>
    </head>
    <body>
        <%="Hello Admin" %>
    </body>
</html>
```

图 2.23　welcome.jsp 页面代码

运行结果：

本案例的入口是 index.jsp，首先启动 index.jsp 网页，网页效果如图 2.24 所示。

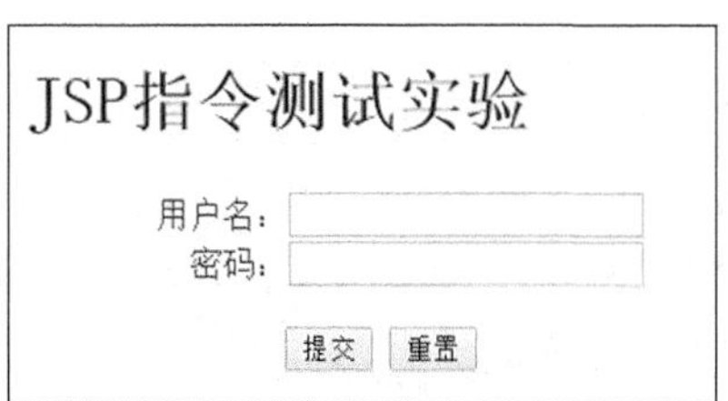

图 2.24　网页效果

输入正确的用户名（admin）和密码（123456），运行结果如图 2.25 所示。

图 2.25　运行结果

当输入任意的用户名和密码时，logincheck.jsp 页面都会抛出异常，触发错误处理，由错误处理页面 error.jsp 处理错误信息并输出图 2.26 所示的出错信息。

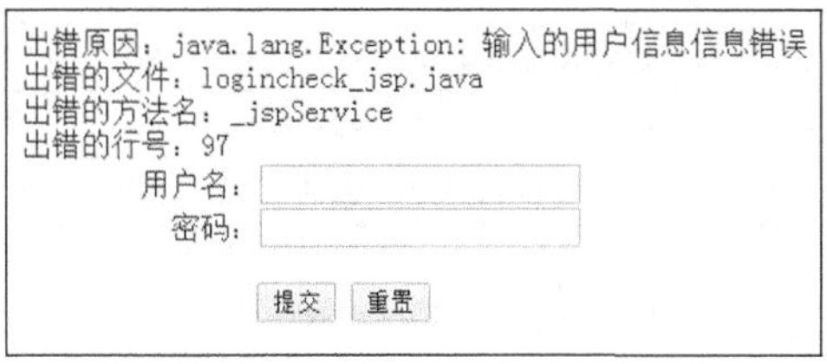

出错原因：java.lang.Exception: 输入的用户信息信息错误
出错的文件：logincheck_jsp.java
出错的方法名：_jspService
出错的行号：97
用户名：
密码：
提交　重置

图 2.26　出错信息

2.3　JSP 内置对象

为了便于 Web 应用程序的开发，JSP 页面中内置了一些默认的对象，这些对象不需要预先声明就可以在脚本代码和表达式中随意使用。JSP 提供的内置对象共有 9 个，这些内置对象从功能上可以分为以下 4 类。

① 输出输入对象：out 对象、request 对象、response 对象。

② 与属性作用域相关对象：pageContext 对象、session 对象、application 对象。

③ Servlet 相关对象：page 对象、config 对象。

④ 错误处理对象：exception 对象。

2.3.1　out 对象

out 对象是 javax.servlet.jsp.jspWriter 类的实例，out 对象与 Java 中的 System.out 功能基本相同，out 对象主要有两方面的功能。

（1）向客户端输出各类型数据的内容。

out 对象以文本方式向客户端（浏览器）输出各种类型的数据或者 HTML 代码，常用的输出方法有 3 个。

- void print()：输出数据。
- void println()：输出数据换行。
- void newline()：输出换行符。

需要注意的是，使用 println()和 newline()方法输出的换行符，只是输出的字符编码的换行，命令行模式下可见，但在浏览器和网页中并不会换行，网页中换行需使用
标签。

（2）可以对 JSP 页面缓冲区进行管理。

在 JSP 页面中，通过 out 对象调用 clear()方法可以清除缓冲区的内容。这类似重置响应流，以便重新开始操作。如果响应已经提交，则会产生 IOException 异常的副作用。此外，调用 clearBuffer()方法可以清除缓冲区的“当前”内容，即使内容已经提交给客户端，也能够访问该方法。out 对象中常用的管理响应缓冲区的方法如表 2.4 所示。

表 2.4　　out 对象的常用方法

方法	说明
clear()	清空缓冲区
clearBuffer()	清空当前区的内容
close()	先刷新流，然后关闭流
flush()	刷新流
getBufferSize()	以字节为单位返回缓冲区的大小
getRemaining()	返回缓冲区中没有使用的字符的数量
isAutoFlush()	返回布尔值，自动刷新还是在缓冲区溢出时抛出 IOException 异常

2.3.2　request 对象

request 是 JSP 编程中最常用的对象，使用 request 对象可以读取客户端请求发送来的各类数据或流，例如，在 FORM 表单中填写的信息等，通过调用 request 对象相应的方法可以获取关于客户请求的信息。request 对象的数据类型是 javax.servlet.http.HttpServletRequest。

客户端通过 HTTP 请求一个 JSP 页面时，JSP 容器就会将请求信息数据封装到 request 对象中，即创建 request 对象；当 JSP 容器完成该请求后，request 对象会撤销。客户端发送的请求信息包括请求头部（Header）、系统信息、请求方式（get 或 post）、请求的参数名称、参数值、获取 cookie、访问请求行元素和访问安全信息等。这些信息数据可通过 request 的相关方法进行读取，request 对象的常用方法如下（见表 2.5）。

表 2.5　　　　request 对象的常用方法

方法	说明
String getParameter(String name)	获得 name 的参数值
Enumeration getParameterNames()	获得所有的参数名称
String[] getParameterValues(String name)	获得 name 的所有参数值
Map getParameterMap()	获得参数的 Map
Object getAttribute(String name)	获得 request 对象中的 name 属性值
void setAttribute(String name,Object obj)	设置名字为 name 的属性值 obj
void removeAttribute(String name)	移除 request 对象的 name 属性
Enumeration getAttributeNames()	获得 request 对象的所有属性名字
Cookie[] getCookies()	获得与请求有关的 Cookies
String getProtocol()	获得请求所用的协议名称
String getRemoteAddr()	获得客户端的 IP 地址
String getRequestURI()	获得客户端请求的 URL，但不包括参数字符串
String getQueryString()	获得请求的参数字符串（要求 get 传送方式）

【例 2.7】使用 request 输出 HTTP 的头部信息。

新建一个名为 index.jsp 的 JSP 网页，并输入图 2.27 所示的代码。

```
<body>
    <form action="index.jsp" method="post" > <input type="submit" ></input> </form>
    提交方式：<%= request.getMethod() %><br>
    请求的URL地址：<%= request.getRequestURI() %><br>
    协议名称：<%= request.getProtocol() %><br>
    客户端请求服务器文件的路径:<%= request.getServletPath() %><br>
    URL的查询部分:<%= request.getQueryString() %><br>
    服务器的名称:<%= request.getServerName() %><br>
    服务器的端口:<%= request.getServerPort() %><br>
    远程客户端的IP地址:<%= request.getRemoteAddr() %><br>
</body>
```

图 2.27　index.jsp 页面代码

运行结果：

首次运行时结果如图 2.28 所示，单击“提交”按钮后，运行结果如图 2.29 所示，在浏览器地址栏末尾加上了“?name=admin&passwd=123456”。

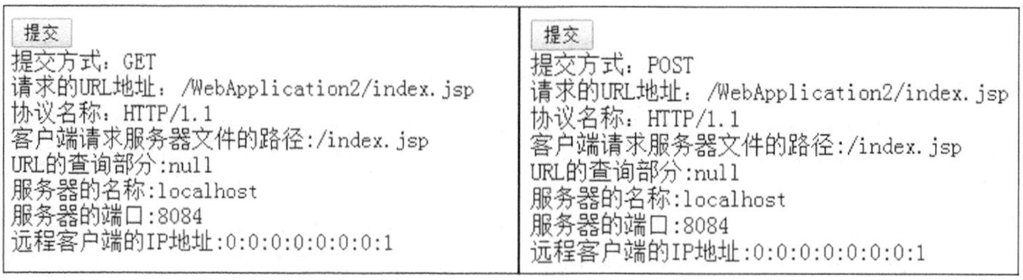

提交
提交方式：GET
请求的URL地址：/WebApplication2/index.jsp
协议名称：HTTP/1.1
客户端请求服务器文件的路径:/index.jsp
URL的查询部分:null
服务器的名称:localhost
服务器的端口:8084
远程客户端的IP地址:0:0:0:0:0:0:0:1

提交
提交方式：POST
请求的URL地址：/WebApplication2/index.jsp
协议名称：HTTP/1.1
客户端请求服务器文件的路径:/index.jsp
URL的查询部分:null
服务器的名称:localhost
服务器的端口:8084
远程客户端的IP地址:0:0:0:0:0:0:0:1

图 2.28　首次运行结果

提交
提交方式：GET
请求的URL地址：/WebApplication2/index.jsp
协议名称：HTTP/1.1
客户端请求服务器文件的路径:/index.jsp
URL的查询部分:name=admin&passwd=123456
服务器的名称:localhost
服务器的端口:8084
远程客户端的IP地址:0:0:0:0:0:0:0:1

localhost:8084/WebApplication2/index.jsp?name=admin&passwd=123456

图 2.29　运行结果

request 对象通过 getParameter()方法读取用户提交来的数据，读取格式如下：

```
String name=request.getparameter("name");
```

其中，“name”参数与 FORM 表单中的 name 属性对应，或与“提交”链接的参数名对应，如果参数值不存在，则返回 null 值，该方法的返回值类型是 String。

request 对象使用 getParameterValues()方法读取用户提交来的复合值，如表单中的多选框，getParameterValues()方法的返回值是 String 数组。

【例 2.8】用户注册表单的读取。

在 MyEclipse 中新建一个项目，再创建一个名为 reg.jsp 的 JSP 网页，并在该网页中制作图 2.30 所示的表单。

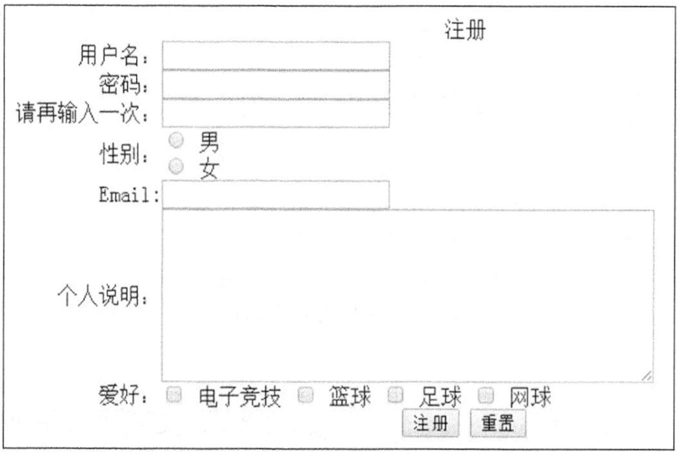

注册
用户名：
密码：
请再输入一次：
性别：男 女
Email:
个人说明：
爱好：电子竞技 篮球 足球 网球
注册 重置

图 2.30　reg.jsp 页面

设置表单的action属性为“reg_deal.jsp”，method属性为“post”，如图2.31所示。

```
<form id="form1" name="form1" method="post" action="reg_deal.jsp">
<table width="60%" border="0" align="center" cellpadding="0" cellspacing="0">
  <tr>
    <td colspan="2" align="center"><label>注册</label></td>
  </tr>
```

图2.31　设置reg.jsp页面表单

表单中的标签属性如表2.6所示。

表2.6　login.jsp表单中的标签属性

类型	name属性	说明
文本框	uname	用户名文本框
文本框	passwd	密码
文本框	repasswd	再次输入密码
单选框	xingbie	Value=1，性别为“男”
单选框	xingbie	Value=2，性别为“女”
文本框	email	E-mail
多行文本框	info	个人信息
复选框	hobby	id=hobby，value=电子竞技
复选框	hobby	id=hobby，value=篮球
复选框	hobby	id=hobby，value=足球
复选框	hobby	id=hobby，value=网球
提交按钮	button	注册
重置按钮	buttton2	重置按钮

新建reg_deal.jsp网页，输入如下代码。

```
  <%!
  public static String toChinese(String str)
 {   try{
       byte s1[]=str.getBytes("ISO8859-1");
       return new String(s1,"utf-8");
      }catch(Exception e)
    {  return str;}  }
%>
 <%
     String uname= toChinese(request.getParameter("uname"));
     String password=request.getParameter("passwd");
     String sex,s=request.getParameter("xingbie");
     String Email=request.getParameter("email");
     String info=request.getParameter("info");
     if(s.equals("1"))
          sex="男";
     else
          sex="女";
     String[] hobby=request.getParameterValues("hobby");
     String aihao="您的爱好是:";
     for(int i=0;i<hobby.length;i++)
```

```
        {        aihao=aihao+toChinese(hobby[i])+"  ";       }
        out.println("注册信息:<br>");
        out.println("用户名:"+uname+"<br>密码:"+password+"<br>性别:"+sex+"<br>Email:"+Email+"<br>个人说明:"+info);
        out.println("<br>"+aihao);
    %>
```

运行结果：

打开 reg.jsp 网页，在网页中填入个人信息，运行结果如图 2.32 和图 2.33 所示。

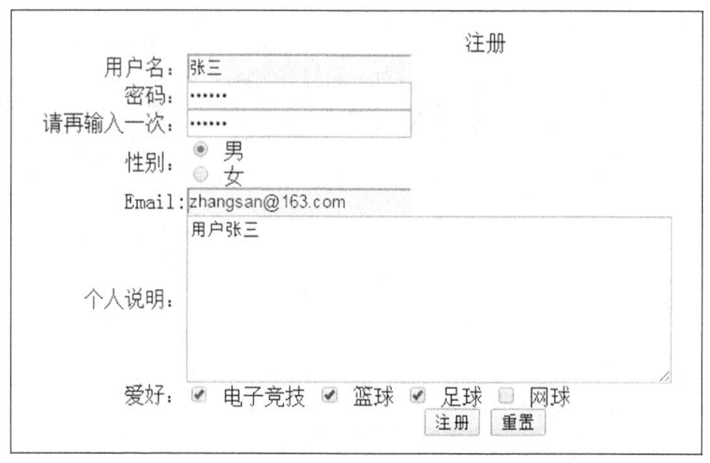

图 2.32　reg.jsp 网页

注册信息:
用户名:张三
密码:123456
性别:男
Email:zhangsan@163.com
个人说明:用户张三
您的爱好是:电子竞技 篮球 足球

图 2.33　运行结果

程序说明：

这个案例是通过 request 对象的 getParameter()方法读取用户注册信息的，如用户名、密码、E-mail 及个人说明等。用户性别先读取 xingbie 属性值，再进行判断。值为 1，性别为“男”；值为 2，性别为“女”。用户爱好可通过 getParameterValues()方法进行读取，getParameterValues()方法的返回值是 String 数组，需对返回结果进行遍历读取。

reg_deal.jsp 页面中声明了一个函数 toChinese()，用来处理 JSP 中文乱码，因为 Java 内部使用的编码是 Unicode 码，而 Web 服务器一般是 ISO 8859-1 格式的编码，request 对象在读取中文信息时，会产生乱码，需进行内码转换。转换原理是：先将 request 对象读取的中文信息转化为 ISO 8859-1 的字节码，然后再重新生成 UTF-8 编码字符串，在转换过程中可根据 page 指令的 pageEncoding 属性的编码，来设定重新生成字符的编码。

另外，在制作 JSP 网页时，HTML 的 meta 标签编码格式应和 page 指令的 pageEncoding 属性编码格式相同，如图 2.34 所示。

```
<%@page contentType="text/html" pageEncoding="UTF-8"%>
<!DOCTYPE HTML PUBLIC "-//W3C//DTD HTML 4.01 Transitional//EN" "http://www.w3.org/TR
<html>
    <head>
        <meta http-equiv="Content-Type" content="text/html; charset=UTF-8">
        <title>JSP Page</title>
```

图 2.34　设置 pageEncoding 属性

2.3.3　response 对象

response 对象与 request 对象相对应，其主要作用是用于响应客户端的请求。response 对象是 javax.servlet.http.HttpServletResponse 接口类的实例，它封装了 JSP 产生的响应，并发送到客户端以响应客户端的请求。

response 对象的功能主要有以下 3 种：

① 重定向；

② 设定 HTTP 响应头部；

③ 向客户端浏览器输出二进制流，实现下载功能。

1. **重定向**

在 JSP 页面中，可以使用 response 对象中的 sendRedirect()方法将客户请求重定向到一个不同的页面。例如，将客户请求转发到 login_ok.jsp 页面的代码如下：

```
response.sendRedirect("login_ok.jsp");
```

response 对象的重定向功能与 forward 指令类似。需要注意的是，forward 指令是转发请求，在服务器内部进行，所以转发过程中会传递 request 对象中的数据，而且效率较高，不会再改变地址栏中的地址；而 response 对象的 sendRedirect 方法是跳转到目标页面，相当于再次发起访问请求，所以不会传递 request 对象的数据，而且会改变地址栏中的地址。

在 JSP 页面中，还可以使用 response 对象中的 sendError()方法指明一个错误状态。该方法接收一个错误以及一条可选的错误消息，该消息将在内容主体上返回给客户。例如，代码“response.sendError(500,"请求页面存在错误")”将客户请求重定向到一个在内容主体上包含了出错消息的页面。例如：

```
<% response.sendError(500,"您好，这是一个错误测试"); %>
```

response 输出结果如图 2.35 所示。

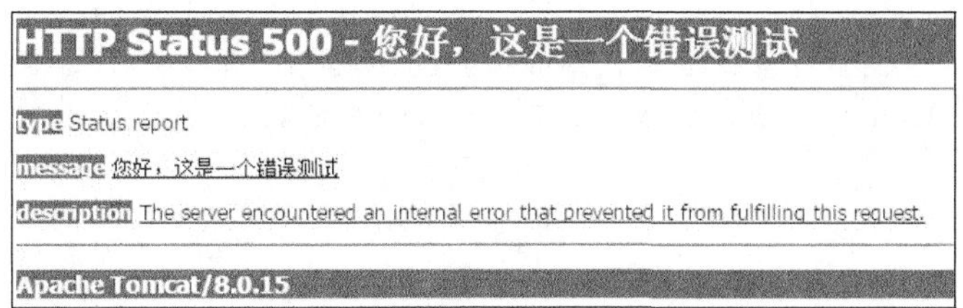

图 2.35　response 输出结果

上述两种方法都会中止当前的请求和响应。如果 HTTP 响应已经提交给客户，则不会调用这些方法。response 对象中用于重定向网页的方法如表 2.7 所示。

表 2.7　　response 对象的常用方法

方法	说明
sendError(int number)	使用指定的状态码向客户发送错误响应
sendError(int number,String msg)	使用指定的状态码和描述性消息向客户发送错误响应
sendRedirect(String location)	使用指定的重定向位置 URL 向客户发送重定向响应，可使用相对 URL

2. 设定 HTTP 响应头部

HTTP 协议采用的是请求/响应模型。客户端向服务器发送一个请求，服务器以一个状态行作为响应，响应的内容既包含消息协议的版本、成功或者错误编码，也包含服务器信息、实体元信息及可能的实体内容。response 可以根据服务器的要求设置相关的响应头内容返回给客户端。response 对象设置 HTTP 响应头的方法如表 2.8 所示。

表 2.8　　response 对象响应头的设置方法

方法	说明
setDateHeader(String name,long date)	使用给定的名称和日期值设置一个响应头，如果已经设置了指定的名称，则新值会覆盖旧值
setHeader(String name,String value)	使用给定的名称和值设置一个响应头，如果已经设置了指定的名称，则新值会覆盖旧值
setHeader(String name,int value)	使用给定的名称和整数值设置一个响应头，如果已经设置了指定的名称，则新值会覆盖旧值
addHeader(String name,long date)	使用给定的名称和值设置一个响应头
addDateHeader(String name,long date)	使用给定的名称和日期值设置一个响应头
containHeader(String name)	返回一个布尔值，它表示是否设置了已命名的响应头
addIntHeader(String name,int value)	使用给定的名称和整数值设置一个响应头
setContentType(String type)	为响应设置内容类型，其参数值可以为 text/html、text/plain、application/x_msexcel 或 application/msword
setContentLength(int len)	为响应设置内容长度
setLocale(java.util.Locale loc)	为响应设置地区信息

【例 2.9】使用 response 对象刷新页面。

打开一个 MyEclipse，新建一个 WebProject 项目，再创建一个名为 Refresh.jsp 的网页，并输入如下关键代码。

```
<%
  out.println("2 秒之后自动跳转至 http://www.sina.com.cn/");
  response.setHeader("Refresh", "2;url=http://www.sina.com.cn");
%>
```

运行结果：

打开 Refresh.jsp，运行程序，2 秒后会自动链接到新浪网。

【例 2.10】使用 response 对象输出 Word 响应头部。

打开一个 MyEclipse，新建一个 WebProject 项目，再创建一个名为 sendword.jsp 的网页，并输入图 2.36 所示的关键代码。

```
<%@ page contentType="text/html; charset=gb2312" language="java" errorPage="" %>
<%
if(request.getParameter("submit1")!=null){
    response.setHeader("Content-disposition", "attachment; filename=\"test1.doc\"");
}
%>
<html xmlns="http://www.w3.org/1999/xhtml">
<head>
<meta http-equiv="Content-Type" content="text/html; charset=gb2312" />
<title></title>
</head>

<body>
平平淡淡才是真!
快快乐乐才是福!
<form action="" method="post" name="form1">
<input name="submit1" type="submit" id="submit1" value="保存为Word">
</form>
</body>
</html>
```

图 2.36　sendword.jsp 页面代码

运行结果：

运行该网页后单击“保存为 Word”按钮，将弹出图 2.37 所示的“文件下载”对话框，单击“保存”按钮可将该网页的显示内容保存为 Word 文档。

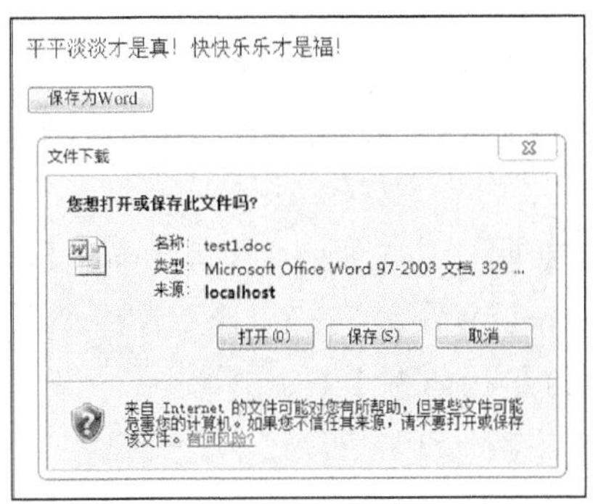

图 2.37　sendword.jsp 运行结果

【例 2.11】使用 response 对象输出 Excel 响应头部。

在 MyEclipse 中新建一个 JSP 网页，文件名为 sendexcel.jsp，输入图 2.38 所示的代码。

```
<%@page contentType="text/html" pageEncoding="gb2312"%>
<%@page import="java.io.*"%>
<%
    response.setHeader("Content-disposition", "attachment; filename=\"test1.xls\"");
 try
 {
   PrintWriter out2=response.getWriter();
   out2.println("学号\t姓名\t平时成绩\t考试成绩\t总评");
   out2.println("S001\t张进有\t87\t65\t=round(C2*0.3+D2*0.7,0)");
   out2.println("S002\t李轩明\t76\t98\t=round(C3*0.3+D3*0.7,0)");
   out2.println("S003\t赵林杰\t66\t76\t=round(C4*0.3+D4*0.7,0)");
 }catch(Exception e)
  {
     out.print("出错:"+e);
  }
%>
```

图 2.38　sendexcel.jsp 页面代码

运行结果：

运行该网页后，会弹出“文件下载”对话框，单击“保存”按钮即可将该网页显示的内容保存为 XLS 格式的文档，如图 2.39 所示。Excel 文档的内容如图 2.40 所示。

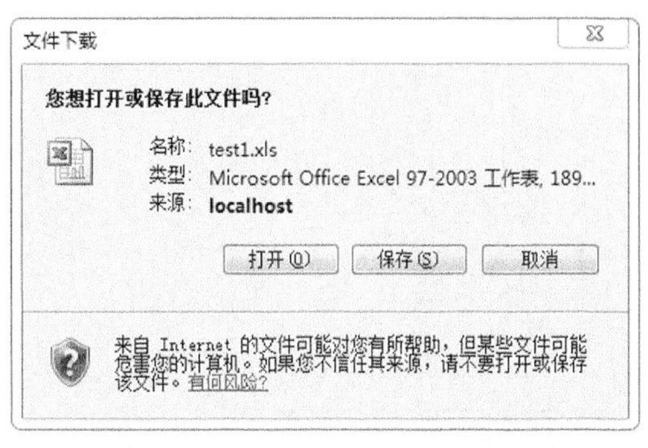

图 2.39　sendexcel.jsp 运行结果

A	B	C	D	E
学号	姓名	平时成绩	考试成绩	总评
S001	张进有	87	65	72
S002	李轩明	76	98	91
S003	赵林杰	66	76	73

图 2.40　Excel 文档内容

程序说明：

上面两个案例都是应用 response 对象输出 HTTP 响应头，使浏览器按不同的方式进行响应，输出到 Excel 表格的数据带有公式的应用，读者可自己测试输出公式的格式。

3. 向客户端浏览器输出二进制流实现下载功能

【例 2.12】使用 Response 对象向客户端浏览器输出二进制流，实现下载功能。

在 MyEclipse 中新建两个 JSP 网页，文件名为 downloadfile.jsp 和 downError.jsp，然后在页面同一目录下放置一个任意文件，本案例中放置了一个 d.zip 文件，项目结构如图 2.41 所示。

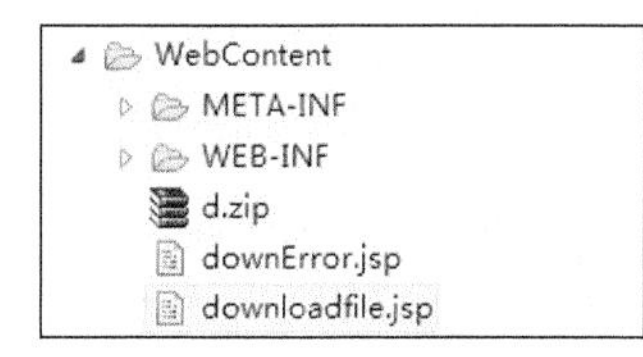

图 2.41　项目结构

在 downloadfile.jsp 页面输入以下代码。

```
<%@page import="java.io.*"%>
<%
   int status=0;
   byte  b[]=new byte[1024];
   FileInputStream in=null;
   ServletOutputStream out2=null;
   try
   {
      response.setHeader("content-disposition","attachment; filename=d.zip");
      in=new FileInputStream(request.getServletContext().getRealPath("/")+"//d.zip");
      out2=response.getOutputStream();
       while(status != -1 )
         {
             status=in.read(b);
             out2.write(b);
         }
       out2.flush();
   }
   catch(Exception e)
   {
       System.out.println(e);
       response.sendRedirect("downError.jsp");
```

```
    }
    finally
    {
        if(in!=null)
          in.close();
        if(out2 !=null)
          out2.close();
    }
    %>
```

运行结果：

在 downloadfile.jsp 页面中使用 response.setHeader()方法定义输出响应头部信息，设定 HTTP 响应头为下载文件，下载文件名为 d.zip，运行结果如图 2.42 所示。

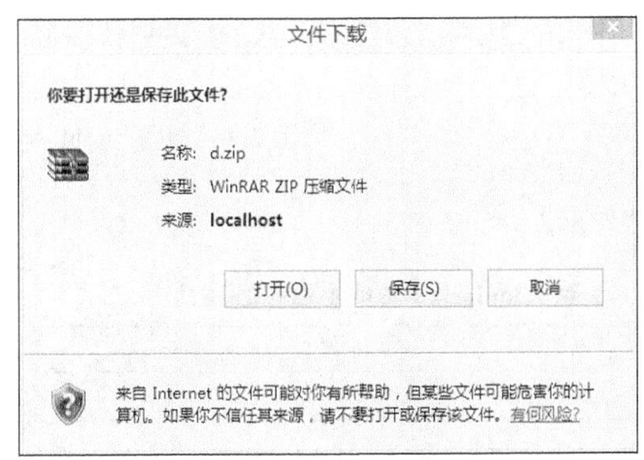

图2.42　运行结果

2.3.4　session 对象

HTTP 是一种无状态协议，当完成用户的一次请求和响应后就会断开连接，此时服务器端不会保留此次连接的有关信息，当用户进行下一次连接时，服务器无法判断这一次连接和以前的连接是否属于同一用户。为解决这一问题，JSP 提供了一个 session 对象，让服务器和客户端之间一直保持连接，直到客户端主动关闭或超时（一般为 30 分钟无反应）才会取消这次会话。

使用 session 的这一特性，可以在 session 中保存用户名、用户权限及订单信息等需要持续存在的内容，实现同一用户在访问 Web 站点时在多个页面间共享信息。

session 对象是 javax.servlet.http.HttpSession 类的一个实例，JSP 页面内已经初始化 session 对象了，在 Servlet 中可以使用 request 的 getSession()方法获取当前的 session 对象。如果 getSession()方法返回 null，就说明当前会话对象不存在。调用方法如下所示：

```
HttpSession session=request.getSession(true);
```

session 对象提供一个内建的数据结构，在这个结构中可以保存任意数量的键-值对。可以通过 session 对象的 setAttribute()和 getAttribute()方法来添加或者读取存储的属性值。

（1）setAttribute()方法用于存储指定名称的属性值，其语法格式如下：

```
session.setAttribute(String name,String value);
```

其中，参数 name 为属性名称，value 为属性值。

（2）getAttribute()方法用于获取与指定与 name 相联系的属性值，其语法格式如下：

```
session.getAttribute(String name);
```

当 session 中存放的属性值使用完后，可将其删除。如退出网站就会删除 session 中存放的用户登录信息，使用 session 对象的 removeAttribute()方法可删除指定名称属性值，removeAttribute()方法的语法格式如下：

```
session.removeAttribute (String name);
```

其中，参数 name 为属性名称。

【例 2.13】 制作用户登录表单。

打开 MyEclipse，新建一个 WebProject 项目，建立一个名为 login.jsp 网页，并在该网页中制作图 2.43 所示的用户登录表单。

设置表单的 action 属性为“login_deal.jsp”，method 属性为“post”，如图 2.44 所示。

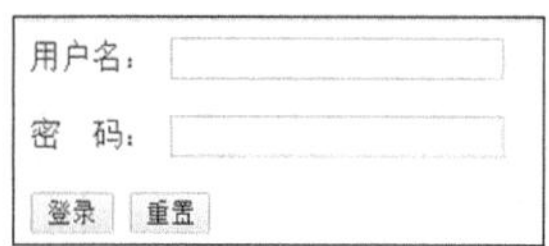

图 2.43　login.jsp 页面

```
<form id="form1" name="form1" method="post" action="login_deal.jsp">
  用户名:
  <input name="username" type="text" id="username" />
  <br />
```

图 2.44　设置 login.jsp 表单

表单中的标签属性如表 2.9 所示。

表 2.9　　login.jsp 表单中的标签属性

类型	name 属性	说明
文本框	username	用户名文本框
文本框	pwd	密码

新建 login_deal.jsp 网页，输入图 2.45 所示的代码。

```
<%
   String uname=request.getParameter("username");
   String pwd=request.getParameter("pwd");
   if(uname.equals("admin") && pwd.equals("123456"))
   {
      session.setAttribute("login_name", uname);
      response.sendRedirect("index.jsp");
   }else{ response.sendError(500,"请输入正确的用户名和密码"); }
   %>
```

图 2.45　login_deal.jsp 页面代码

新建 index.jsp 网页，输入图 2.46 所示的代码。

```
   if(session.getAttribute("login_name")!=null)
   {
      out.println("登录用户:"+session.getAttribute("login_name"));
   }
   else
   {
      response.sendRedirect("login.jsp");
   }
%>
```

图 2.46　index.jsp 页面代码

2.3.5　Cookie 操作

Cookie 与 session 跟踪是 Web 程序中常用的技术，用来跟踪用户会话，存储用户信息。它们的区别是，Cookie 在客户端浏览器记录用户身份信息数据，且可以设置失效期，失效期内用户再次登录同一网站时，可通过浏览器读取给服务器端；而 session 则是在服务器端记录用户身份信息数据。在 JSP 中可通过 request 对象和 response 对象进行 Cookie 的读与写。

Cookie 采用的是 key-value 存放数据，即键对应值。JSP 中提供了 Cookie 数据类型，位于 javax.servlet.http.Cookie 下，在 JSP 页面中使用不需导入。JSP 中 Cookie 有以下几个常用方法。

（1）response.addCookie (Cookie c)：此方法可以向客户端写入 Cookie 数据。

（2）Cookie[] request.getCookies()：读取客户端传递的 Cookie，该方法的返回值是数据格式，读取后要进行遍历。

（3）Cookie.setMaxAge (int second)：此方法可用来设置 Cookie 在客户端的有效时间，参数 second 表示以秒为单位。

例如：

```
Cookie  ck=new  Cookie("username","admin");
//声明一个 Cookie 数据，变量名为 ck，内存储值键名"username"，存储值"admin"
ck.setMaxAge(600);    //设置 Cookie 的有效期为 600 秒，即 10 分钟
response.addCookie(ck);   //向客户端写入 ck
```

2.3.6 application 对象

application 对象用于保存应用程序在服务器上的全局数据。当服务器启动时就会创建一个 application 对象，只要没有关闭服务器，该对象就会一直存在。session 对象与 application 对象的区别在于，session 对象与用户会话相关，不同用户的 session 是完全不同的对象；而用户的 application 对象都是相同的一个对象，即共享这个内置的 application 对象。

与 session 对象相同，application 对象也可以设置属性。在 session 中设置的属性只在当前用户的会话范围内有效，用户超过保存时间不发送请求，session 对象就会被回收。而在 application 对象中设置的属性，在整个应用程序范围内都是有效的，即使所有的用户都不发送请求，只要不关闭应用服务器，在其中设置的属性仍然是有效的。

2.3.7 综合案例

【例 2.14】制作留言板。

打开 MyEclipse，新建一个 WebProject 项目，建立一个名为 index.jsp 的网页，在网页中制作图 2.47 所示的表单，表单中有两个文本框，其 name 属性值分别是 name、content。

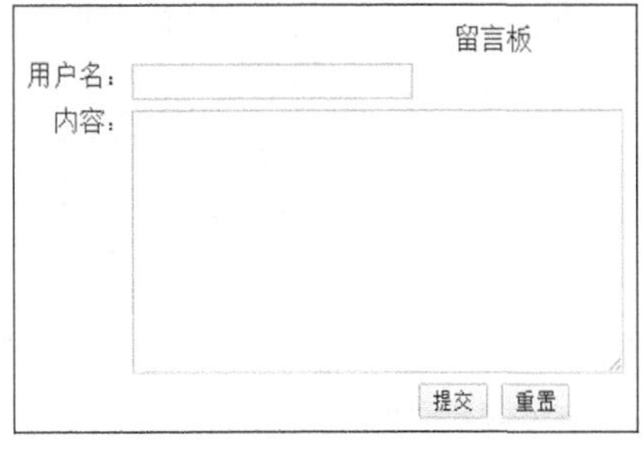

图 2.47 index.jsp 页面

设置表单的 action 属性为“deal.jsp”，method 属性为“post”，并在表单前插入图 2.48 所示的代码。

```
<%
    if(application.getAttribute("Leave")!=null)
        out.print(application.getAttribute("Leave"));
%>
    <form id="form1" name="form1" method="post" action="deal.jsp">
  <table width="671" height="241" border="0" cellpadding="0" cellspacing="0">
```

图 2.48　index.jsp 页面代码

新建一个名为 deal.jsp 的网页，在其中输入图 2.49 所示的代码。

```
<%!
public static String toChinese(String str)
{
try{
        byte s1[]=str.getBytes("ISO8859-1");
        return new String(s1,"gb2312");
    }
    catch(Exception e)
    {  return str;}
}
%>
    <% String lv;
    String name=toChinese(request.getParameter("name"));
    String Message=toChinese(request.getParameter("content"));
    String ip=request.getRemoteAddr();
    if(application.getAttribute("Leave")!=null)
       lv=(String)application.getAttribute("Leave")+"用户名:"+name+"  内容:"+Message+" IP:"+ip+"<hr>";
    else
        lv="用户名:"+name+"  内容:"+Message+" IP:"+ip+"<hr>";
    application.setAttribute("Leave",lv);
    response.sendRedirect("index.jsp");
  %>
</body>
```

图 2.49　deal.jsp 页面代码

运行结果：

启动 index.jsp，在留言板的表单中输入测试内容，运行结果如图 2.50 所示。

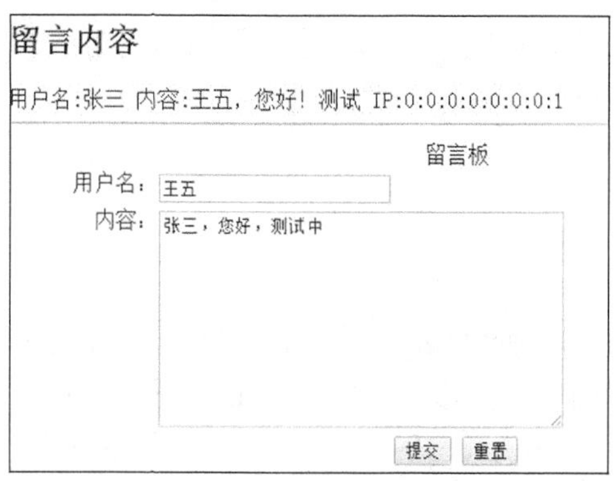

图 2.50　留言板运行结果

2.4　小结

本章重点介绍了 JSP 页面技术。JSP 页面技术包含两部分：一是 JSP 页面的构成，包括 JSP 指令、JSP 动作、JSP 脚本等内容；二是 JSP 的内置对象，JSP 的内置对象是实现 JSP 页面功能的主要技术。本章内容涉及较多方面，读者应在课后多进行实践性练习。

03

第3章　JDBC基础

数据库访问技术是开发信息管理类系统的关键技术。Java EE 中有多种数据库访问技术，其中 JDBC 数据库访问技术是最基础的。本章将介绍 JDBC 数据库访问技术，主要包括 JDBC 数据库连接、数据库读取、数据库修改，并通过综合案例阐述 JSP 指令、JSP 内置对象和 JDBC 技术的应用。

本章内容：

- JDBC 原理；
- JDBC 常用接口；
- JDBC 访问数据库；
- 数据库的查询、添加、修改、删除；
- 其他数据库访问。

3.1　JDBC 概述

无论是企业级应用系统，还是信息类管理系统，其开发的核心都是围绕数据库进行的。数据库访问技术是计算机软件开发中的一个重要技术，在 Java EE 体系中有多种数据库访问技术，其中最为简单、基础的就是 JDBC 数据库访问技术。

JDBC（Java DataBase Connectivity，Java 数据库连接）是 Java 语言中用来规范客户端程序如何访问数据库的应用程序接口，它提供了查询、插入和更新数据库中数据的方法。我们可以使用 Java 来编写不同类型的可执行文件，如 Java 应用程序、Java Applets、Java Servlets、JSP、Enterprise JavaBeans（EJBs）等。

1. JDBC 架构

JDBC 由两层构成：一层是 JDBC API（Application Programming Interface，应用程序编程接口），负责在 Java 应用程序与 JDBC 驱动程序管理器之间进行通信，发送程序中的 SQL 语句；另一层是 JDBC 驱动程序 API，与实际连接数据库的第三方驱动程序进行通信，返回查询信息或者执行规定的操作，如图 3.1 所示。图中显示了数据库驱动程序与 JDBC 驱动管理程序，以及 JDBC 系统的 API 库与 Java 应用程序的位置及调用关系。

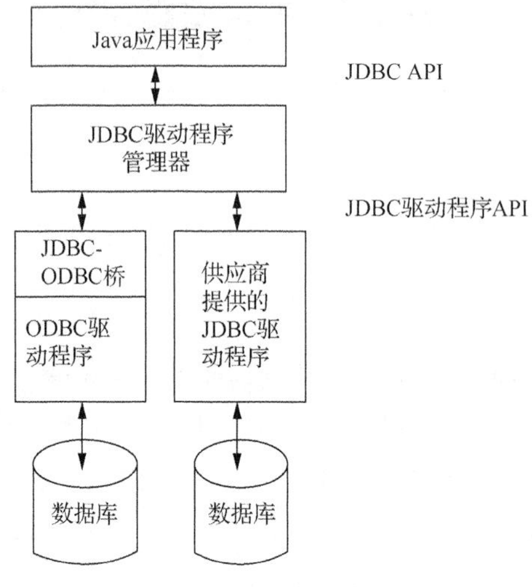

图 3.1 JDBC 架构图

2. Java 应用程序

Java 应用程序及 Applet、Servlet 这些类型的程序都可以利用 JDBC 实现对数据库的访问。JDBC 在其中所起的作用包括：请求与数据库建立连接、向数据库发送 SQL 请求、处理查询、处理错误等。

3. JDBC 驱动程序管理器

JDBC 驱动程序管理器动态地管理和维护数据库查询所需要的驱动程序对象，实现 Java 应用程序与特定驱动程序的连接。它的主要任务包括：为特定的数据库选取驱动程序、处理 JDBC 初始化调用、为每个驱动程序提供 JDBC 功能的入口、为 JDBC 调用传递参数等。

4. JDBC 驱动程序

JDBC 驱动程序一般由数据库厂商或者第三方提供，由 JDBC 调用，向特定数据库发送 SQL 请求，并为程序获取结果。JDBC 驱动程序能完成下列任务：建立与数据库的连接、向数据库发送请求、在用户程序请求时进行翻译、处理错误。在 JDBC 中，可以通过不同的数据库驱动程序访问不同类型的数据库，而数据库驱动程序是由各个厂商提供的，需在各厂商的网站上下载。

JDBC 驱动程序可分为以下 4 种类型。

（1）类型 1：JDBC-ODBC 桥

这种驱动方式通过 ODBC（Open DataBase Connectivity，开放数据库连接）驱动器提供数据库连接。使用这种方式要求客户机装入 ODBC 驱动程序，调用简单，容易掌握。其缺点是执行效率比较低，它需要在客户机上安装 ODBC 驱动，使用这类驱动会失去 JDBC 平台无关性的好处。此外，ODBC 驱动器还需要客户端进行管理。

（2）类型 2：JDBC-native 桥

JDBC-native 桥提供了一个构建在本地数据库驱动上的 JDBC 接口，而没有使用 ODBC。JDBC 驱动将标准的 JDBC 调用转化为对数据库 API 的本地调用，使用这类驱动也会失去 JDBC

平台无关性的好处，而且需要安装客户端的本地代码。

（3）类型 3：JDBC-network 桥

JDBC-network 桥不需要客户端的数据库驱动。它使用网络上的中间服务器来访问一个数据库，可以实现负载均衡、连接缓冲池和数据缓存等，只需要相对较少的下载时间，具有平台独立性，而且不需要在客户端安装并取得控制权，非常适合在 Internet 上应用。

（4）类型 4：纯 Java 驱动

纯 Java 的驱动程序通过本地协议直接与数据库引擎相连接。这种驱动程序也能应用于 Internet。较之于其他的驱动方式，这种方式具有更好的性能。

5. 常见的 JDBC 组件

JDBC API 提供了以下接口和类。

（1）DriverManager 类

该类在 Java.sql 包下，是 JDBC 中驱动程序管理器类，负责管理数据库驱动程序。其常用方法有两种：registerDriver()方法，用于注册驱动程序类；getConnection()方法，用于建立数据库连接。

（2）Driver 接口

该接口在 Java.sql 包下，是 JDBC 数据库驱动程序公共接口，所有的 JDBC 驱动必须实现该接口。Driver 接口提供给数据库厂商使用，各个数据库通过该接口实现各自的数据库驱动，统一提供给 JDBC 程序使用。DriverManager 类与 Driver 接口配合使用，管理数据库驱动。

（3）Connection 接口

该接口在 Java.sql 包下，其对象用来存放与数据库的连接。

（4）Statement 接口

该接口在 Java.sql 包下，其对象可作为执行 SQL 语句的容器，将 SQL 指令提交到数据库。Statement 接口的子接口有两个：PreparedSatement，执行预编译 SQL 指令；CallableStatement，执行数据库存储过程。

（5）ResultSet 接口

ResultSet 接口在 Java.sql 包下，用来接收数据库查询结果，提供了多种方法读取不同数据的结果集。

（6）SQLException 类

该类为 JDBC 专用异常处理类。

3.2 JDBC 基本操作

在 JDBC 数据库访问中，JDBC-ODBC 桥模式最为简单易学，因此下面先来讲解 JDBC-ODBC 桥模式的数据库访问，让读者尽快掌握 JDBC 的使用方法，然后再介绍纯 Java 驱动模式的数据库访问。

3.2.1 建立 ODBC 数据源及访问过程

使用 ODBC 数据源前，先要配置 ODBC 数据源，将需要访问的数据库的访问路径信息在

ODBC 中进行配置。ODBC 支持多种数据库，如 SQL Server、Oracle、Access 等。下面将以最简单的 Access 为例，来讲解 ODBC 的配置，本章的数据库操作都是基于这个数据源的。

（1）打开 Access，建立一个名为 user.mdb 的数据库文件，并将其保存在 D 盘根目录下。在其中建立一个 user 表，其结构如图 3.2 所示，数据如图 3.3 所示。

user : 表

字段名称	数据类型
id	自动编号
name	文本
password	文本
sex	文本
Email	文本
info	备注

图 3.2　user 表结构

user : 表

id	name	password	sex	Email	info
1	张三	123	男	zhangsan@163.co	在校学生
2	李四	345	男	lisi@163.com	在校学生
3	唐嫣	678	女	tangyan@163.com	在校学生
(自动编号)					

图 3.3　user 表数据

（2）配置 ODBC 数据源。以 32 位 Windows 7 系统为例，在“控制面板”→“管理工具”窗口中找到“数据源（ODBC）”图标，如图 3.4 所示。

图 3.4　ODBC 数据源

双击图标打开 ODBC 数据源，在“用户 DSN”选项卡中单击“添加”按钮，在弹出的“创建数据源”对话框中选择“Microsoft Access Driver (*.MDB)”选项，并单击“完成”按钮。注意：在这个对话框中可选择其他类型的数据库，这里仅以 Access 为例。

在弹出的“ODBC Microsoft Access 安装”对话框中输入数据源名称“DSUser”，单击“选择”按钮，选择 D 盘根目录下存放的 user.mdb 数据库文件。

（3）访问数据。在 JDBC 中访问数据库代码有如下三步：装载数据库驱动；连接数据库；执行 SQL 语句。

下面对这三步展开讲解。首先打开 MyEclipse，新建一个 Web Project 项目，将其命名为 Ch3ODBUserDemo，然后新建一个名为 QueryList.jsp 的 JSP 网页。

① 装载数据库驱动

Java 中常用的数据库类存放在 java.sql 包中，所以先要在网页头部导入这个包，如图 3.5 所示。

```
<%@page contentType="text/html" pageEncoding="gb2312"%>
<%@page import="java.sql.*" %>
```

图 3.5　导入 java.sql 包

这个案例中访问的是 JDBC-ODBC 桥，是 Java 中内置的一种数据库驱动，无须导入其他数据库驱动。该驱动类位于 sun.jdbc.odbc.JdbcOdbcDriver，装载驱动也就是装载这个类。所以第一步是：

```
Class.forName("sun.jdbc.odbc.JdbcOdbcDriver");
```

② 连接数据库

装载数据库驱动后，就可以连接数据库了，连接数据库需要使用 java.sql.DriverManager 类。java.sql.DriverManager 类负责管理 JDBC 驱动程序的基本服务，是 JDBC 的管理层，作用于用户和驱动程序之间，负责跟踪可用的驱动程序，并在数据库和驱动程序之间建立连接。成功加载 Driver 类并在 DriverManager 类中注册后，DriverManager 类就可用来建立数据库连接。

当调用 DriverManager 类的 getConnection()方法请求建立数据库连接时，DriverManager 类将试图定位一个适当的 Driver 类，并检查定位到的 Driver 类是否可以建立连接。如果可以，就建立连接并返回；如果不可以，就抛出 SQLException 异常。getConnection()方法调用格式如下：

```
getConnection(String url, String user, String password)
```

getConnection()是静态方法且重载，常用的有 1 个入口参数和 3 个入口参数。1 个入口参数为数据库的 URL，3 个入口参数依次为要连接数据库的 URL、用户名和密码，其返回值类型为 java.sql.Connection。

在 QueryList.jsp 中写出图 3.6 所示的代码，建立连接对象，连接到数据源 DSUser。

```
Class.forName("sun.jdbc.odbc.JdbcOdbcDriver");//第一步
Connection con=DriverManager.getConnection("jdbc:odbc:DSUser");//第二步
Statement smt=con.createStatement();//第三步
ResultSet rs=smt.executeQuery("select * from user ");
```

图 3.6　建立数据库连接对象

③ 执行 SQL 语句

在 JDBC 中使用 java.sql.Statement 接口类型对象执行 SQL 语句，并返回结果。例如，对 insert、update 和 delete 语句，调用 executeUpdate(String sql)方法，而 select 语句则调用 executeQuery (String sql)方法，并返回一个永远不能为 null 的 ResultSet 实例。

Statement 类型对象，由 Connection 类型对象调用 createStatement()方法建立。图 3.6 中最后两行代码分别是建立 Statement 对象，执行 SQL 语句，并将返回结果集存放在 ResultSet 类型对象 rs 中。至此就可以访问数据库了。

数据库的访问结果如何输出显示呢？访问结果存放在 ResultSet 类的数据中，下面介绍这个类型。

ResultSet 接口类型对象包括一个由查询语句返回的表，这个表包含所有的查询结果。因此要显示此表的内容必须对表逐行处理。ResultSet 对象有一个指针指向当前行，并用 next()方法使指针移向下一行。

第一次使用 next()方法将指针指向结果集的第一行，这时可对第一行的数据进行处理。然后用 next()方法，将指针移向下一行，继续处理第二行数据，next()方法的返回值是布尔型，返回

true 时存在当前行，返回 false 时，已到最后一行，不能下移。

在对每一行进行处理时，可以对各个列按任意顺序进行处理。ResultSet 类的 getXxx()方法可以从某一列中获得结果。其中 Xxx 是 JDBC 中的 Java 数据类型，如 getInt、getString、getDate 等。

【例 3.1】在 JDBC 中访问数据库的完整代码如下。

```
<%
  try {
Class.forName("sun.jdbc.odbc.JdbcOdbcDriver");//第一步
Connection con=DriverManager.getConnection("jdbc:odbc:DSUser");//第二步
Statement smt=con.createStatement();//第三步
ResultSet rs=smt.executeQuery("select * from user ");
int id, i=1;
while(rs.next()) {
out.print("用户编号:"+rs.getInt("id")+" 姓名:"+rs.getString("name")+
"性别:"+rs.getString("sex")+" Email:"+rs.getString("Email"));
            }       }
 catch(Exception e) {
                e.printStackTrace();        }
            %>
```

3.2.2 添加数据

要添加数据可调用 SQL 语句中的 Insert 语句，这属于修改数据库记录，应使用 Statement 接口类型中的 executeUpdate()方法。此方法的参数是一个 String 对象，即要执行的 SQL 语句的返回值是一个整数。

【例 3.2】添加数据。

在 MyEclipse 中打开 Ch3ODBUserDemo 项目，新建 reg.jsp 网页，并在该网页中制作图 3.7 所示的用户注册表单。

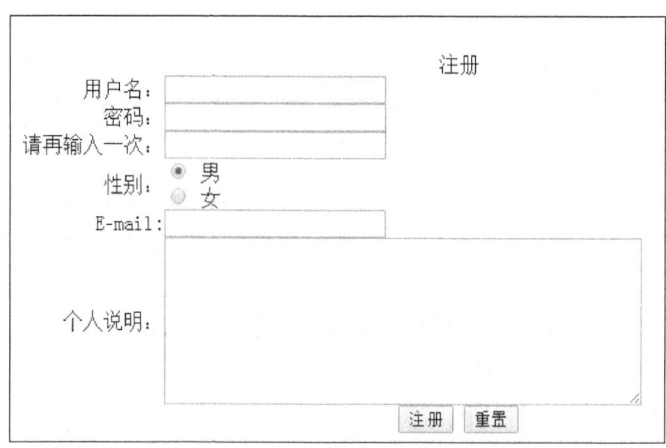

图 3.7 reg.jsp 用户注册页面

设置表单的 action 属性为“reg_user.jsp”，method 属性为“post”，如图 3.8 所示。

表单中的标签属性如表 3.1 所示。

```
<form id="form1" name="form1" method="post" action="reg_user.jsp">
<table width="60%" border="0" align="center" cellpadding="0" cellspacing="0">
```

图 3.8　reg.jsp 页面表单设置

表 3.1　reg.jsp 表单中的标签属性

类型	name 属性	说明
文本框	uname	用户名文本框
文本框	passwd	密码
文本框	repasswd	再次输入密码
单选框	xingbie	Value=1，性别为“男”
单选框	xingbie	Value=2，性别为“女”
文本框	email	E-mail
多行文本框	info	个人说明
提交按钮	button	注册

新建 reg_user.jsp 网页，使用 page 指令导入 java.sql 包，如图 3.9 所示，并输入图 3.10 所示的代码。

```
<%@page contentType="text/html" pageEncoding="gb2312"%>
<%@ page import="java.sql.*;" %>
```

图 3.9　导入 java.sql 包

```
<%
String uname=request.getParameter("uname");
String password=request.getParameter("passwd");
String sex,s=request.getParameter("xingbie");
String Email=request.getParameter("email");
String info=request.getParameter("info");
if(s.equals("1"))
    sex="男";
else
    sex="女";
try
{
    Class.forName("sun.jdbc.odbc.JdbcOdbcDriver");//第一步
    Connection con=DriverManager.getConnection("jdbc:odbc:JDBCB");//第二步
    Statement smt=con.createStatement();//第三步
    smt.executeUpdate("insert into user(name,password,sex,Email,info) values('"
        +uname+"','"+password+"','"+sex+"','"+Email+"','"+info+"')");
    out.println("注册成功");
}catch(Exception e)
{
    out.println("SQLException:"+e.getMessage());
}
%>
```

图 3.10　reg_user.jsp 页面代码

运行结果：

启动 reg.jsp 网页，在表单中输入注册用户信息，单击“注册”按钮，显示注册成功。

程序说明：

该案例调用了 Statement 的 executeUpdate()方法执行 SQL 的 insert 语句，实现了用户注册功能。executeUpdate()方法返回的是受影响的行数，返回大于 0 表示修改数据库成功，返回 0 表示修改失败，该案例中返回 1，表示注册写入一个用户信息。

3.2.3 删除数据

【例 3.3】删除数据。

在 MyEclipse 中打开 Ch3ODBUserDemo 项目，新建 del.jsp 网页，并输入图 3.11 所示的代码。

```
<%@page contentType="text/html" pageEncoding="gb2312"%>
<%@page  import="java.sql.*" %>
<%
 try
 {
        Class.forName("sun.jdbc.odbc.JdbcOdbcDriver");//第一步
        Connection con=DriverManager.getConnection("jdbc:odbc:JDBCB");//第二步
        Statement smt=con.createStatement();//第三步
        smt.executeUpdate("insert into user(name,password,sex,Email,info) "
               + "values('方冰冰','123','女','fangbinbin@163.com','测试')");
        if(smt.executeUpdate("delete from user where name=方冰冰")==1)
        out.println("删除成功");
        else out.println("删除失败"); }
 catch(Exception e)
 {
     out.println("SQLException:"+e.getMessage());
 }
 %>
```

图 3.11 del.jsp 页面代码

3.2.4 查找数据

【例 3.4】查找数据。

在 MyEclipse 中打开 Ch3ODBUserDemo 项目，新建 search.jsp 网页，并输入图 3.12 所示的代码。

3.2.5 修改数据

【例 3.5】修改数据。

在 MyEclipse 中打开 Ch3ODBUserDemo 项目，新建 update.jsp 网页，并输入图 3.13 所示的代码。

```
<%@page contentType="text/html" pageEncoding="gb2312"%>
<%@page import="java.sql.*" %>
<% try
{
        Class.forName("sun.jdbc.odbc.JdbcOdbcDriver");//第一步
        Connection con=DriverManager.getConnection("jdbc:odbc:JDBCB");//第二步
        Statement smt=con.createStatement();//第三步
        ResultSet rs=smt.executeQuery("select * from user where name='张三'");
        if(rs.next())
          {   out.println("用户名:"+rs.getString(1)+"<br>");
              out.println("密码:"+rs.getString(2)+"<br>");
              out.println("性别:"+rs.getString(3)+"<br>");
              out.println("Email:"+rs.getString(4)+"<br>");
              out.println("info:"+rs.getString(5)+"<br>");  }
        else{ out.println("用户不存在");}  }
catch(Exception e)
{      out.println("SQLException:"+e.getMessage()); }

%>
```

图 3.12　search.jsp 页面代码

```
<%@page contentType="text/html" pageEncoding="gb2312"%>
<%@page  import="java.sql.*" %>
<% try
{
        Class.forName("sun.jdbc.odbc.JdbcOdbcDriver");//第一步
        Connection con=DriverManager.getConnection("jdbc:odbc:JDBCB");//第二步
        String sqlcmd="update user set sex=女 where name='张三'";
        Statement smt=con.createStatement();
        if(smt.executeUpdate(sqlcmd)>0)
        out.println("更新成功");
        else out.println("更新失败");
        con.close();
        }catch(Exception e){
            out.println("SQLException:"+e.getMessage());
            e.printStackTrace();  }
        %>
```

图 3.13　update.jsp 页面代码

3.3　JDBC 优化技术

3.3.1　PreparedStatement 接口

PreparedStatement 是一种预编译处理，java.sql.PreparedStatement 接口继承于 Statement 接口，是 Statement 接口的扩展，可用来执行动态的 SQL 语句，即包含参数的 SQL 语句。通过 PreparedStatement 执行的动态 SQL 语句，将被预编译并保存到 PreparedStatement 实例中，从而可以反复且高效地执行该 SQL 语句。

PreparedStatement 接口的常用方法如表 3.2 所示。

表 3.2　　PreparedStatement 接口的常用方法

方法	功能描述
executeQuery()	执行前面包含参数的动态 select 语句，并返回一个永远不能为 null 的 ResultSet 实例
executeUpdate()	执行前面包含参数的动态 insert、update 或 delete 语句，并返回一个 int 数值，为同步更新记录的条数
clearParameters()	清除当前所有参数的值
setXxx()	为指定参数设置 Xxx 型值
close()	立即释放 Statement 实例占用的数据库和 JDBC 资源，即关闭 Statement 实例

使用 PreparedStatement 时，在通过 setXxx()方法为 SQL 语句中的参数赋值时，应选择与输入参数类型相同的 set()方法赋值，PreparedStatement 的使用方法如下：

```
PreparedStatement ps = connection .prepareStatement("select * from table_name
  where id>? and (name=? or name=?)");
ps.setInt(1, 1);
ps.setString(2, "wgh");
ps.setObject(3, "sk");
ResultSet rs = ps.executeQuery();
```

3.3.2　访问 MySQL 数据库

MySQL 支持众多平台，且运行效率高、操作简单、功能强大，被广泛用于 Java EE 开发中。下面对 JDBC 中如何访问 MySQL 数据库进行讲解。

MySQL 默认端口：3306；默认管理员：root；默认字符集：latin1，使用时修改为 UTF-8；MySQL 连接地址：jdbc:mysql://<hostname>[<:3306>]/<dbname>。

【例 3.6】访问 MySQL 数据库。

（1）在 MySQL 中建立好数据库。MySQL 支持很多第三方可视化开发工具，这里使用 Navicat for MySQL 连接管理 MySQL 数据库，打开 Navicat 连接数据库，如图 3.14 所示。

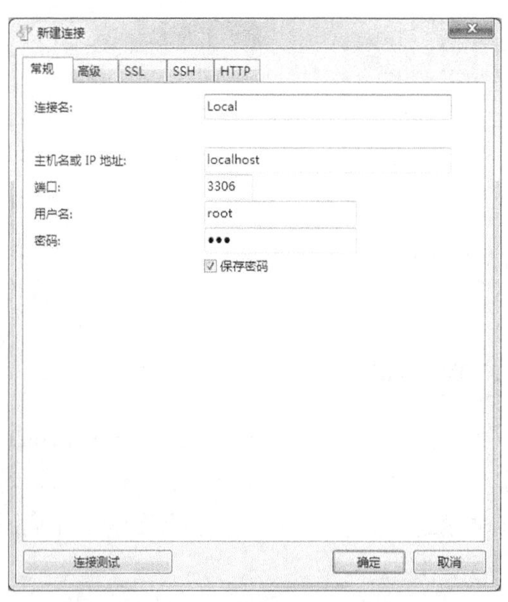

图 3.14　Navicat 连接 MySQL 数据库

建立数据库 DemoDB，如图 3.15 所示。

图 3.15　Navicat 建立数据库

选择 DemoDB 新建数据库表 user，如图 3.16 所示。

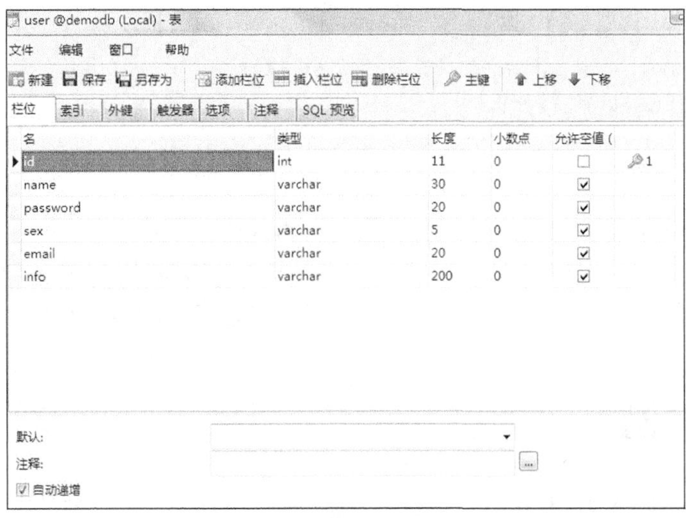

图 3.16　建立数据库表

（2）在 MyEclipse 的项目中添加 MySQL 驱动，选择 Ch3ODBUserDemo 项目，单击鼠标右键，选择“Build Path”→“Add External Archives”选项，添加 MySQL 驱动，选择数据库驱动文件，如图 3.17 和图 3.18 所示。

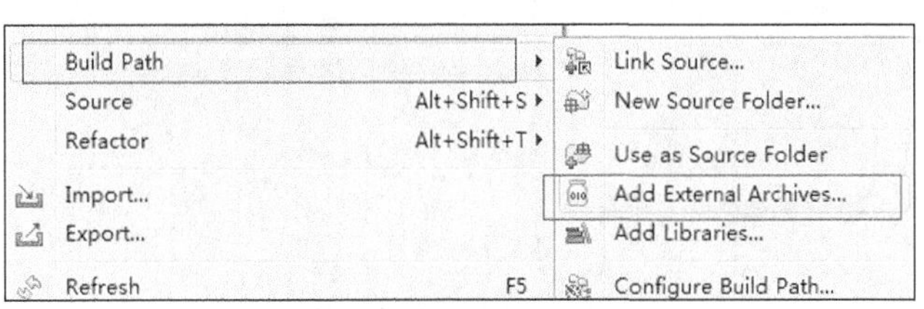

图 3.17　添加 MySQL 驱动

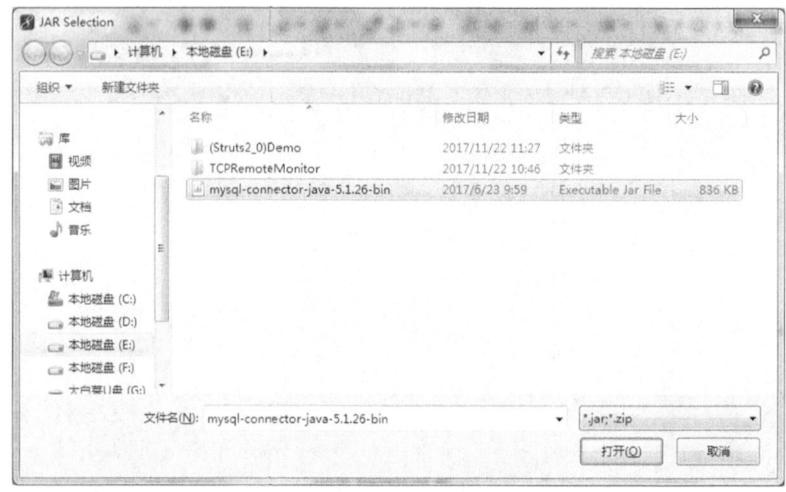

图 3.18 选择数据库驱动文件

输入代码如下，建立一个 del.jsp 页面，在其中删除一条记录。

```
try
  {     Class.forName("com.mysql.jdbc.Driver");
Connection con=DriverManager.getConnection("jdbc:mysql://127.0.0.1:3306/user","root",
"123"); //root 是 MySQL 默认管理员账号，123 是管理员账号密码
Statement smt=con.createStatement();
smt.executeUpdate("delete from user where id=2");
 out.println("删除成功");
 }
 catch(Exception e)
 {
      out.println("SQLException:"+e.getMessage());  }
```

从这个案例可以看出，访问 MySQL 数据库和 JDBC-ODBC 方式的原理和流程基本相同，只是在访问前需要添加数据库驱动，另外连接的字符串也与 JDBC-ODBC 不同。

3.4 综合案例

本案例以前面讲解的 JDBC 技术为基础，综合运用 JDBC 技术实现用户管理系统，系统的结构如图 3.19 所示。

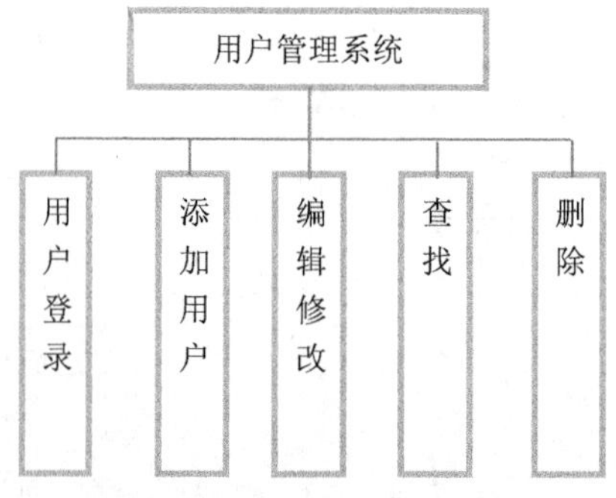

图 3.19 用户管理系统的结构

具体实现过程如下。

（1）创建数据库

用户管理系统案例选用 Access 数据库，打开 Access 新建数据库 user.mdb，然后新建 user 数据库表，如图 3.20 所示。其中，id 字段的数据类型为“自动编号”，是该表主键。

建好数据库后，打开操作系统的“控制面板”→“管理工具”→“ODBC 数据源”，在“ODBC 数据源管理器”对话框中选择“系统 DSN”选项卡，单击“添加”按钮，在弹出的“创建新数据源”对话框中选择 Access 数据库，如图 3.21 所示。“ODBC Microsoft Access 安装”对话框配置如图 3.22 所示，设置数据源名称为“JDBCB”，数据库就选择刚刚建立好的 user.mdb 数据库。

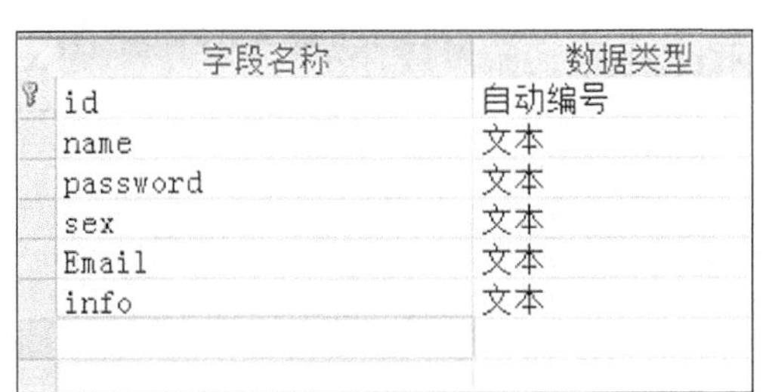

字段名称	数据类型
id	自动编号
name	文本
password	文本
sex	文本
Email	文本
info	文本

图 3.20 用户数据库表

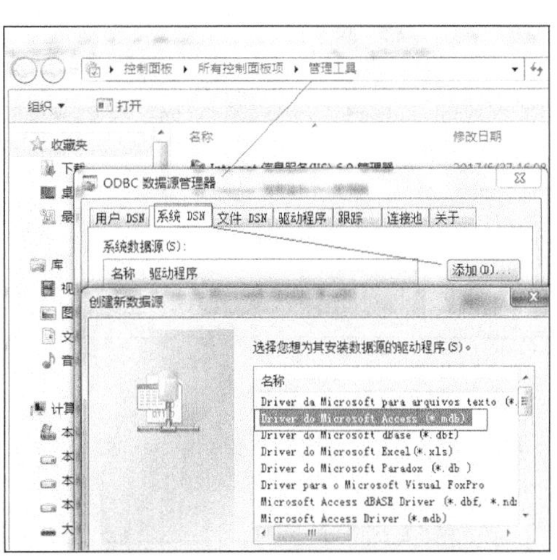

图 3.21 在 ODBC 中建立数据源

打开 MyEclipse，新建一个 WebProject 项目 UserManager，选中 WebRoot 文件夹，其项目结构如图 3.23 所示。

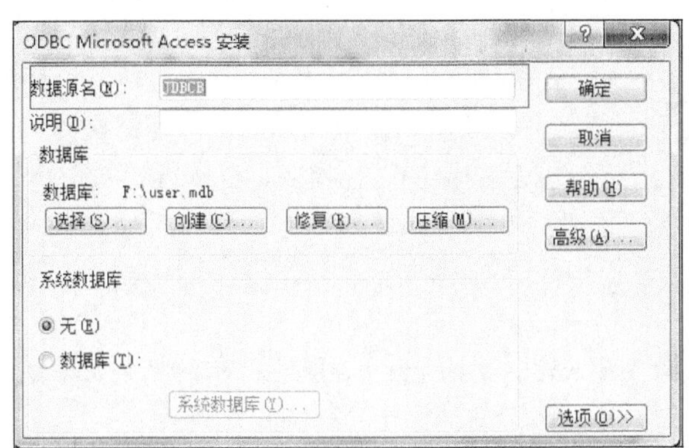

图 3.22 在 ODBC 中建立数据源

图 3.23 UserManager 项目结构

各 JSP 页面的功能如表 3.3 所示。

表 3.3　各 JSP 页面功能说明

页面文件名	功能	说明
del.jsp	删除用户信息	list.jsp 页面中调用
edit.jsp	编辑用户信息	list.jsp 页面中调用
update.jsp	更新用户信息页面	在 edit.jsp 页面中进行编辑后提交到 update.jsp 页面修改
Fmain.jsp	主框架页面	
left.jsp	左侧导航栏	
login.jsp	登录页面	
login_deal.jsp	登录处理页面	
reg.jsp	注册页面	
reg_deal.jsp	注册处理页面	
search.jsp	查找用户页面	
search_deal.jsp	查找处理页面	

（2）Fmain.jsp 主页面

Fmain.jsp 是该案例的主页面，在 Fmain.jsp 中使用框架实现左右两侧页面布局效果，如图 3.24 所示。

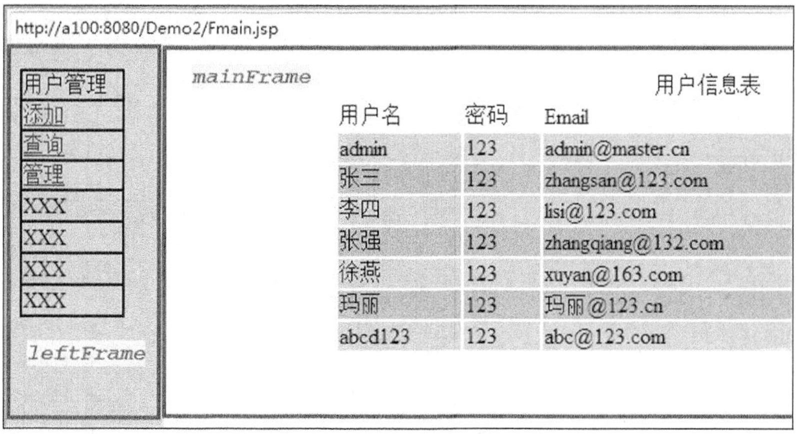

图 3.24　主页面整体效果

框架实现代码如下：

```
<frameset cols="120, *" frameborder="no" border="0" framespacing="0">
  <frame src="left.jsp" name="leftFrame" scrolling="No" noresize="noresize" id=
"leftFrame" title="leftFrame" />
  <frame src="main.jsp" name="mainFrame" id="mainFrame" title="mainFrame" />
</frameset>
```

该框架分为左右两列。其中，左列名为 leftFrame，用于显示导航栏；右列名为 mainFrame，用于显示功能页面。

同时 Fmain.jsp 还负责验证用户身份，其具体代码如图 3.25 所示。

```
<frameset cols="120,*" frameborder="no" border="0" framespacing="0">
  <frame src="left.jsp" name="leftFrame" scrolling="No" noresize="noresize"
  id="leftFrame" title="leftFrame" />
  <frame src="main.jsp" name="mainFrame" id="mainFrame" title="mainFrame" />
</frameset>
<noframes><body>
     <%
        if(session.getAttribute("unamelogin")==null)
            response.sendRedirect("login.jsp");
        %>
</body>
</noframes></html>
```

图 3.25　Fmain.jsp 页面代码

双击 left.jsp 页面，按图 3.26 所示输入代码，完成左侧导航栏，注意导航链接的 target 属性。

```
        <table width="80%" border="1" cellpadding="1"
        cellspacing="0" bordercolor="#000000">
            <tr>
                <td>用户管理</td>
            </tr>
   <tr>
     <td><a href="reg.jsp" target="mainFrame">添加</a></td>
   </tr>
   <tr>
     <td><a href="search.jsp" target="mainFrame">查询</a></td>
   </tr>
   <tr>
     <td><a href="list.jsp" target="mainFrame">管理</a></td>
   </tr>
   <tr>
     <td>XXX</td>
   </tr>
</table>
```

图 3.26　left.jsp 页面代码

（3）登录模块

双击 login.jsp 页面，制作图 3.27 所示的表单。

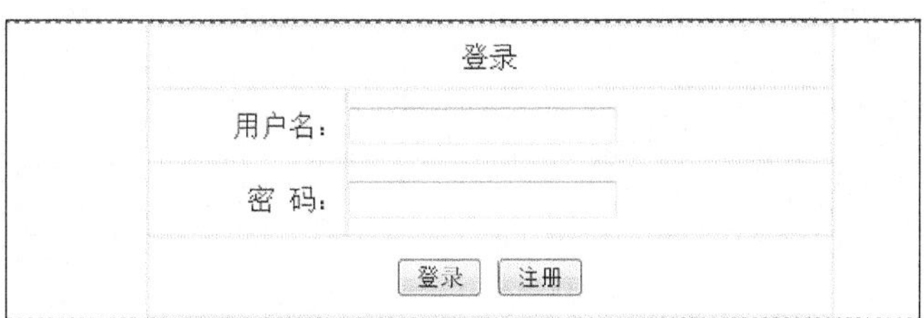

图 3.27　login.jsp 页面

login.jsp 页面表单属性如表 3.4 所示。

表 3.4　login.jsp 页面表单属性

类型	name 属性	说明
文本框	name	用户名文本框
文本框	passwd	密码文本框
按钮	Button，type 属性是 submit	登录按钮
按钮	Button，type 属性是 button	注册按钮 onclick="javascript: location.href='reg.jsp'"

双击 login_deal.jsp 页面，输入图 3.28 所示的代码。

```
<%
String name=request.getParameter("name");
String passwd=request.getParameter("passwd");
try
{       Class.forName("sun.jdbc.odbc.JdbcOdbcDriver");
        Connection con=DriverManager.getConnection("jdbc:odbc:JDBCB");
        Statement smt=con.createStatement();
        ResultSet rs=smt.executeQuery("select * from user where name='"+name+"'");
        if(rs.next())
          {  if(rs.getString("password").equals(passwd))
             {
                 session.setAttribute("unamelogin", name);
                 response.sendRedirect("Fmain.jsp");
             }else
             {
                 out.println("密码错误");
             }
          }
        else{ out.println("用户不存在");}
}
catch(Exception e)
{ out.println("SQLException:"+e.getMessage()); }
%>
```

图 3.28　login_deal.jsp 页面

（4）注册模块

打开 reg.jsp 网页，制作表单，如图 3.29 所示。设置表单的 action 属性为“user_deal.jsp”，method 属性为“post”，如图 3.30 所示。

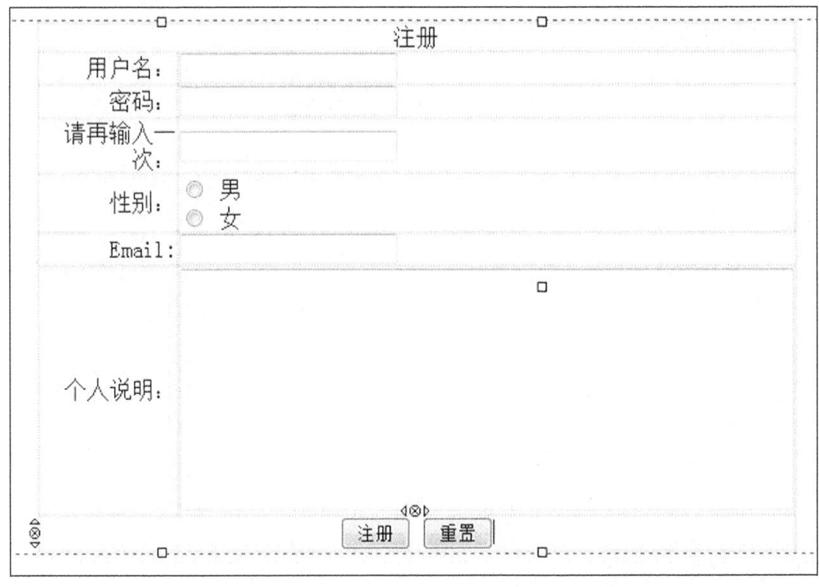

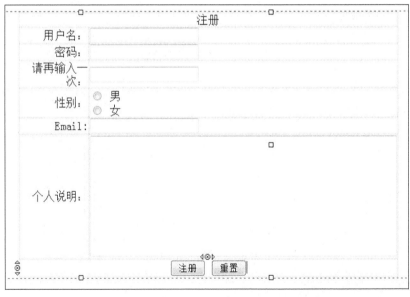

图 3.29　reg.jsp 页面

```
<form id="form1" name="form1" method="post" action="user_deal.jsp">
width="60%" border="0" align="center" cellpadding="0" cellspacing="0">
```

图 3.30　reg.jsp 页面表单设置

表单中标签的属性如表 3.5 所示。

表 3.5　　reg.jsp 表单中标签的属性

类型	name 属性	说明
文本框	name	用户名文本框
文本框	password	密码
文本框	repasswd	再输入一次密码框
单选框	xingbie	性别男，value 值为 1
单选框	xingbie	性别女，value 值为 2
文本框	email	E-mail 文本框
文本框	info	info 文本框，多行

双击打开 user_deal.jsp 页面，输入图 3.31 所示的代码。

```
    <%
    String uname=request.getParameter("uname");
    String password=request.getParameter("passwd");
    String sex,s=request.getParameter("xingbie");
    String Email=request.getParameter("email");
    String info=request.getParameter("info");

    if(s.equals("1"))
        sex="男";
    else
        sex="女";
try
{
      Class.forName("sun.jdbc.odbc.JdbcOdbcDriver");
      Connection con=DriverManager.getConnection("jdbc:odbc:JDBCB");
      Statement smt=con.createStatement();
      smt.executeUpdate("insert into user(name,password,sex,Email,info) values('"
        +uname+"','"+password+"','"+sex+"','"+Email+"','"+info+"')");
      out.println("注册成功");
 }catch(Exception e)
 {
     out.println("SQLException:"+e.getMessage());
 }
    %>
```

图 3.31　user_deal.jsp 页面代码

（5）用户查询

双击打开 search.jsp 页面，制作图 3.32 所示的表单，参考代码如图 3.33 所示。

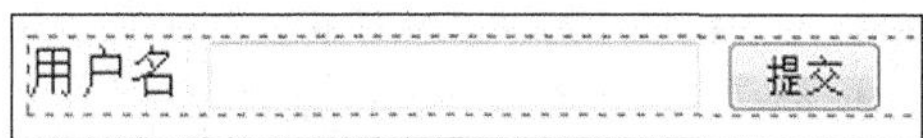

图 3.32　search.jsp 页面

```
      <form id="form1" name="form1" method="post" action="search deal.jsp">
  <label>用户名
  <input type="text" name="name" id="name" />
  </label>
  <label>
  <input type="submit" name="button" id="button" value="提交" />
  </label>
</form>
```

图 3.33　search.jsp 页面代码

从上述代码可知，查询功能由 search_deal.jsp 页面完成。双击打开 search_deal.jsp，输入图 3.34 所示的代码。

```
<% String name=request.getParameter("name");
try
{       Class.forName("sun.jdbc.odbc.JdbcOdbcDriver");
        Connection con=DriverManager.getConnection("jdbc:odbc:JDBCB");
        Statement smt=con.createStatement();
        ResultSet rs=smt.executeQuery("select * from user where name='"+name+"'");
        if(rs.next())
          {    out.println("用户名:"+rs.getString(2)+"<br>");
               out.println("密码:"+rs.getString(3)+"<br>");
               out.println("性别:"+rs.getString(4)+"<br>");
               out.println("Email:"+rs.getString(5)+"<br>");
               out.println("info:"+rs.getString(6)+"<br>");   }
        else{ out.println("用户不存在");}
}
catch(Exception e)
{
     out.println("SQLException:"+e.getMessage());
} %>
```

图 3.34　search_deal.jsp 页面代码

（6）用户信息显示

双击打开 list.jsp 页面，制作图 3.35 所示的表格，可借助其他可视化工具制作。例如，可使用 Dreamweaver，先在 Dreamweaver 中做好表格，再将之复制到 MyEclipse 中。

用户信息表					
用户名	密码	Email	性别	编辑	删除
				编辑	删除

图 3.35　list.jsp 页面

其中，“编辑”和“删除”文字链接如下：

```
<a href=<% out.println("edit.jsp?id="+id); %>>编辑</a>
<a href=<% out.println("del.jsp?id="+id); %>删除</a>
```

制作表格的代码如下所示。

```
<%
        try
        {
        Class.forName("sun.jdbc.odbc.JdbcOdbcDriver");
        Connection con=DriverManager.getConnection("jdbc:odbc:JDBCB");
        Statement smt=con.createStatement();
        ResultSet rs=smt.executeQuery("select * from user ");
        int id, i=1;
        while(rs.next())
        {
           id=rs.getInt("id");
           if(i % 2==1)
           {
           %>
           <tr id="t1">
           <%
           }else{
           %><tr id="t2">
           <%
```

```
        }
        %>
            <td ><%= rs.getString("name") %></td>
            <td ><%= rs.getString("password") %></td>
            <td ><%= rs.getString("Email") %></td>
            <td ><%= rs.getString("sex") %></td>
            <td><a href=<% out.println("edit.jsp?id="+id); %>>编辑</a></td>
            <td ><a href=<% out.println("del.jsp?id="+id); %>>删除</a></td>
            </tr>
         <% i++;
      }        }
      catch(Exception e)
      {
         e.printStackTrace();       }
     %>
```

（7）删除功能模块

删除功能模块实现起来非常简单。用户在 list.jsp 页面单击“删除”链接，传递用户 id 给 del.jsp 页面实现删除。双击打开 del.jsp 页面，输入如下代码。

```
<%
 String id=request.getParameter("id");
 try
 {
    Class.forName("sun.jdbc.odbc.JdbcOdbcDriver");
    Connection con=DriverManager.getConnection("jdbc:odbc:JDBCB");
    Statement smt=con.createStatement();
    smt.executeUpdate("delete from user where id="+id);
    out.println("删除成功");

 }
 catch(Exception e)
 {  out.println("SQLException:"+e.getMessage()); }
    %>
```

（8）编辑修改功能模块

编辑功能由显示用户个人信息和修改更新用户信息两个功能组成。其业务流程如下：首先管理员在 list.jsp 页面选择需要进行编辑修改的用户，单击“编辑”链接，传递用户 id 至 edit.jsp 页面显示个人用户信息，在 edit.jsp 页面完成编辑操作后，数据提交到 update.jsp 页面实现编辑更新。

双击 edit.jsp 页面，如图 3.36 所示，制作用户编辑修改表单的代码如下。

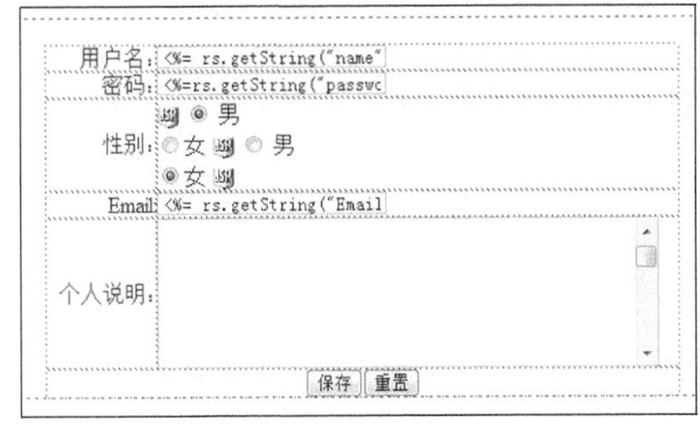

图 3.36 edit.jsp 页面

```
<body>
  <%
  String id=request.getParameter("id");
  try
  { Class.forName("sun.jdbc.odbc.JdbcOdbcDriver");
   Connection con=DriverManager.getConnection("jdbc:odbc:JDBCB");
   Statementsmt=con.createStatement();
   ResultSet rs=smt.executeQuery("select * from user where id="+id);
   rs.next();
  %>
  <h1>编辑个人信息</h1>
  <form id="form1" name="form1" method="post" action="update.jsp">
  <input  type="hidden" name="id" id="id"  value="<%=id%>"/>
  <table width="60%" border="0" align="center" cellpadding="0" cellspacing="0">
    <tr>
      <td colspan="2" align="center"></td>
    </tr>
    <tr>
      <td align="right">用户名: </td>
      <td><input  type="text"  name="uname"  id="uname"   value="<%=  rs.getString
("name") %>"/></td>
    </tr>
    <tr>
      <td align="right">密码: </td>
      <td><label>
           <input  type="text"  name="passwd"  id="passwd"   value="<%=rs.getString
("password") %>"/>
      </label></td>

    <tr>
      <td align="right">性别: </td>
      <td>
          <%
           if(rs.getString("sex").equals("男"))
               {
          %>
          <input  type="radio"  name="xingbie"  value="1"  id="xingbie"   checked=
"true"/> 男<br />
  <input type="radio" name="xingbie" value="2" id="xingbie" />女
  <%
      }else
          {
  %>
  <input type="radio" name="xingbie" value="1" id="xingbie" /> 男<br />
  <input type="radio" name="xingbie" value="2" id="xingbie"  checked="true"/>女
  <%
     }
  %>
      </td>
    </tr>
    <tr>
      <td align="right">Email:</td>
      <td><label>
           <input  type="text"  name="email"  id="email"   value="<%=  rs.getString
```

```
("Email") %>"/>
        </label></td>
      </tr>
      <tr>
        <td align="right">个人说明: </td>
        <td><label>
          <textarea name="info" cols="50" rows="8" id="info">
              <%= rs.getString("info") %>
          </textarea>
        </label></td>
      </tr>
      <tr>
        <td colspan="2" align="center"><label>
          <input type="submit" name="button" id="button" value="保存" />
          <input type="reset" name="button2" id="button2" value="重置" />
        </label></td>
      </tr>
    </table>
  </form>
        <%
    } catch(Exception e)
   {  out.println("SQLException:"+e.getMessage()); }
        %>
    </body>
```

Update.jsp 页面的参考代码如下。

```
<%
      String uname=request.getParameter("uname");
      String password=request.getParameter("passwd");
      String sex, s=request.getParameter("xingbie");
      String Email=request.getParameter("email");
      String info=request.getParameter("info");
      String id=request.getParameter("id");
      if(s.equals("1"))
         sex="男";
      else
         sex="女";
 try
 {
       Class.forName("sun.jdbc.odbc.JdbcOdbcDriver");
       Connection con=DriverManager.getConnection("jdbc:odbc:JDBCB");
       String sqlcmd="update user set name=?, password=?, sex=?, Email=?, info=? where
 id="+id;
       PreparedStatement psmt=con.prepareStatement(sqlcmd);
       psmt.setString(1,  uname);
       psmt.setString(2, password);
       psmt.setString(3, sex);
       psmt.setString(4, Email);
       psmt.setString(5, info);
       psmt.executeUpdate();
       out.println("更新成功");
       out.println("<a href='list.jsp'>返回主页</a>");
```

```
            con.close();
            }catch(Exception e)
        {
            out.println("SQLException:"+e.getMessage());
            e.printStackTrace();
        }
    %>
```

该案例可实现用户管理系统的基本功能，通过该案例能让读者较好地掌握 JDBC 数据库的访问技术，后续的内容中还会加入 Java EE 的各类技术，以进一步优化完善用户管理系统案例。

3.5 小结

JDBC 技术是 Java EE 中最基础的数据库访问技术。本章首先介绍 JDBC 技术基础，然后通过一个综合性的案例使读者掌握数据库开发的基本步骤与过程。数据库访问技术也是贯穿整个 Java EE 课程的重要技术，读者应在课后多进行实践性练习。

第4章 JavaBean

在第 3 章的综合案例“用户管理系统”中，读者可以发现虽然应用JDBC 实现了用户管理，但是代码烦琐，且重复过多，不符合软件工程的设计思想。本章讲解的 JavaBean 技术就可以解决这一问题，JavaBean 会对程序中的实体对象和业务处理代码进行封装，使 JSP 代码结构变得更为清晰。

本章内容：

- JavaBean 的种类；
- JavaBean 的规范；
- JavaBean 在 JSP 中的应用；
- DAO 和 VO。

4.1 JavaBean 概述

在 Java EE 的初级阶段，整个系统功能都是由 JSP 网页实现的，并没有对代码进行逻辑层次的划分。例如，第 3 章的案例“用户管理系统”，它的所有功能都是由各个 JSP 页面实现的，但页面中存在大量重复、烦琐的代码，如图 4.1 所示。

虽然这种开发方式看似简单，但大量重复的代码会给开发后期的维护和修改带来很多问题。一个 JSP 页面中既包含数据访问代码，又包含业务处理代码，还包含数据显示代码，这显然不符合面向对象的开发思想。

JavaBean 是 Java 中一种软件组件模型技术，它与微软公司的 COM 组件的设计思路相似，但又比 COM 组件简单实用，JavaBean 的定义是“JavaBean 是一个可重复使用的软件组件”。在 Java 中，JavaBean 可以是一个像 Swing 中的控件形式表现，也可以是一个普通的 Java 类。JavaBean 还可以理解为一个容器，可以存放其他的对象或物品。

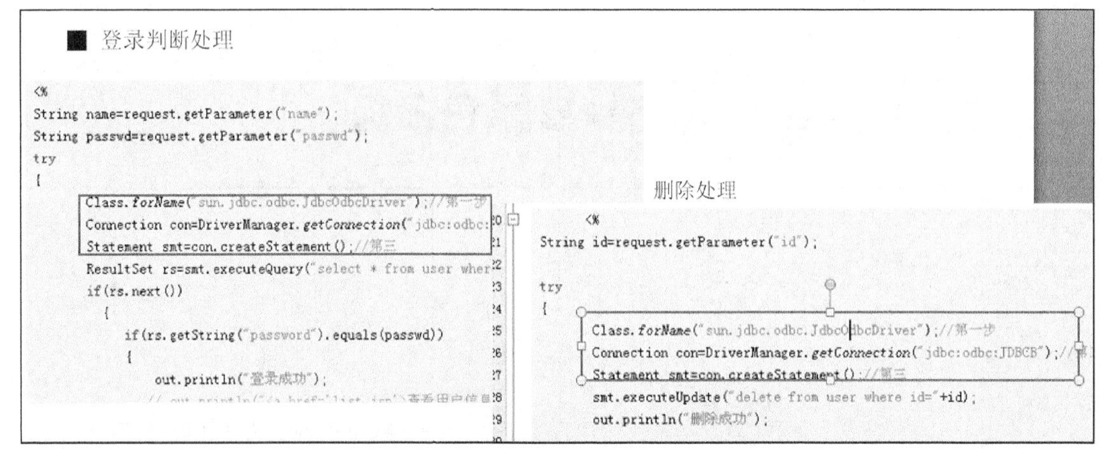

图 4.1　冗余代码

JavaBean 可分为以下两种。

① 可视化 JavaBean，如 AWT 组件、Swing 组件。

② 非可视化 JavaBean，普通的 Java 类，只需符合 JavaBean 的定义规范即可。

在 Java EE 开发中一般使用非可视化 JavaBean，本书讲解的也是非可视化 JavaBean。通过使用 JavaBean 可以实现 HTML 代码和 Java 代码的耦合，将业务处理、数据操作、实体数据封装到一个类中去。在 JSP 页面中只需调用 JavaBean，即可提高代码重用性和灵活度。

4.2　JavaBean 定义及应用

4.2.1　JavaBean 技术规范

JavaBean 在 Java 中可以是一个普通的 Java 类，但编写代码时也要遵循 JavaBean 的代码规范，具体规范如下。

1. 公共的无参构造方法

一个 JavaBean 对象必须拥有一个公共类型、默认的无参构造方法，从而可以通过 new 关键字直接对其进行实例化。

2. 类的声明是非 final 类型

当一个类声明为 final 类型时，它是不可以更改的，所以，JavaBean 对象的声明应该是非 final 类型的。

3. 实现可序列化接口

JavaBean 应该直接或间接实现 java.io.Serializable 接口，以支持序列化机制。

4. 为属性声明访问器

JavaBean 中的属性应该设置为私有（Private）类型，为了防止外部直接访问，它需要对外提供公共（Public）的访问方法，也就是说需要为属性提供 getter()和 setter()方法。

在实际的开发过程中，对 JavaBean 中的属性应该采用小写字母开头，并使用驼峰命名（驼峰命名是指首字母小写，第二个单词首字母大写，如 myName、saveUser、myFirstName 等）格式对其进行命名。

4.2.2　编写一个 JavaBean

在 MyEclipse 中编写 JavaBean，可以先定义好属性，然后再调用“Source”菜单中的“Generate Getters and Setters”命令产生属性方法，如果使用 JCreate 等其他工具，也可直接输入属性方法。以第 3 章“用户管理案例”的用户数据为例，其 JavaBean 定义过程如下。

（1）在 src 目录下新建 com.bean 包，然后新建 User 类，如图 4.2 所示。

```
package com.bean;

/**
 *
 * @author Administrator
 */
public class User {
    private int id;
    private String name;
    private String password;
    private String sex;
    private String email;
    private String info;

}
```

图 4.2　新建 User 类

（2）单击“Source”菜单中的“Generate Getters and Setters”命令，在弹出的“Generate Getters and Setters”对话框中选择所有属性并单击“Select All”按钮，如图 4.3 所示，然后单击“OK”按钮确认。

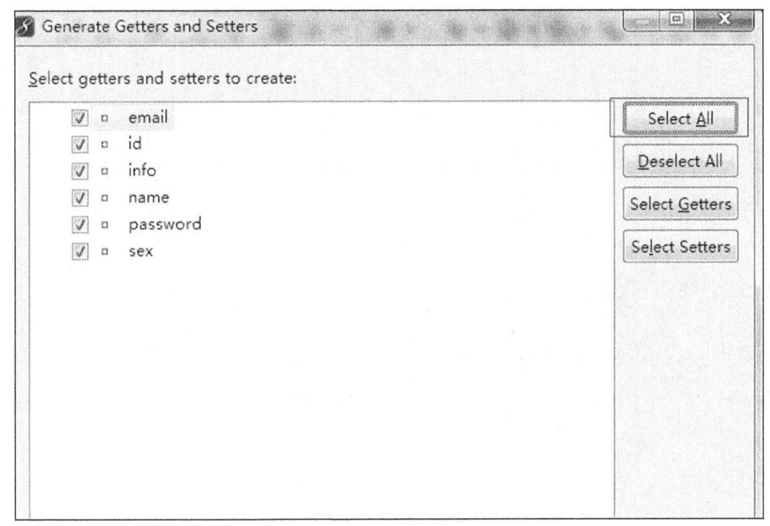

图 4.3　选择属性

（3）产生 JavaBean 代码如图 4.4 所示。

```
public class User {
    private int id;
    private String name;
    private String password;
    private String sex;
    private String email;
    private String info;
    public int getId() {
        return id;
    }
    public void setId(int id) {
        this.id = id;
    }
    public String getName() {
        return name;
    }
    public void setName(String name) {
        this.name = name;
    }
    public String getPassword() {
        return password;
    }
    public void setPassword(String password) {
        this.password = password;
    }
    public String getSex() {
        return sex;
    }
```

图 4.4　JavaBean 代码

通过 User 的 JavaBean 可以看出，JavaBean 中每个属性（成员变量）都需要定义一组 getter()和 setter()方法，读写也可通过 getter()和 setter()进行，getter()和 setter()中对应属性名首字母大写。getter()和 setter()定义的方法也可根据需要进行修改，例如 sex 属性，如图 4.5 所示。

```
public void setSex(String sex) {
    if(sex.equals("1"))
    this.sex = "男";
    else
    this.sex="女";
}
```

图 4.5　sex 属性

4.2.3　<useBean>标签

在 JSP 中可以使用<useBean>标签来调用 JavaBean，其语法格式如下：

```
<jsp:useBean id="变量名"   scope="bean 有效范围"
  class="创建 beans 的类">
</jsp:useBean>
```

例如：

```
<jsp:useBean id="u1" class="com.bean.User" scope="page"/>
   <% u1.setName("张三");%>
```

在<useBean>标签中，id 用于设置 JavaBean 的对象名，class 属性用来设置从哪个类实例化

JavaBean 对象，scope 属性用来设置 JavaBean 对象的作用范围，可以设置为 page、session、request、application。

（1）page：表示 JavaBean 对象的作用范围只是在其实例化的页面上，只在当前页面可用，scope 不写默认为 page。

（2）session：表示 JavaBean 对象可以存储在 session 中，对象可以被同一用户、同一会话的所有页面使用。

（3）request：表示 JavaBean 对象存储在 request 中，除本页面可以使用外，通过 forward() 方法跳转的目标页面也可以使用。

（4）application：表示 JavaBean 对象存储在 application 中，该对象可以被所有用户、所有页面使用。

4.2.4 <setProperty>标签

<setProperty>标签用于设置 JavaBean 对象中的属性值，其语法如下：

```
<jsp:setProperty name = "JavaBean 实例名" property = "JavaBean 属性名" value = "BeanValue"/>
```

例如：

```
<jsp:useBean id="u1" class="com.bean.User" scope="page" />
      <jsp:setProperty name="u1" property="name"  value="张三"/>
      <% out.println(u1.getName());%>
```

输出：

```
张三
```

<setProperty>标签的 value 属性可用于设置 JavaBean 属性值，value 值的来源有 3 种：常量、request 参数、自动填充。

① 常量如上例所示，直接对 u1 的 name 属性赋值“张三”。

② 当 request 参数为 value 值时，语法格式如下：

```
<jsp:setProperty name = "JavaBean实例名" property = "JavaBean属性名"  param = "参数名"/>
```

例如：

```
<jsp:useBean id="u1" class="com.bean.User" scope="page" />
     <jsp:setProperty name="u1" property="name"  param="username"/>
       <% out.println(u1.getName());%>
```

等同于：

```
<jsp:useBean id="u1" class="com.bean.User" scope="page" />
String str1=request.getParameter("username");
     <jsp:setProperty name="u1" property="name"  param="<%=str1%>"/>
        <% out.println(u1.getName());%>
```

③ 自动填充是当 request 对象中的参数名与 JavaBean 中属性名相同时，自动填入进去，语法如下：

```
<jsp:setProperty name = "JavaBean实例名" property = "*"/>
```

自动填充时<setProperty>标签的 property 属性值为“*”。

【例 4.1】 制作用户注册表。

新建一个名为 user.jsp 的 JSP 网页，在网页中制作一个用户注册表单，效果如图 4.6 所示。

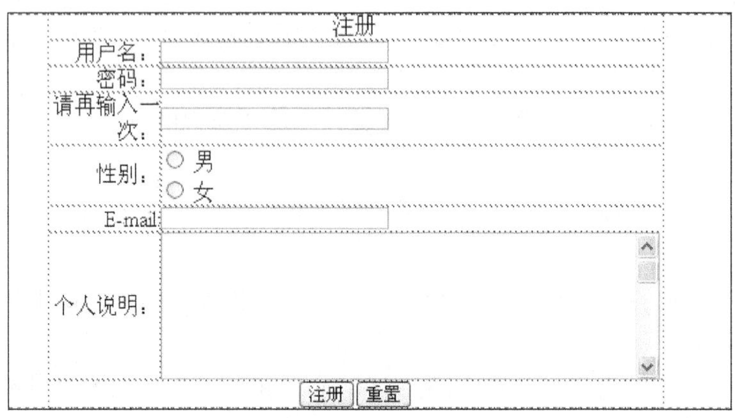

图 4.6　user.jsp 页面

设置表单的 action 属性为“user_deal.jsp”，method 属性为“post”，如图 4.7 所示。

```
<form id="form1" name="form1" method="post" action="user_deal.jsp">
width="60%" border="0" align="center" cellpadding="0" cellspacing="0">
```

图 4.7　设置属性

表单中标签属性如表 4.1 所示。

表 4.1　　user.jsp 表单中标签属性

类型	name 属性	说明
文本框	name	用户名文本框
文本框	password	密码
文本框	repasswd	再输入一次密码框
单选框	sex	性别为“男”的单选框，value 值为 1
单选框	sex	性别为“女”的单选框，value 值为 2
文本框	email	E-mail 文本框
文本框	info	info 文本框，多行

新建一个名为 user_deal.jsp 的 JSP 网页，在此页面中声明一个 JavaBean 对象 u3，将 user.jsp 网页中提交到 request 对象中的参数填充进 u3，并输出演示，关键代码如下：

```
<jsp:useBean id="u3" class="com.bean.User" />
<jsp:setProperty name="u3" property="*"/>
<%
    out.println("用户名: "+u3.getName()+"<br>");
    out.println("密码: "+u3.getPassword()+"<br>");
    out.println("性别:"+u3.getSex()+"<br>");
    out.println("E-mail:"+u3.getEmail()+"<br>");
%>
```

运行结果如图 4.8 所示。

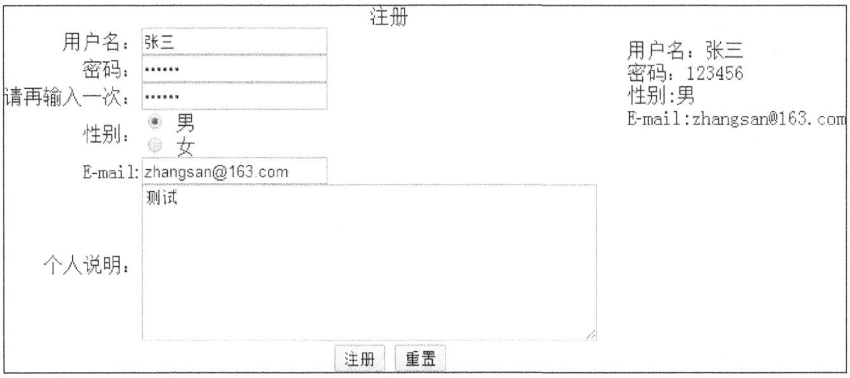

图 4.8 运行结果

4.2.5 <getProperty>标签

<getProperty>标签用于读取 JavaBean 的属性值，其基本语法如下：

```
<jsp:getProperty property="属性名称" name="JavaBean 对象名称"/>
```

例如：

```
<jsp:useBean id="u1" class="com.bean.User" scope="page" />
<jsp:setProperty name="u1" property="name"  value="张三"/>
<jsp:getProperty property="name" name="u1"/>
```

4.3 DAO 和 VO

在第 3 章的案例“用户管理系统”中，系统的功能都是 JSP 页面中调用 JDBC 实现的，这样会造成冗余代码过多，不利于应用的开发。在实际的应用开发中，一般是将数据库的各类操作封装到特定类中，而这个类一般叫 DAO（Data Access Object，数据访问对象）类。

数据库中的数据库表，可根据表的结构建立对应的 JavaBean，通常实现这一类 JavaBean 的类称为 VO（Value Object，值对象）类，例如，在前面案例中建立的 User 类就是对应 User 表的 VO 类。

VO 类可以配合 DAO 类来使用，例如在 DAO 中查询某一用户，便可将查询到的用户信息封装成 User 对象，而 JSP 页面中也可直接使用这个 User 对象，从而降低代码的耦合度。

以第 3 章中的案例“用户管理系统”为例，将用户管理所需的功能和数据操作封装成两个类：一个数据库类 MyDB，将数据库对象封装其中；另一个 UserDao 类，将用户管理的操作封装其中，具体实现如下。

（1）MyDB.java

```
package com.dao
import java.sql.*;
public class MyDB {
      private Connection con;
      private PreparedStatement presmt;
      public MyDB()
      {
            try{
```

```
            Class.forName("sun.jdbc.odbc.JdbcOdbcDriver");
            con=DriverManager.getConnection("jdbc:odbc:JDBCB");
             }catch(Exception e){}
        }
        public ResultSet query(String sql)
        {
              try{
                  Statement smt=con.createStatement();
                  return smt.executeQuery(sql);
              }
              catch(Exception e) {   e.printStackTrace();   }
              return null;     }
        public void update(String sql)
        {
              try{
                   Statement smt=con.createStatement();
                    smt.executeUpdate(sql);
              }
              catch(Exception e)
              { e.printStackTrace(); }
        }
        public PreparedStatement getPreparedStatement(String sql)
        {
              try{
              return con.prepareStatement(sql);
              }catch(Exception e) {e.printStackTrace(); }
              return null;
        }
}
```

（2）UserDao.java

```
import java.sql.*;
import java.util.*;
import com.bean.*;
public class UserDao {
   public boolean Login(User us)    //用户登录
        {
              MyDB mdb=new MyDB();
              ResultSet rs=mdb.query("select * from user where name='"+
        us. getName()+"' and password='"+us.getPassword()+"'");
              try{
              if(rs.next())
                    return true;
              }catch(Exception e)
              { e.printStackTrace(); }
              return false;
        }
       public ArrayList getallUser()   //获取所有用户信息
        {
              MyDB mdb=new MyDB();
              ArrayList res=new ArrayList();
              try{
              ResultSet rs=mdb.query("select * from user");
              while(rs.next())
              {
```

```
                User user=new User();  //实例化 VO
                user.setId(rs.getInt("id"));
                user.setName(rs.getString("name"));
                user.setPassword(rs.getString("password"));
                user.setEmail(rs.getString("email"));
                user.setInfo(rs.getString("info"));
                res.add(user);
           }
           }catch(Exception e){ e.printStackTrace();}
          return res;
        }
        public int getcount()  //获取用户数
        {   MyDB mdb=new MyDB();
            try{
            ResultSet rs= mdb.query("select count(*) as t from user");
            rs.next();
            return rs.getInt("t");
            }catch(Exception e)
            {  e.printStackTrace();  }
            return 0;        }
        public String regUser(User us)   //用户注册
        {
            MyDB mdb=new MyDB();
            try{
            PreparedStatement psmt=mdb.getPreparedStatement("insert into user(name,
            password,sex,Email,info) values(?,?,?,?,?)");
            psmt.setString(1, us.getName());
            psmt.setString(2, us.getPassword());
            psmt.setString(3, us.getSex());
            psmt.setString(4, us.getEmail());
            psmt.setString(5, us.getInfo());
            psmt.executeUpdate();
            return "用户添加成功";
            }catch(Exception e)
            { e.printStackTrace(); }
            return "失败";
        }
}
```

【例 4.2】用户登录。

实现上面的 MyDB 类和 UserDao 类后，即可对第 3 章中的用户管理系统进行优化。下面以用户登录为例，打开 login_deal.jsp，并按图 4.9 修改代码。

```
<body>
    <jsp:useBean id="u2" class="com.User" />
    <jsp:setProperty name="u2" property="*"/>
    <% com.UserDao ud=new com.UserDao();
      if(ud.Login(u2))
         out.println("登录成功");
      else
         out.println("用户名或密码错误");
    %>
</body>
```

图 4.9 login_deal.jsp 页面代码

执行流程分析：用户首先在 login.jsp 页面填写登录信息（用户名和密码），提交到 login_deal.jsp 页面 request 对象中，login_deal.jsp 中的 JavaBean 对象 u2 从 request 对象中按属性名与参数名相同进行填充。填充完成后，调用 UserDao 类对象 ud 中的 Login()方法实现登录验证，执行流程如图 4.10 所示。

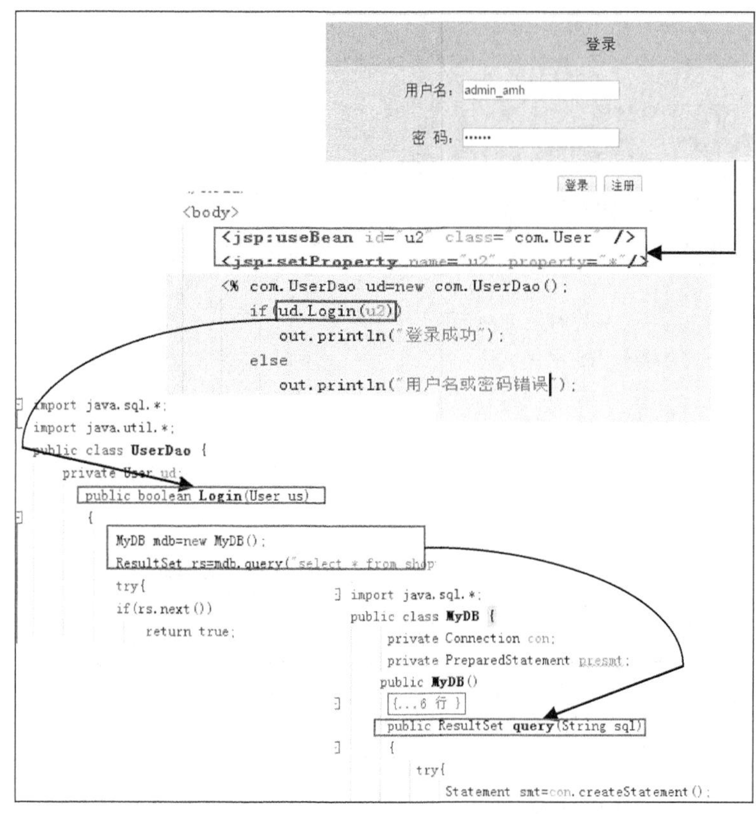

图 4.10　登录流程分析

【例 4.3】用户注册。

应用 JavaBean 后可大大优化用户注册部分的代码，下面以例 4.1 为例，修改 user_deal.jsp 页面代码，如图 4.11 所示。

```
<body>
    <jsp:useBean id="u3" class="com.User" />
    <jsp:setProperty name="u3" property="*"/>
   <%
    com.UserDao ud=new com.UserDao();
    out.println(ud.regUser(u3));
   %>
</body>
```

图 4.11　user_deal.jsp 页面代码

执行流程分析：用户在 user.jsp 页面填写注册信息，提交到 user_deal.jsp 页面 request 对象中，user_deal.jsp 页面 JavaBean 对象 u3 从 request 对象中按属性名与参数名相同进行填充。填充完成后，调用 UserDao 类对象 ud 中的 regUser()方法实现注册，执行流程如图 4.12 所示。

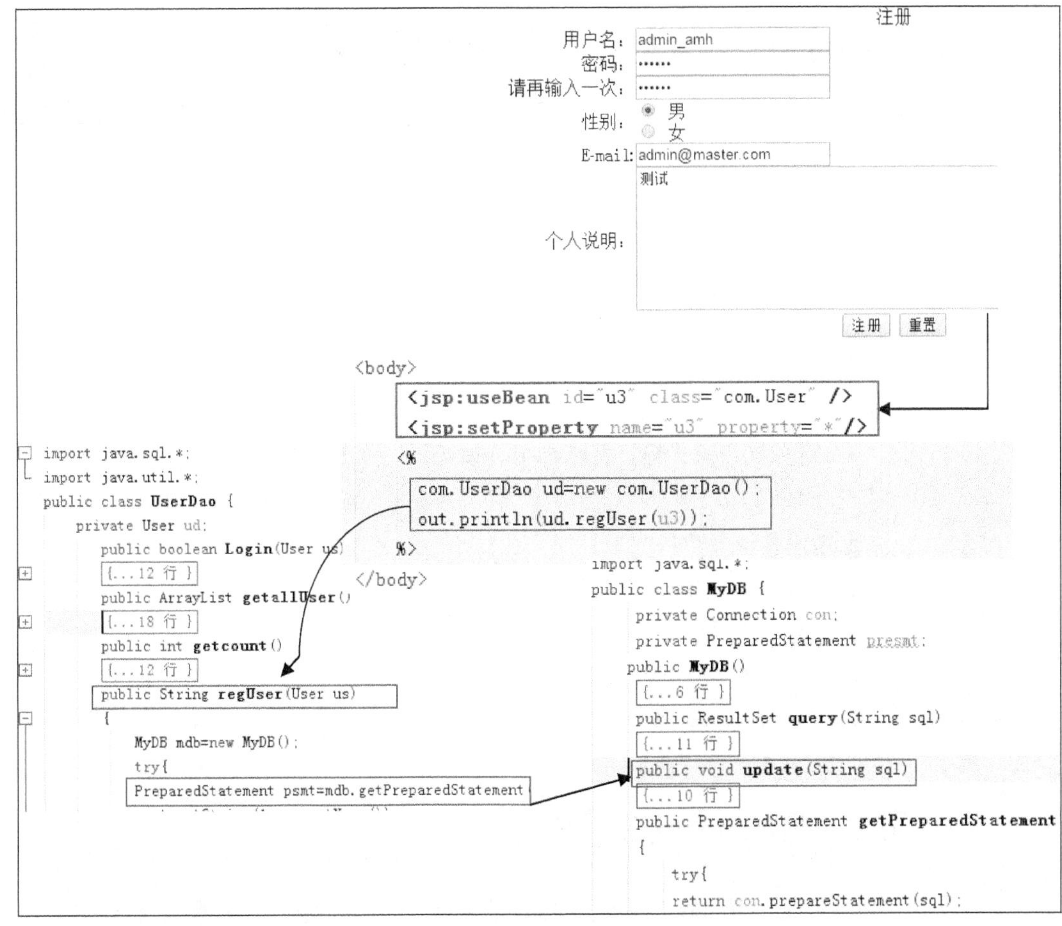

图 4.12　注册流程分析

4.4　小结

本章介绍了 JavaBean 的定义及应用，特别对 JavaBean 属性和 UserBean 等动作标签进行了重点讲解，同时也讲解了 JavaBean 在实际开发中对代码的优化和 DAO 与 VO 类的应用。

05 第5章 Servlet基础

Servlet 是 Java EE 中重要的基础技术，本章将介绍 Servlet 的技术功能、Servlet 技术特点、Servlet 生命周期、Servlet 配置方法及基于 Servlet 的 MVC 模式等。通过学习本章知识，读者可掌握 Servlet 的基本应用。

本章内容：

- Servlet 原理及编写方法；
- Servlet 配置；
- Servlet 生命周期；
- Servlet+JavaBean 实现 MVC 模式。

5.1 Servlet 概述

Servlet 是用 Java 编写的服务器端程序，运行在 Web 服务器或应用服务器上。Servlet 也是一个普通的 Java 类，是在 Web 服务器内部的、运行于服务器端的、独立于平台和协议的 Java 应用程序，可以生成动态的 Web。Servlet 由 Web 服务器进行加载，该 Web 服务器必须包含支持 Servlet 的 Java 虚拟机。Servlet 的运行需要在 web.xml 中进行配置。

Servlet 的特点如下。

（1）高效性

Servlet 采用了多线程的处理机制，有效地节省了处理时间和资源分配，提高了处理效率。

（2）开发方便

Servlet 提供了大量的实用工具，用户可以非常方便地学习 Servlet 并在此基础上开发出所需的应用程序。

（3）强大的功能

Servlet 为用户提供了许多以往很难实现的功能，这些强大的功能为用户的 Web 开发提供了很好的支持。

（4）可移植性

Servlet 的定义和开发具有完善的标准。因此，Servlet 无须修改或只需简单调整即可移植到 Apache、Microsoft IIS 等支持 Servlet 的 Web 服务器上。主流服务器都可直接或通过插件支持 Servlet。

（5）安全性

Servlet 是由 Java 编写的，所以它可以使用 Java 的安全框架。Servlet API 被实现为安全的类型，容器也会对 Servlet 的安全进行管理。

5.1.1 如何实现 Servlet

Servlet 架构由 javax.servlet 和 javax.servlet.http 两个 Java 包组成。在 javax.servlet 包中定义了所有的 Servlet 类都必须实行或扩展的通用接口和类。

在 javax.servlet.http 包中定义了采用 HTTP 通信的 HttpServlet 类。

所有的 Servlet 对象都继承实现 Servlet 接口。通常编写 Servlet 时并不需要直接去实现 Servlet 接口，而是声明继承 javax.servlet.http.HttpServlet 类间接实现 Servlet 接口。HttpServlet 是一个抽象类，它实现 Servlet 接口。

5.1.2 Servlet 代码结构

所有的 Servlet 都源自 Servlet 接口。Servlet 接口在 javax.servlet 包下，定义了 Servlet 最基本的方法，它是 ServletAPI 的核心。在这个接口中有 5 个常用的方法：init()方法、service()方法、destroy()方法、getServletConfig()方法、getServletInfo()方法。下面进行详细介绍。

（1）init()方法

格式：public void init(ServletConfig config)throws ServletException

说明：该方法用于初始化一个 Servlet 类实例，并将其加载到内存中。接口规定任何 Servlet 实例，在一个生命周期中此方法只能被调用一次。如果此方法没有正常结束，就会抛出一个 ServletException 异常，而 Servlet 不再执行。随后 Servlet 容器会对它重新载入，并再次运行该方法。

（2）service()方法

格式：public void service(ServletRequest req,ServletResponse res)throws ServletException, OException

说明：Servlet 成功初始化后，该方法会被调用，用于处理用户请求。该方法在 Servlet 生命周期中可执行很多次，每个用户的请求都会执行一次 service()方法，完成与相应客户端的交互。

（3）destroy()方法

格式：public void destroy()

说明：该方法用于终止 Servlet 服务，销毁一个 Servlet 实例。

（4）getServletConfig()方法

格式：public ServletConfig getServletConfig()

说明：该方法可获得 ServletConfig 对象，里面包含该 Servlet 的初始化信息，如初始化参数和 ServletContext 对象。

（5）getServletInfo()方法

格式：public String getServletInfo()

说明：该方法返回一个 String 对象，该对象包含 Servlet 的信息，如开发者、创建日期、描述信息等。

上述方法中的 init()、service()、destroy()是 Servlet 的生命周期方法，由 Servlet 自动调用，例如当服务器关闭时，就会自动调用 destroy()方法。

虽然 Servlet 接口定义了 Servlet 的基本方法，但用户编写的 Servlet 程序并不是实现 Servlet 接口，而是定义 HttpServlet 的子类来实现 Servlet。HttpServlet 是一个抽象类，它是 GenericServlet 的子类，其结构如图 5.1 所示。在 HttpServlet 中实现 Servlet 接口的方法，就是在继承 HttpServlet 时，只要根据功能的需要对 HttpServlet 中对应的方法进行覆盖就可以了，而不必实现 Servlet 接口所有的方法。

具体实现 Servlet 的过程如下：

① 继承 HttpServlet 抽象类；

② 覆盖 HttpServlet 的部分方法（如 service()、doGet()、doPost()）；

③ 获取 Http 请求信息；

④ 生成 Http 响应信息；

⑤ 在 web.xml 文件中编写配置。

具体实现过程如图 5.1 所示。

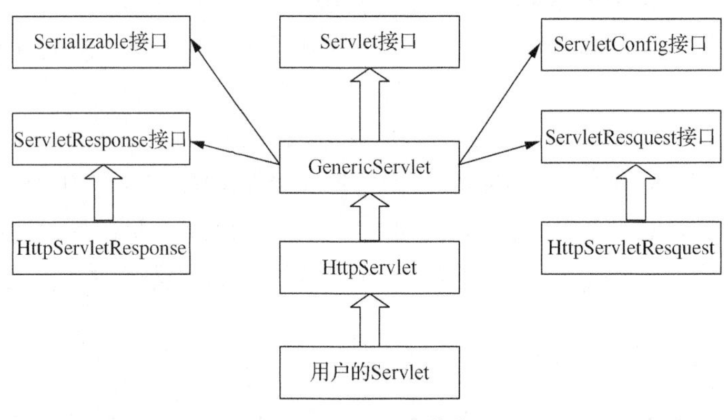

图 5.1　Servlet 结构

【例 5.1】第一个 Servlet 程序。

打开 MyEclipse，新建一个名为 Chap5-1 ServletDemo1 的项目，选中 src 文件夹，单击鼠标右键，选择“New”→“Servlet”命令，如图 5.2 所示。

在弹出的“Create a new Servlet”对话框中的 Package 栏中输入包的名称（如 com.servlet），在 Name 栏中输入 Servlet 的名称“firstServlet”，然后单击“Next”按钮，如图 5.3 所示。

在弹出的对话框中，Servlet/JSP Name 栏给出了 Servlet 的名称，Servlet/JSP Mapping URL 栏给出了要访问该 Servlet 的相对 URL 地址。例如，图 5.4 中 Servlet/JSP Mapping URL 为“/first”，则访问路径是“http://localhost:8080/ServletDemo1/first”。

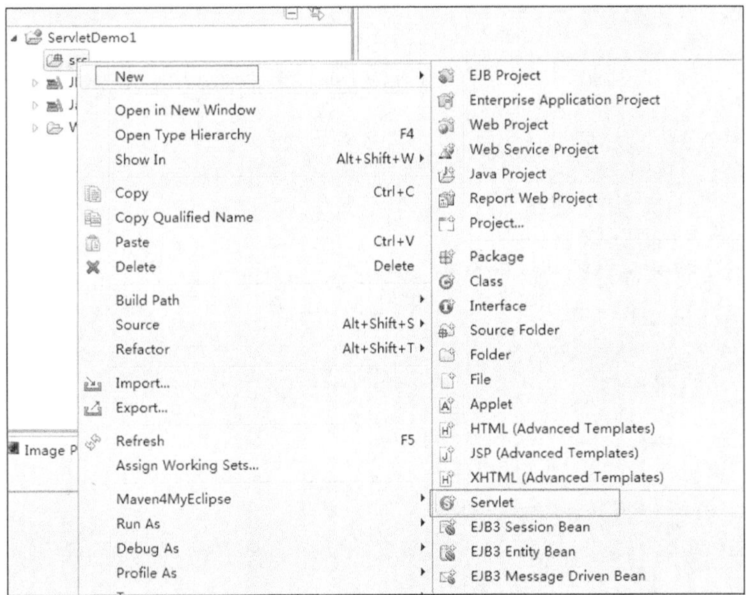

图 5.2 选择 Servlet 菜单命令

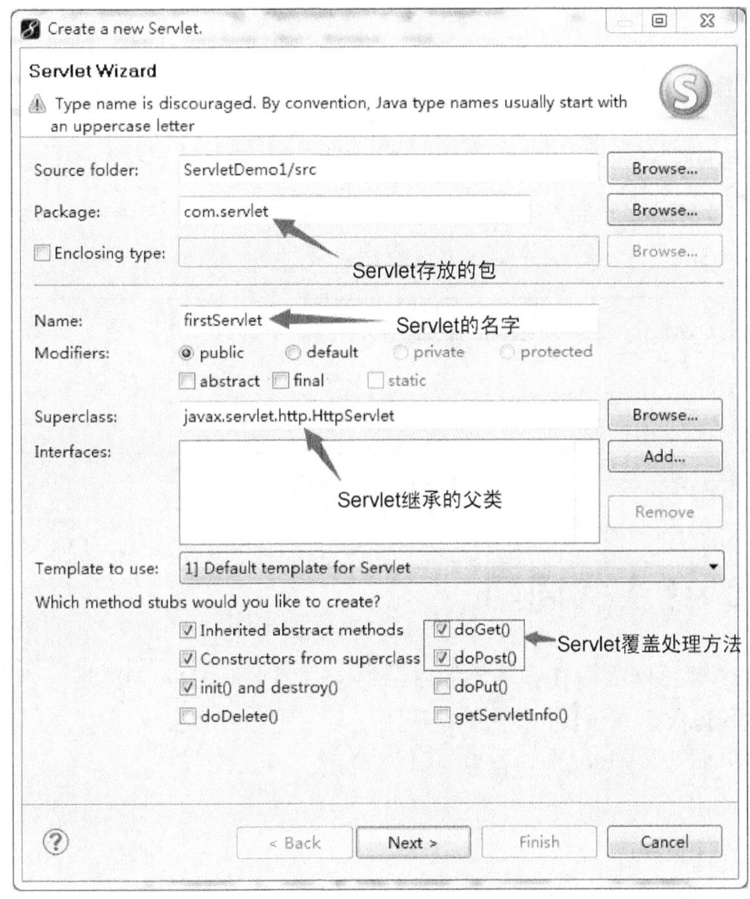

图 5.3 “Create a new Servlet”对话框（1）

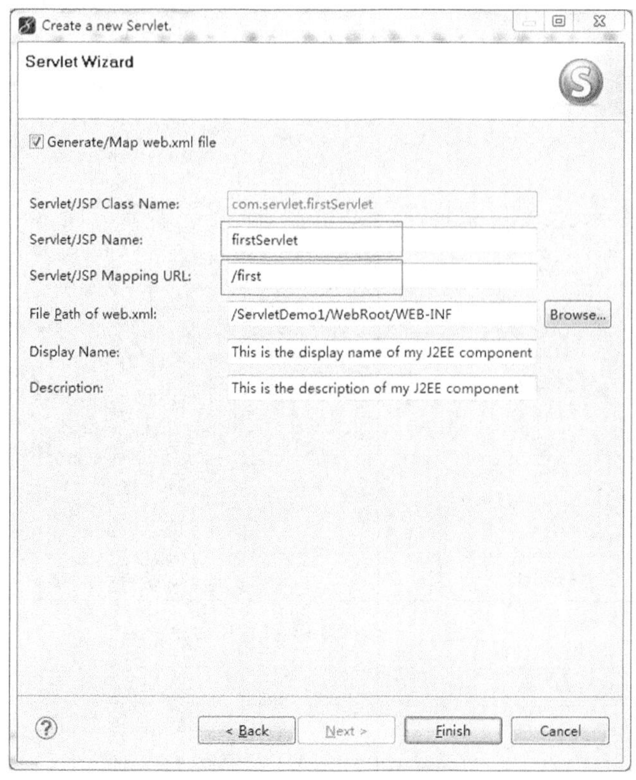

图 5.4 “Create a new Servlet”对话框（2）

单击“Finish”按钮后，启动该项目，在浏览器窗口的地址栏中输入“http://192.168.1.102:8080/ServletDemo1/first”，运行结果如图 5.5 所示。

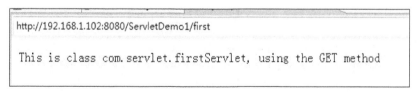

```
http://192.168.1.102:8080/ServletDemo1/first

This is class com.servlet.firstServlet, using the GET method
```

图 5.5　运行结果

5.2　Servlet 生命周期

虽然 Servlet 的运行模式需在服务器的容器中运行，但 Servlet 仍然是一个 Java 类，也同样会有生命周期。下面介绍 Servlet 的生命周期。

Servlet 生命周期（见图 5.6）包括以下 4 个阶段。

① 加载和实例化。

② 初始化：调用 init()方法。

③ 请求处理：调用 service()方法。

④ 服务终止：调用 destroy()方法。

下面进行详细介绍。

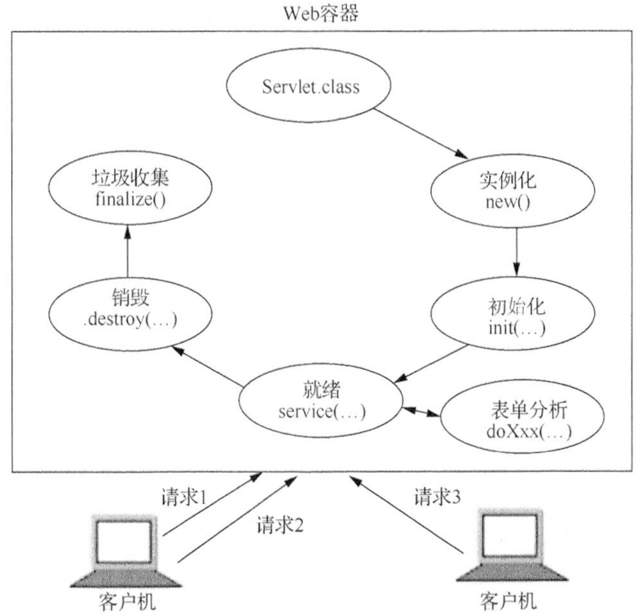

图 5.6 Servlet 的生命周期

1. 加载和实例化

Servlet 容器负责加载和实例化。Servlet 可以在用户访问 Servlet 映射地址时加载并运行 Servlet，也可以由容器启动时自动加载 Servlet，自动加载需在 web.xml 中设置<load-on-startup>属性，<load-on-startup>属性配置如图 5.7 所示。<load-on-startup>属性值为负数时，Servlet 在用户访问时才加载，大于或者等于 0 时，Servlet 自动加载，正整数值越小优先级别越高。

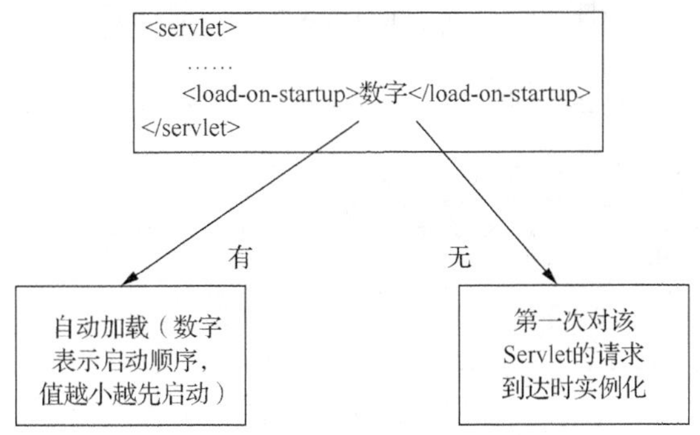

图 5.7 <load-on-startup>属性

【例 5.2】自启动 Servlet。

打开例 5.1 中的 Chap5-1 ServletDemo1 项目，按例 5.1 的步骤建立一个名为 Timer 的 Servlet，在创建面板实现方法栏中勾选“init() and destroy()”选项，如图 5.8 所示，建立 Timer 类中的 init() 方法并修改。

```
public void init(ServletConfig config)throws ServletException
    {
        super.init(config);
        javax.swing.Timer t = new javax.swing.Timer(1000,new ActionListener()
        {
```

```
                public void actionPerformed(ActionEvent e)
                {
                    System.out.println(new Date());
                }
            });
            t.start();
        }
```

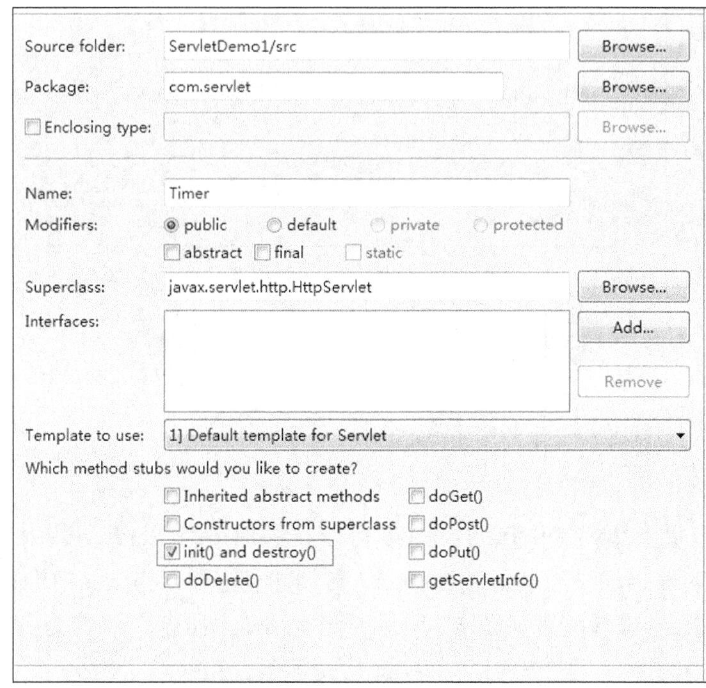

图 5.8　勾选“init() and destroy()”选项

打开 web.xml 文件修改 Timer 的配置，增加<load-on-startup>属性，如图 5.9 所示。

```
<servlet>
  <description>This is the description of my J2EE component</description>
  <display-name>This is the display name of my J2EE component</display-name>
  <servlet-name>Timer</servlet-name>
  <servlet-class>com.servlet.Timer</servlet-class>
  <load-on-startup>1</load-on-startup>
</servlet>
```

图 5.9　配置 Timer 类

运行结果：

选择该项目中的任意一个网页启动，在 MyEclipse 的 Console 面板中每过 1 秒会输出一次系统当前时间，如图 5.10 所示。

```
myeclipseTomcatServer [Remote Java Applic
Sat Nov 19 11:55:43 CST 2016
Sat Nov 19 11:55:44 CST 2016
Sat Nov 19 11:55:45 CST 2016
Sat Nov 19 11:55:46 CST 2016
```

图 5.10　Timer 类运行结果

2. 初始化

调用 init()方法在处理用户请求前完成初始化工作（如建立数据库连接，通过 ServletConfig 对象获取配置信息）。如初始化失败，就会抛出 ServletException 或 UnavailableException 异常，实例销毁。

3. 请求处理

Servlet 实例化后接收客户端请求、作出响应，都是通过调用 service()方法来实现的。由于 Servlet 采用多线程机制来提供服务，因此，该方法被同时、多次地调用。每一个请求都调用自己的 service()方法，但要注意线程安全。

用户在实现具体的 Servlet 时，一般不重载 service()方法。Web 容器在调用 service()时，会根据请求方式的不同自动调用 doGet()、doPost()、doPut()、doDelete()中的一种或几种，因此，只要重载对应的 doXxx()即可。

4. 服务终止

服务器通过调用 destroy()方法释放 Servlet 运行时所占用的资源，该方法不用抛出异常。

5.3 Servlet 配置

创建了 Servlet 类后，还需要对 Servlet 进行配置，配置的目的是将创建的 Servlet 注册到 Servlet 容器之中，以方便 Servlet 容器对 Servlet 的调用。在 Servlet 3.0 以前的版本中，只能在 web.xml 文件中配置 Servlet，而 Servlet 3.0 除了在 web.xml 文件中配置以外，还提供了利用注解来配置 Servlet 的方法。下面将分别介绍这两种方法。

1. 在 web.xml 文件中配置 Servlet

（1）Servlet 的名称、类和其他选项的配置

在 web.xml 文件中配置 Servlet 时，必须指定 Servlet 的名称、Servlet 的类的路径，可选择性地给 Servlet 添加描述信息和指定在发布时显示的名称。具体代码如下：

```
<servlet>
   <description>Simple Servlet</description>          Servlet 的描述信息
   <display-name>Servlet</display-name>          发布时 Servlet 的名称
   <servlet-name>myServlet</servlet-name>          Servlet 的名称
   <servlet-class>com.MyServlet</servlet-class>          Servlet 的类路径
</servlet>
```

（2）Servlet 的映射

Servlet 访问须在 web.xml 配置文件中配置映射地址，一个 Servlet 可以配置多个映射地址，例如，对 myServlet 进行映射地址配置代码如下：

```
<servlet-mapping>
   <servlet-name>myServlet</servlet-name>
   <url-pattern>/One</url-pattern>
</servlet-mapping>
```

通过上述代码的配置，当用户访问路径是“/One”时，则会访问逻辑名为“myServlet”的

Servlet。例如下面的代码：

```
<servlet-mapping>
   <servlet-name>myServlet</servlet-name>
   <url-pattern>/Two/*</url-pattern>
</servlet-mapping>
```

通过上述配置，若请求的路径中包含“/Two/a”或“/Two/b”等符合“/Two/*”的模式，则同样会访问逻辑名为“myServlet”的 Servlet。

2. 采用注解配置 Servlet

采用注解配置 Servlet 的基本语法如下：

```
import javax.servlet.annotation.WebServlet;
@WebServlet(urlPatterns = {"/映射地址"}, asyncSupported = true|false,
loadOnStartup = -1, name = "Servlet 名称", displayName = "显示名称",
initParams = {@WebInitParam(name = "username", value = "值")}
)
```

在上面的语法中，urlPatterns 属性用于指定映射地址，asyncSupported 属性用于指定是否支持异步操作模式，loadOnStartup 属性用于指定 Servlet 的加载顺序，name 属性用于指定 Servlet 的 name 属性，displayName 属性用于指定该 Servlet 的显示名，initParams 属性用于指定一组 Servlet 初始化参数。

5.4 Servlet 与 JSP 内置对象

内置对象可以方便地实现 Web 应用中的很多处理功能。JSP 中的内置对象已由 Servlet 编译器初始化，可直接访问使用。而 Servlet 中需要使用内置对象时，则需要用户自己初始化。表 5.1 介绍了 Servlet 中的常用内置对象的类型及调用方法。

表 5.1　　**Servlet 中的常用内置对象**

对象	所属类型	调用方法
request	javax.servlet.http.HttpServletRequest	service 和 doGet、doPost 参数传入
response	javax.servlet.http.HttpServletResponse	service 和 doGet、doPost 参数传入
out	javax.servlet.jsp.JspWriter	response.getWriter()
session	javax.servlet.http.HttpSession	request.getSession()
application	javax.servlet.ServletContext	this.getServletContext()

5.5 基于 Servlet 的 MVC 模式

MVC 设计模式最早是由特里吉夫·雷恩斯库（Trygve Reenskaug）提出的，并最先成功应用在 SmallTalk-80 环境中，它是许多交互和界面系统的构成基础。微软公司的 MFC 基础类也遵循了 MVC 的思想。

MVC 把交互系统的组成分解成模型（Model）、视图（View）、控制器（Controller）3 种部件，其结构如图 5.11 所示。

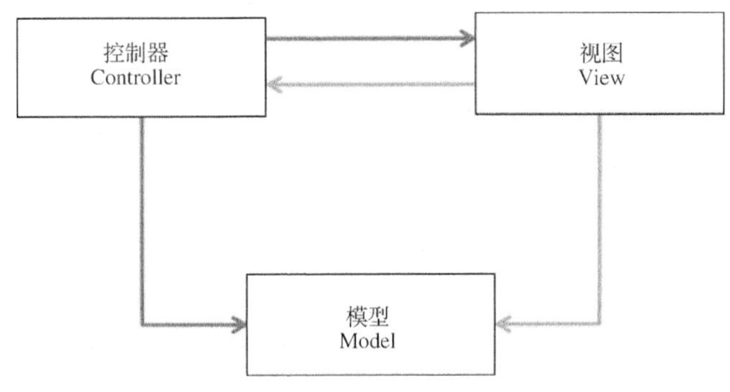

图 5.11　MVC 设计模式结构图

（1）模型是 Java EE 项目中用于处理应用程序数据逻辑的部分，通常模型层负责项目中数据库访问与数据存取。

（2）视图将模型数据及逻辑关系和状态的信息以特定形式展示给用户。它从模型获得显示信息，对相同的信息可以有多个不同的显示形式或视图。

（3）控制器是用来处理用户与软件的交互操作的，其职责是控制模型中任何变化的传播，确保用户界面与模型间的对应联系。它接受用户的输入，将输入反馈给模型，进而实现对模型的计算控制，是使模型和视图协调工作的部件。通常一个视图具有一个控制器。

模型、视图与控制器的分离，使一个模型可以具有多个显示视图。如果用户通过某个视图的控制器改变了模型的数据，所有其他依赖于这些数据的视图都应反映出这些变化。因此，无论何时发生了何种数据变化，控制器都会将变化通知所有的视图，导致显示的更新。这实际上是一种模型的变化-传播机制。

MVC 在 Java 中得到了广泛应用，并且被推荐为 Java EE 平台的设计模式。后来出现了两个基于 MVC 模式的 Java Web 开发模型：JSP Model 1 和 JSP Model 2。

JSP Model 1 的特点是，整个 Web 项目都是由 JSP 页面构成的。用户的输入或请求都由 JSP 页面进行判断处理，实现调用或跳转。JSP 页面既要负责显示，又要负责控制，它将控制逻辑和表现逻辑混在了一起。其模型结构如图 5.12 所示。

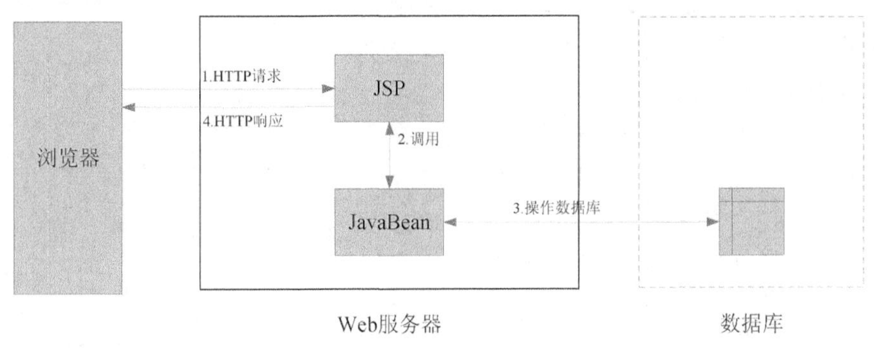

图 5.12　JSP Model 1 模型结构图

使用 Model 1 模式开发代码重用性非常低，对功能相似的代码只能选择复制的方式，而不是直接调用。这样使整个 JSP 页面充斥着功能类似的代码。

使用 Model 1 模式开发程序扩展性也非常差，如果以后想要给程序扩展功能，那是非常困难的。假如在一个 JSP 页面添加了某一功能，那么可能其他的很多页面都需要改动，甚至整个 Web 应用都要进行修改。这种牵一发而动全身的应用，会使后期的修改异常困难和烦琐。

JSP 页面中大量充斥着 Java 脚本，也使后期的维护非常困难。有时候一个地方出现错误就要到处去查找。还有代码重用性，经常会使用复制、粘贴操作。不过，使用 Model 1 模式进行开发比较简单和方便。

JSP Model 2 是基于 MVC 架构的设计模式。JSP 只负责显示，控制器由 Servlet 充当，模型则由 JavaBean 充当，模型结构如图 5.13 所示。

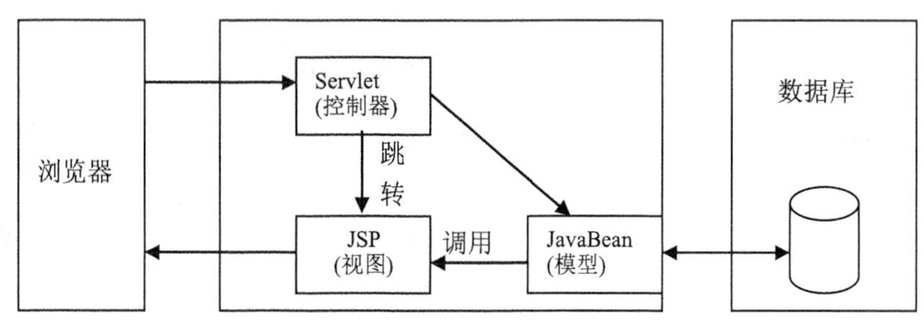

图 5.13　JSP MVC 原理图

Model 1 的程序流程比较容易理解。用户提交信息给 JSP 页面，JSP 接受用户提交的值并通过 JavaBean 连接数据库并操作数据库，然后将结果返回给用户。

Model 2 就是将 JSP 的功能简化了，在 Model 1 中 JSP 负责的东西太多了。Model 2 使用 Servlet 充当控制器，而 JSP 只负责显示。这样设计是因为在 JSP 里接受参数和判断、跳转等功能会用到大量的 Java 脚本代码。过多的 Java 脚本代码使页面维护起来非常困难，而 Servlet 本来就是一个 Java 文件，这样使用 Servlet 来接受参数和判断、跳转等功能是非常合适的。我们可以把 Servlet 看成一个大管家，它负责所有的业务逻辑，并通过 JavaBean 来操作数据库及显示页面。

【例 5.3】MVC 案例。

下面以第 3 章中用户管理系统中用户登录为例，介绍如何运用 MVC 模式来实现用户登录功能。

打开 MyEclipse，新建 WebProject 项目，项目名为 Chap5-3 MVC，项目结构如图 5.14 所示。

分别建立包、类、JSP 页面，每个包、类及 JSP 页面的功能说明如表 5.2 所示。

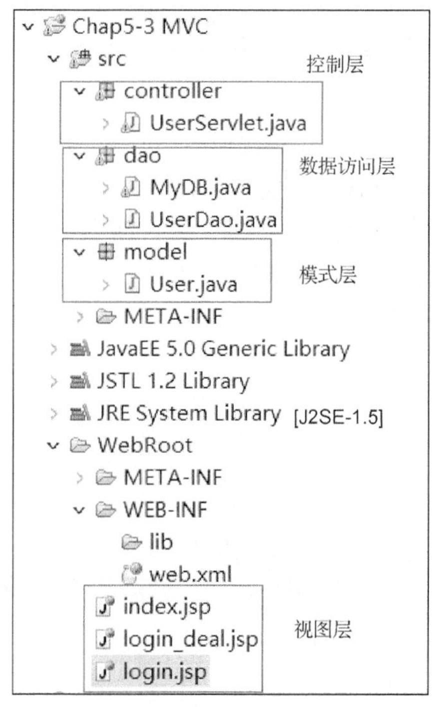

图 5.14　Chap5-3 MVC 项目结构图

表 5.2　　Chap5.3 项目结构功能说明

所属包	名称	说明
WebRoot 目录下 JSP 页面	index.jsp	首页
WebRoot 目录下 JSP 页面	login.jsp	用户登录页面
WebRoot 目录下 JSP 页面	login_deal.jsp	登录处理页面
controller	UserServlet	用户 Servlet 处理类
dao	MyDB	数据访问层类
model	User	用户实体类
dao	UserDao	用户业务处理类

其中，MyDB.java 代码如图 5.15 所示。

```
import java.sql.*;
public class MyDB {
    private Connection con;
    private PreparedStatement presmt;
    public MyDB()
    {
        try{
        Class.forName("sun.jdbc.odbc.JdbcOdbcDriver");
        con=DriverManager.getConnection("jdbc:odbc:JDBCB");
        }catch(Exception e){}
    }
    public ResultSet query(String sql)
    {
        try{
            Statement smt=con.createStatement();
            return smt.executeQuery(sql);
        }
        catch(Exception e)
        {
            e.printStackTrace();
        }
        return null;
    }
```

图 5.15　MyDB 类

User.java 代码如图 5.16 所示，其中成员变量都要按属性封装，添加 get()与 set()方法。

```
public class User {
    private int id;
    private String name;
    private String password;
    private String sex;
    private String email;
    private String info;
```

添加get()与set()方法

图 5.16　User 类

UserDao.java 代码如图 5.17 所示，在 UserDao 中 Login 函数可实现对用户身份的验证，也可对传递进来的 User 类型参数 us 中的 name 和 password 值进行验证，身份合法返回 true，身份非法返回 false。

UserServlet.java 代码如图 5.18 所示，在 UserServlet 中可处理用户发起的登录请求，首先由

login_deal.jsp 页面将登录表单数据封装成 JavaBean 对象（使用 JavaBean 的反射功能），然后提交至 UserServlet 进行处理，当身份合法跳转到 index.jsp，身份非法则记录错误信息并推送到 login.jsp 页面，提示用户重新登录。

```
import java.sql.*;
public class UserDao {
        public boolean Login(User us)
        {
            MyDB mdb=new MyDB();
            ResultSet rs=mdb.query("select * from user where name='"
                    +us.getName()+"' and password='"+us.getPassword()+"'");
            try{
            if(rs.next())
                return true;
            }catch(Exception e)
            {
                e.printStackTrace();
            }
            return false;
        }
```

图 5.17　UserDao 类

```
public class UserServlet extends HttpServlet {
    public void service(HttpServletRequest request, HttpServletResponse response)
            throws ServletException, IOException
    {
        String method = request.getParameter("method") == null?"":request.getParameter("method");
         UserDao ud=new UserDao();
        if("login".equals(method))
        {
            User user=(User)request.getAttribute("u2");
             if(ud.Login(user))
            {
                request.getSession().setAttribute("unamelogin", user);
                response.sendRedirect("./index.jsp");
            }
             else
             {
                 request.setAttribute("error","请检查用户名和密码是否正确");
                 ServletContext application=this.getServletContext();
                 RequestDispatcher go=application.getRequestDispatcher("/login.jsp");
                 go.forward(request, response);
             }
        }
```

图 5.18　UserServlet 类

login.jsp 页面代码如图 5.19 所示，制作一个登录表单，将表单中的“用户名”文本框命名为 name，“密码”文本框命名为 password。

登录	
用户名：	
密 码：	
登录	

图 5.19　login.jsp 页面

login_deal.jsp 页面代码如图 5.20 所示。

```
<jsp:useBean id="u2" class="model.User"  scope="request"/>
   <jsp:setProperty name="u2" property="*"/>
   <jsp:forward page="/UserServlet?method=login"/>
```

图 5.20　login_deal.jsp 页面代码

从图 5.20 中可以看出，在 login_deal.jsp 页面中可将 login.jsp 表单中的数据封装成 User 对象 u2 提交到 UserServlet 进行处理，验证身份登录。

5.6　小结

本章主要介绍了 Servlet 技术。Servlet 技术是 Java EE 中实现过滤器和 Struts 框架的重要基础类技术。Servlet 技术能帮助读者了解 Java EE 项目中 MVC 模式的原理，以及实现 MVC 模式的技术方式，读者应在课后多进行实践性练习。

06 第6章　Servlet高级应用

Servlet 过滤器是 Servlet 程序的一种特殊用法，主要用来完成一些通用的操作，如编码的过滤、判断用户的登录状态等。过滤器使 Servlet 开发者能够在客户端请求到达 Servlet 资源之前被截获，处理之后再发送给被请求的 Servlet 资源，并且还可以截获响应，修改之后再发送给用户。Servlet 监听器可以监听客户端发出的请求以及服务器端的操作。通过监听器，还可以自动激发一些操作，如监听在线人数等。

本章内容：

- 过滤器原理及编写方法；
- 过滤器配置；
- 过滤器应用案例；
- 监听器原理及其应用。

6.1　过滤器

Servlet 过滤器（Filter）与 Servlet 十分相似，但它具有拦截客户端（浏览器）请求的功能，Servlet 过滤器可以改变请求中的内容，来满足实际开发中的需要。对程序开发人员而言，过滤器实质就是在 Web 应用服务器上的一个 Web 应用组件，用于拦截客户端（浏览器）与目标资源的请求，并对这些请求进行一定的过滤处理再发送给目标资源。

过滤器的主要功能有以下 4 个：

① 分析 Web 请求，对输入数据进行预处理；

② 阻止 Web 请求和响应的进行；

③ 根据功能改动请求的头信息和数据体；

④ 与其他 Web 资源协作。

6.1.1　过滤器技术原理

过滤器是从 Servlet 2.3 开始新增的功能，并在 Servlet 2.4 得到了增强。过滤器可以直接发送响应给客户端，或者转发给另一个资源。

从浏览器的角度来看，过滤器就是对服务器目标资源请求和响应进行数据过滤处理，如图 6.1 所示。

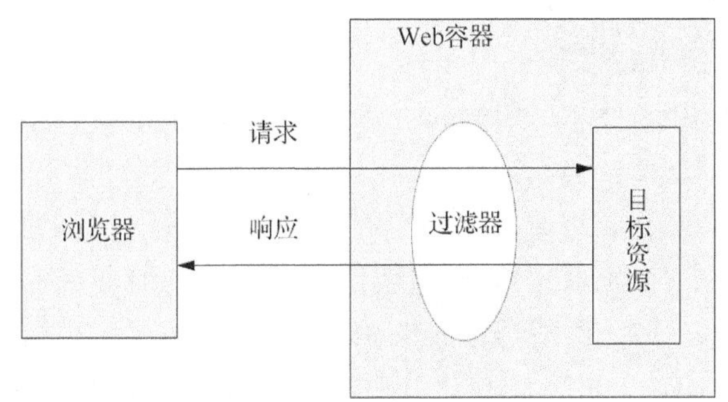

图 6.1　过滤器应用模式

在一个 Web 项目中可以部署多个过滤器嵌套使用，这些过滤器组成一个过滤器链。过滤器链中的每个过滤器都有特定的操作，请求和响应在浏览器和目标资源之间按照部署描述符中声明的过滤器顺序，在过滤器之间进行传递，如图 6.2 所示。

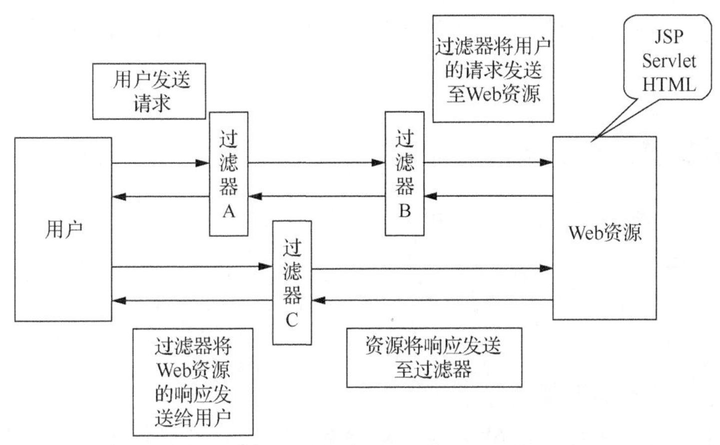

图 6.2　过滤器组合模式应用

Java EE 中过滤器的 API 定义在 javax.servlet 包中，分别有 Filter、FilterChain 和 FilterConfig 3 个接口。Filter 是过滤器的实现接口，所有的过滤器都必须实现 javax.servlet.Filter 接口，该接口定义了 init()、doFilter()和 destroy() 3 种方法，这 3 种方法分别对应了过滤器生命周期中的初始化、响应和销毁这 3 个阶段。FilterChain 接口是过滤器链，提供了在当前过滤器中调用访问下一级的过滤器，如果当前过滤器已经是最后一个过滤器，则访问目标资源。FilterConfig 接口可以在过滤器初始化时读取参数。

过滤器的生命周期如图 6.3 所示。

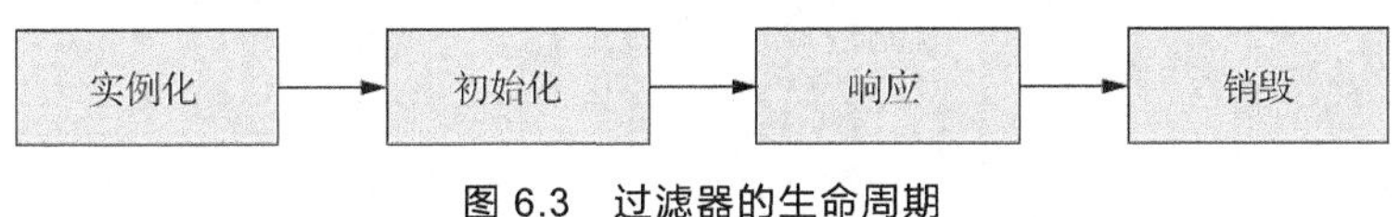

图 6.3　过滤器的生命周期

（1）init()方法

Web 容器调用 init()方法，说明过滤器正被嵌入 Web 容器中。容器只在实例化过滤器时才会调用该方法一次。容器为这个方法传递一个 FilterConfig 对象，其中包含着在部署描述符中配置的与过滤器相关的初始化参数。

（2）public void doFilter (ServletRequest req,ServletResponse res,FilterChain chain) throws java.io.IOException,ServeltException 方法

doFilter()方法实现了过滤器对请求和响应的操作功能。每当请求和响应经过过滤器链时，容器都要调用一次该方法。FilterChain 对象代表了多个过滤器形成的过滤器链。为了将请求/响应沿过滤器链继续传送，每个过滤器都必须调用 FilterChain 对象的 doFilter()方法。Web 容器将请求对象（ServletRequest）、响应对象（ServletResponse）和过滤器的链接对象（FilterChain）3 个参数传递到该方法。

在过滤器中处理的 ServletRequest 和 ServletResponse 对象，最终要传递到被过滤的 Servlet 或 JSP，在 doFilter()方法中可以通过对 ServletRequest 的操作在 Servlet 运行之前改变 Web 请求的头信息或内容，通过对 ServletResponse 的操作在 Servlet 运行之后改变响应结果。

（3）public void destroy()方法

Web 容器调用 destroy()方法表示过滤器生命周期结束。调用 destroy()方法可释放过滤器使用的资源。

6.1.2 过滤器开发过程及配置

过滤器的开发过程与 Servlet 类似，可分为以下三步：

① 编写过滤器类；

② 编写配置；

③ 过滤地址测试。

【例 6.1】 使用过滤器实现强制登录。

在 Web 应用中，强制登录是一种确保系统安全的手段，可强制用户必须登录才能访问系统中的资源。本例使用过滤器模拟实现一个强制登录，这是实现单点登录的基础。读者也可在此基础上进一步拓展，以实现单点登录。

打开 MyEclipse，新建名为 Cha6.1FilterDemo1 的 WebProject 项目，然后建立两个 JSP 页面：index.jsp、login.jsp，如图 6.4～图 6.6 所示。

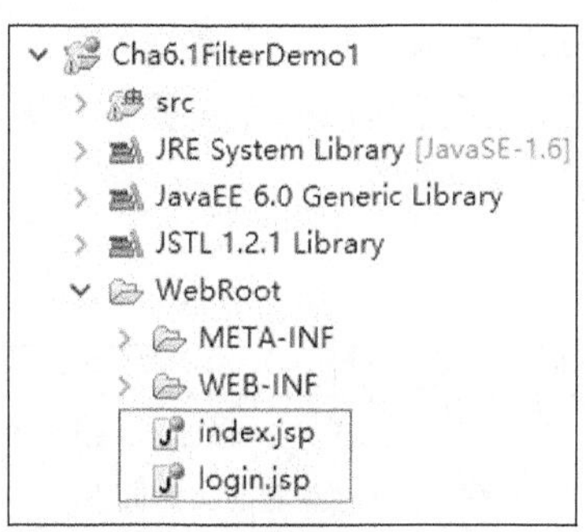

图 6.4 项目结构

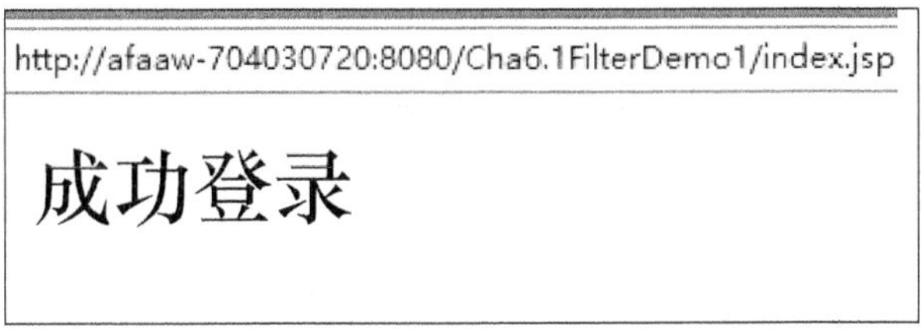

http://afaaw-704030720:8080/Cha6.1FilterDemo1/index.jsp

成功登录

图 6.5　index.jsp 页面

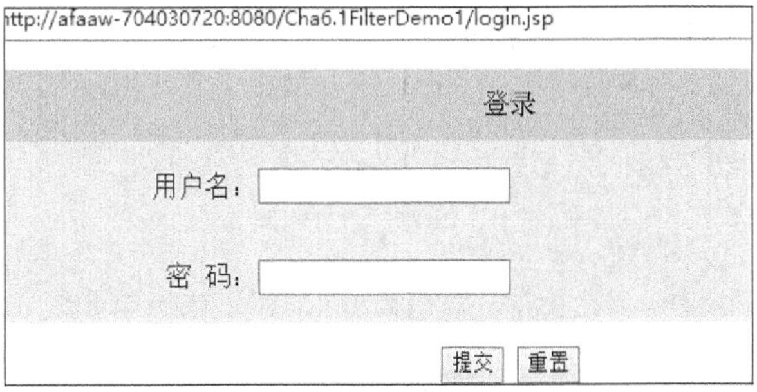

http://afaaw-704030720:8080/Cha6.1FilterDemo1/login.jsp

登录

用户名：

密 码：

提交　重置

图 6.6　login.jsp 页面

其中，login.jsp 页面表单的 action 属性为“login.jsp”，method 属性为“post”，如图 6.7 所示。

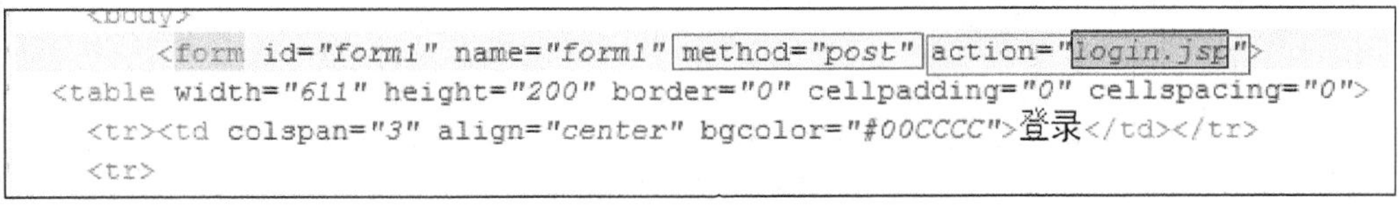

```
<body>
    <form id="form1" name="form1" method="post" action="login.jsp">
<table width="611" height="200" border="0" cellpadding="0" cellspacing="0">
  <tr><td colspan="3" align="center" bgcolor="#00CCCC">登录</td></tr>
  <tr>
```

图6.7　login.jsp页面中的表单设置

表单中的标签属性如表 6.1 所示。

表 6.1　　login.jsp 表单中的标签属性

类型	name 属性	说明
文本框	name	用户名文本框
文本框	passwd	密码

login.jsp 向本页面提交数据，因此 login.jsp 还要有登录判断代码，代码如下：

```
<%
      String name=request.getParameter("name");
      String passwd=request.getParameter("passwd");
      if(name!=null)
     {
         if(name.equals("admin")&&passwd.equals("123456"))
            { session.setAttribute("loginname", name);
            response.sendRedirect("index.jsp");    }
      else
       { response.sendRedirect("login.jsp");    }
      }
%>
```

从上述代码可以看出，login.jsp 做了一个简单的身份验证，当用户登录名为 admin、密码为 123456 时，便可登录，并且会将登录信息记录在 session 中。那么如何实现强制登录呢？关键在于过滤器，下面演示一下。

在项目中添加一个名为 com.filter 的包，选中这个包添加一个类，类名为 CheckFrom，如图 6.8 所示。

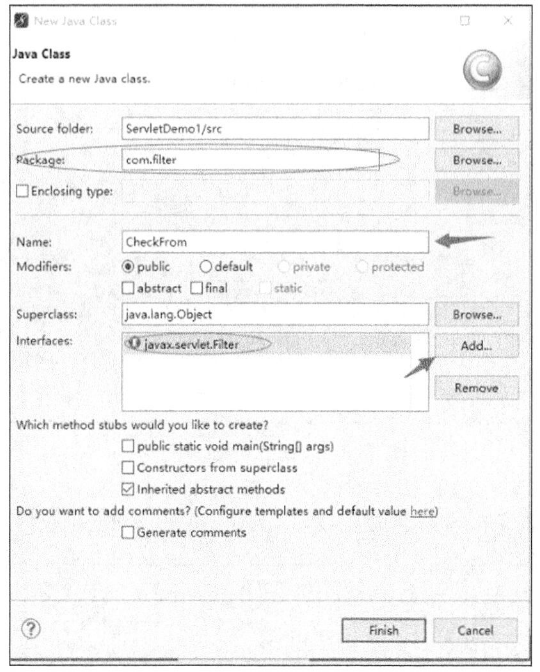

图 6.8　添加过滤器

在“New Java Class”对话框中，单击“Add”按钮添加接口，在弹出的“Implemented Interface Selection”对话框的“Choose interfaces”文本框中输入 Filter，查找 javax.servlet.Filter 接口并将其添加，然后单击“OK”按钮，如图 6.9 所示。

图 6.9　选择过滤器接口

修改 CheckFrom.java 中 doFilter()方法的代码，具体如图 6.10 所示。

```
24    public void doFilter(ServletRequest request, ServletResponse response,
25            FilterChain chain) throws IOException, ServletException {
26        HttpSession session=((HttpServletRequest)request).getSession();
27          String s=(String)session.getAttribute("loginname");
28          HttpServletRequest hrq=(HttpServletRequest)request;
29          response.setCharacterEncoding("GB2312");
30           PrintWriter out=response.getWriter();
31          if(s!=null||hrq.getServletPath().equals("/login.jsp"))
32          {
33              System.out.println("您已成功登录，用户名:"+s);
34              chain.doFilter(request, response);
35          }
36          else
37          {
38             ((HttpServletResponse)response).sendRedirect("login.jsp");
39          }
40      }
```

图 6.10　修改 doFilter()方法的代码

从上述代码可以看出，第 27 行代码首先读取 session 对象中存放的用户登录信息。然后在第 30 行对 session 中的用户信息进行了判断，在用户没有登录的情况下，任何访问都会强制跳转到 login.jsp 登录。在这里，过滤器对所有访问请求都进行了过滤处理，在没有登录的情况下，除 login.jsp 页面外，任何资源都不能访问，只有登录后才能访问其他页面。

编写完 CheckFrom.java 类后，双击打开 web.xml 文件，修改配置文件，如图 6.11 所示。在第 13 行 CheckFrom.java 类配置过滤器名为 LoginFilter；在第 18 行中配置过滤器映射地址为/*，以便对该项目中的所有访问请求进行过滤。

```
1  <?xml version="1.0" encoding="UTF-8"?>
2  <web-app xmlns:xsi="http://www.w3.org/2001/XMLSchema-insta
3    <display-name>Cha6.1FilterDemo1</display-name>
4    <welcome-file-list>
5      <welcome-file>index.html</welcome-file>
6      <welcome-file>index.htm</welcome-file>
7      <welcome-file>index.jsp</welcome-file>
8      <welcome-file>default.html</welcome-file>
9      <welcome-file>default.htm</welcome-file>
10     <welcome-file>default.jsp</welcome-file>
11   </welcome-file-list>
12     <filter>
13         <filter-name>LoginFilter</filter-name>
14         <filter-class>com.filter.CheckFrom</filter-class>
15     </filter>
16     <filter-mapping>
17         <filter-name>LoginFilter</filter-name>
18         <url-pattern>/*</url-pattern>
19     </filter-mapping>
20 </web-app>
```

图 6.11　CheckFrom 过滤器配置

运行测试：

运行启动 index.jsp，会自动跳转到 login.jsp 页面，输入用户名和密码进行登录，登录成功后会跳转到 index.jsp，如图 6.12 和图 6.13 所示。读者可在该项目中多添加几个网页等访问资源进行测试。

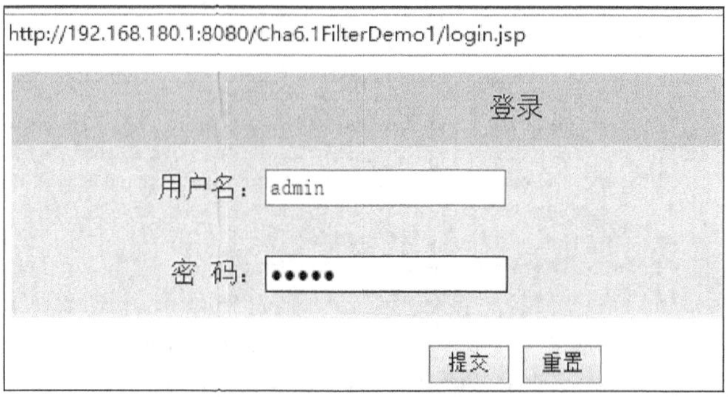

http://192.168.180.1:8080/Cha6.1FilterDemo1/login.jsp

登录

用户名：admin

密 码：•••••

提交 重置

图 6.12 运行界面

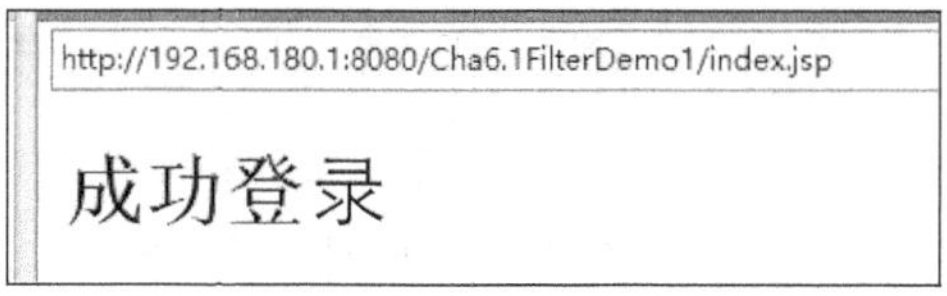

http://192.168.180.1:8080/Cha6.1FilterDemo1/index.jsp

成功登录

图 6.13 运行结果

在 Console 面板中输出的调试信息如图 6.14 所示。第一条是跳转到 login.jsp 时输出的访问信息，此时用户还未登录，强制跳转到 login.jsp，第二条是用户登录后跳转到 index.jsp。

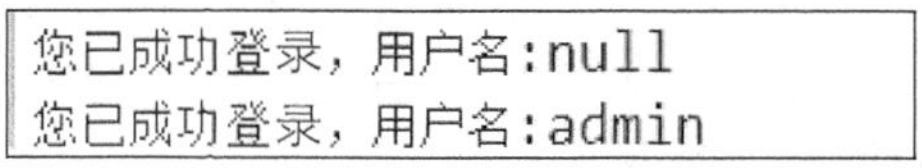

```
您已成功登录，用户名:null
您已成功登录，用户名:admin
```

图 6.14 CheckFrom 过滤器输出信息

6.1.3 案例：图片水印

用户在浏览某网站的图片资源时，发现图片上有该网站的图标、商标或某些文字等水印，如图 6.15 所示。过滤器正好可以实现为图片添加水印这一功能，下面通过一个案例来进行介绍。

图 6.15 水印效果

【例 6.2】图片水印。

打开 MyEclipse，新建一个名为 Chap6.2shuiyin 的项目，选中该项目，并在右键菜单中选择“Properties”命令，如图 6.16 所示。在弹出的“Properties for Chap6.2shuiyin”对话框中选择 Java Build Path，然后单击右边的 Libraries 选项卡，如图 6.17 所示。单击“Add External JARs”按钮，添加本机中 lib 文件夹中的 rt.jar 文件。本例需要用到 Java SE 类，MyEclipse 的 WebProject

项目一般是不会自动添加 Java SE 包的，所以需要手动添加进来。

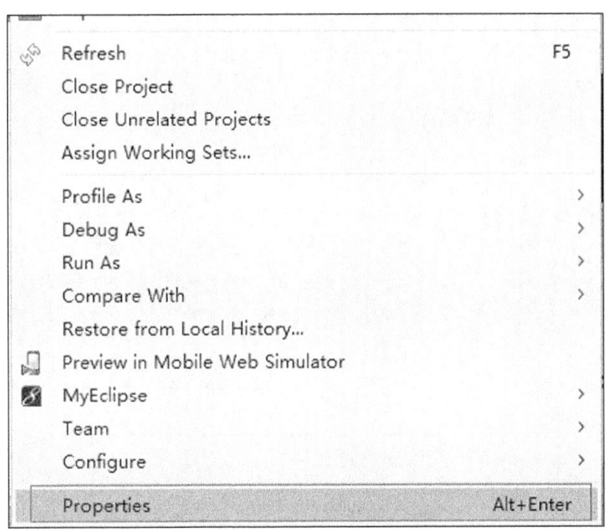

图 6.16　选择“Properties”命令

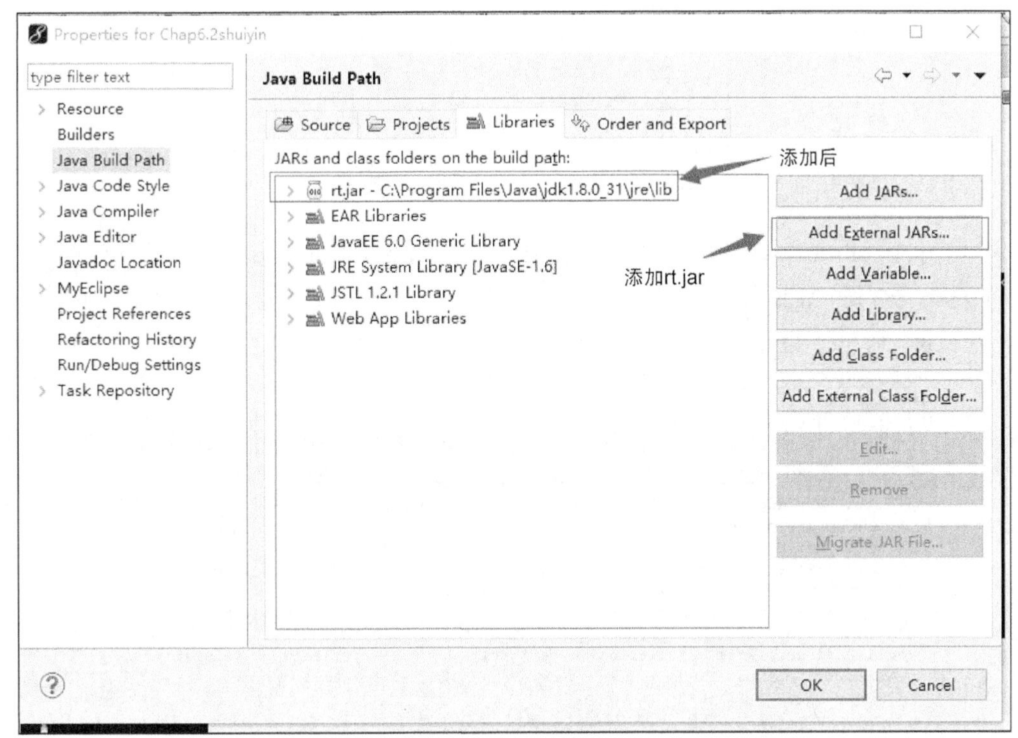

图 6.17　添加 rt.jar 包

双击打开 WebRoot 文件夹，添加一个新文件夹，名为 img，在该文件下放几张图片，如图 6.18 所示。双击打开 index.jsp 页面，在该网页中调用显示 img 文件夹下的图片，如图 6.19 所示。

在项目中添加一个名为 com.filter 的包，选中这个包新建两个类。第 1 个类名为“ImgFilter”，实现接口处添加 javax.servlet.Filter 接口；第 2 个类名为“ShuiYin”，如图 6.20 所示。

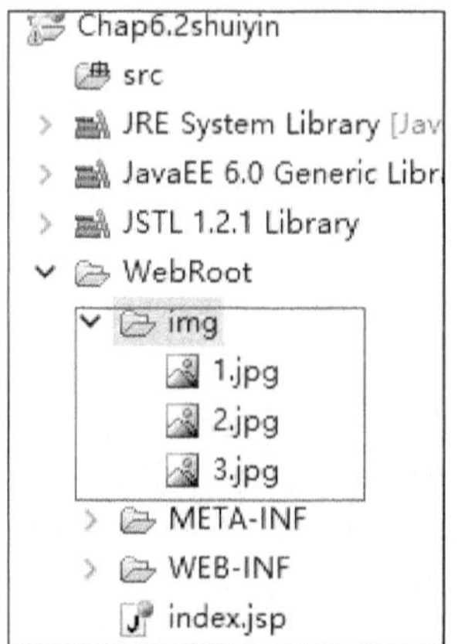

图 6.18　添加 img 文件夹

```
19        <link rel="stylesheet" type="tex
20        -->
21    </head>
22
23    <body>
24    <img src="./img/1.jpg"/>
25    <img src="./img/2.jpg"/><br>
26    <img src="./img/3.jpg"/><br>
27
```

图 6.19　在 index.jsp 页面添加图片

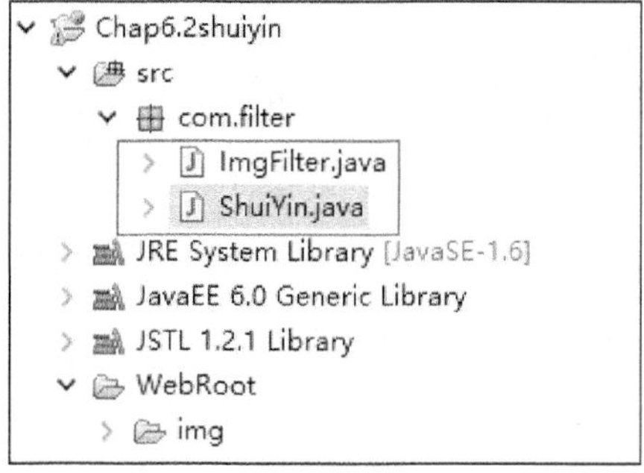

图 6.20　添加 ImgFilter 和 ShuiYin 类

双击打开 ImgFilter.java 文件，给该类添加一个成员变量 filterConfig，然后修改 doFilter()和 init()方法，如图 6.21 所示。

```
public class ImgFilter implements Filter {
    private FilterConfig filterConfig = null;          ← filterConfig成员变量
    @Override
    public void init(FilterConfig arg0) throws ServletException
    {   this.filterConfig = arg0;                      ← 在init()方法中对filterConfig进行初始化
    @Override
    public void doFilter(ServletRequest request, ServletResponse response,
            FilterChain chain) throws IOException, ServletException {
            filterConfig.getServletContext().log("水印过滤器");
            HttpServletRequest req = (HttpServletRequest)request;
            String filePath = req.getServletPath();//这是相对路径(并且包括了上下文路径)
            System.out.println("------------------->URL:"+filePath);
            String fileext=filePath.substring(filePath.indexOf(".")+1,filePath.length());
            System.out.println("-------------------->Ext Name:"+fileext);
            String fileRealPath = filterConfig.getServletContext().getRealPath(filePath);//得到绝对路径
            System.out.println("-------------------->Real URL:"+fileRealPath);
            if("jpg".equals(fileext)){
            ShuiYin.pressText("水印测试",fileRealPath,"黑体",Font.BOLD,Color.red.getRed()
                    ,25, 90, 10, response.getOutputStream());
            }
            chain.doFilter(request, response);

    }
```

图 6.21　修改 ImgFilter 过滤器的方法

双击打开 ShuiYin.java 文件，首先导入图 6.22 所示的类库，然后按图 6.23 所示添加 pressText()方法。

```
package com.filter;
import java.awt.*;
import java.awt.image.BufferedImage;
import java.io.*;
import java.util.*;
import java.util.List;
import javax.imageio.ImageIO;
import javax.swing.ImageIcon;
import com.sun.image.codec.jpeg.JPEGCodec;
import com.sun.image.codec.jpeg.JPEGImageEncoder;
```

图 6.22 ShuiYin 类需要调用包

```
13    public static void pressText(String pressText, String targetImg,
14            String fontName, int fontStyle, int color, int fontSize, int x,
15            int y,OutputStream out) {
16        try {
17            File _file = new File(targetImg);
18            Image src = ImageIO.read(_file);
19            int wideth = src.getWidth(null);
20            int height = src.getHeight(null);
21            BufferedImage image = new BufferedImage(wideth, height,
22                    BufferedImage.TYPE_INT_RGB);
23            Graphics g = image.createGraphics();
24            g.drawImage(src, 0, 0, wideth, height, null);
25            g.setColor(new Color(color));
26            g.setFont(new Font(fontName, fontStyle, fontSize));
27            g.drawString(pressText, wideth - fontSize - x, height - fontSize
28                    / 2 - y);
29            g.dispose();
30            JPEGImageEncoder encoder = JPEGCodec.createJPEGEncoder(out);
31            encoder.encode(image);
32            out.close();
33        } catch (Exception e) {  System.out.println(e); }
34    }
```

图 6.23 pressText()方法

pressText()方法的原理是：首先根据原图大小产生一个新的图片区域（第 21 行），然后将原图复制进来（第 24 行），再将文字写入图片区域中（第 27 行），最后产生一张新图片，并压缩成 JPEG 格式。

运行结果：

启动该项目，在浏览器中打开 index.jsp，运行结果如图 6.24 所示。注意观察 Console 面板中输出的信息。

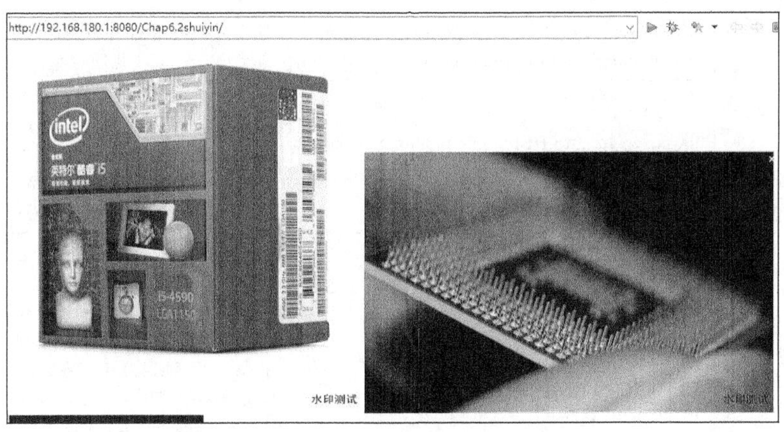

图 6.24 运行结果

6.2 监听器

监听器是 Servlet 中一类较为特殊的应用，它用于监听一些 Web 应用中重要事件的发生。监听器对象可以在事情发生前、发生后，Servlet 容器会产生相应的事件，Servlet 监听器可用来处理这些事件。

Servlet API 中定义了 8 个监听器，根据监听对象的类型和范围可以分为 3 类：ServletContext 事件监听器、HttpSession 事件监听器和 ServletRequest 事件监听器。

（1）ServletContext 事件监听器（可监听 application 对象），包含 ServletContextListener、ServletContextAttributeListener 接口。

（2）HttpSession 事件监听器（可监听 session 对象），包含 HttpSessionListener、HttpSessionAttributeListener、HttpSessionActivationListener、HttpSessionBinding Listener 接口。

（3）ServletRequest 事件监听器（可监听 request 对象），包含 ServletRequestListener、ServletRequestAttributeListener 接口。

8 个监听器接口如表 6.2 所示。

表 6.2　Servlet 监听器接口

监听对象	监听器接口	说明
ServletContext（监听应用程序环境对象）	javax.servlet.ServletContextListener implements java.util.EventListener	此接口实现接收有关其所属 Web 应用程序的 Servlet 上下文更改的通知。要接收通知事件，必须在 Web 应用程序的部署描述符中配置实现类
	javax.servlet.ServletContextAttributeListener implements java.util.EventListener	此接口实现接收 Web 应用程序的 Servlet 上下文中的属性列表更改通知。要接收通知事件，必须在 Web 应用程序的部署描述符中配置实现类
HttpSession（监听用户会话对象）	javax.servlet.http.HttpSessionListener implements java.util.EventListener	对 Web 应用程序中活动会话列表的更改将通知此接口的实现。要接收通知事件，必须在 Web 应用程序的部署描述符中配置实现类
	javax.servlet.http.HttpSessionActivationListener implements java.util.EventListener	定位到会话的对象可以侦听通知它们会话将被钝化和会话将被激活的容器事件。在 VM 之间迁移会话或者保留会话的容器需要通知绑定到实现 HttpSessionActivationListener 的会话的所有属性
	javax.servlet.http.Http.SessionAttributeListener implements java.util.EventListener	为了获取此 Web 应用程序内会话属性列表更改的通知，可实现此侦听器接口
	javax.servlet.http.HttpSessionBindingListener implements java.util.EventListener	使对象在被绑定到会话或从会话中取消对它的绑定时得到通知。该对象通过 HttpSession-BindingEvent 对象得到通知。这可能是 Servlet 编程人员显式从会话中取消绑定某个属性的结果（因会话无效或因会话超时）
ServletRequest（监听请求消息对象）	javax.servlet.ServletRequestListener implements java.util.EventListener	监听请求
	javax.servlet.ServletRequestAttributeListener implements java.util.EventListener	ServletRequestAttributeListener 可由想要在请求属性更改时获得通知的开发人员实现。当请求位于注册了该侦听器的 Web 应用程序范围时，将生成通知。当请求即将进入每个 Web 应用程序中的第一个 Servlet 或过滤器时，该请求将被定义为进入范围，当它退出链中的最后一个 Servlet 或第一个过滤器时，它将被定义为超出范围

监听器以接口方式提供给开发者使用，在一个 Java EE 项目中可以实现一个或者多个事件监听器，项目中每次的访问或连接断开都触发相应的监听事件，如当用户访问时会由对象 ServletContext、HttpSession 触发监听事件 ServletContextEvent 和 HttpSessionEvent。

6.3 小结

本章介绍了 Servlet 中的两个派生应用：过滤器和监听器。过滤器是 Java EE 中非常重要的基础类技术，后续要讲解的 Struts 2 框架就是基于过滤器实现的。本章对过滤器的原理及应用进行了详细讲解，读者应在课后多进行实践性练习。

07 第7章　HTML5

HTML5 是目前广泛使用的网页标准，相比 HTML4 和 XHTML1.0，HTML5 可以实现更强的页面展现效果，同时可以充分调用本地的资源，实现不输于 App 的效果。使用 HTML5 编写 Java EE 项目中的视图层 JSP 页面，能给用户带来更好的体验感和视觉冲击。本章将为读者介绍 HTML5 的基础语法，以及 HTML5 在 MyEclipse 中的应用。

本章内容：

- HTML5 概述；
- HTML5 常用标签；
- HTML5 表单标签。

7.1　HTML 概述

HTML 的出现由来已久，1993 年，HTML 首次发布。随着 HTML 的发展，万维网联盟（World Wide Web Consortium，W3C）掌握了对 HTML 规范的控制权，负责后续版本的制定工作。在快速发布了 HTML 的 4 个版本后，HTML 迫切需要添加新的功能，制定新的规范。2004 年，一些浏览器厂商联合成立了网页超文本技术工作小组（Web Hypertext Application Technology Working Group，WHATWG）。2006 年，W3C 组建了新的 HTML 工作组，采纳了 WHATWG 的意见，并于 2008 年发布了 HTML5 的工作草案。2014 年 10 月 29 日，W3C 宣布，经过 8 年的艰辛努力，HTML5 标准规范终于制定完成，并公开发布。

HTML5 与 HTML4 相比解决了以下几个方面的问题。

（1）解决了跨浏览器问题

在 HTML5 之前，各大浏览器厂商为了争夺市场占有率，会在各自的浏览器中增加各种各样的功能，并且不具有统一的标准。使用不同的浏览器，常常看到不同的页面效果。在 HTML5 中，纳入了所有合理的扩展功能，具备良好的跨平台性能。针对不支持新标签的老式浏览器，只需简单地添加 JavaScript 代码就可以使用新的元素。

（2）新增了多个新特性

① 增加了新的特殊内容元素，如 header、nav、section、article、footer。

② 增加了新的表单控件，如 calendar、date、time、email、url、search。

③ 新增了用于绘画的 canvas 元素。

④ 新增了用于媒介回放的 video 和 audio 元素。

⑤ 提供对本地离线存储的更好的支持。

⑥ 增加了地理位置、拖曳、摄像头等 API。

（3）安全机制的设计

为确保 HTML5 的安全，对 HTML5 做了很多针对安全的设计。HTML5 引入了一种新的基于来源的安全模型，该模型不仅易用，而且针对不同的 API 都通用。

（4）化繁为简的优势

① 新的简化的字符集声明。

② 新的简化的 DOCTYPE。

③ 简单而强大的 HTML5 API。

④ 以浏览器原生能力替代复杂的 JavaScript 代码。

现今浏览器的许多新功能都是从 HTML5 标准中发展而来的。目前常用的浏览器有 IE 浏览器、火狐浏览器、谷歌浏览器、猎豹浏览器、Safari 浏览器和 Opera 浏览器等，通过对这些主流 Web 浏览器的发展策略的调查，发现它们都支持 HTML5（见图 7.1）。

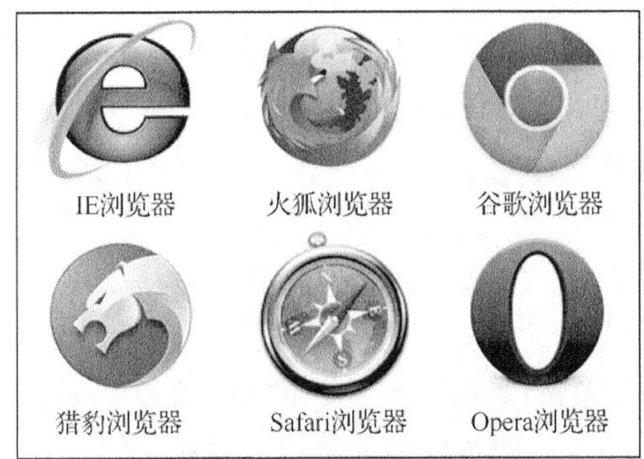

图 7.1　支持 HTML5 的浏览器

HTML5 的页面结构与 HTML4 相似，但又有了很大不同，下面先来看一下 HTML5 的页面结构，如图 7.2 所示。

与 HTML4 相比，HTML5 的结构非常清晰，明确了一个网页中基本的头部、导航、文章内容、脚部等。代码结构如下：

```
<!DOCTYPE html>
<html>
  <head>
HTML 文档的头部信息
  </head>
     <body>
       <header>...</header>
       <nav>...</nav>
```

```
        <article>
         <section>...</section>
        </article>
        <aside>...</aside>
        <footer>...</footer>
   </body>
  </html>
```

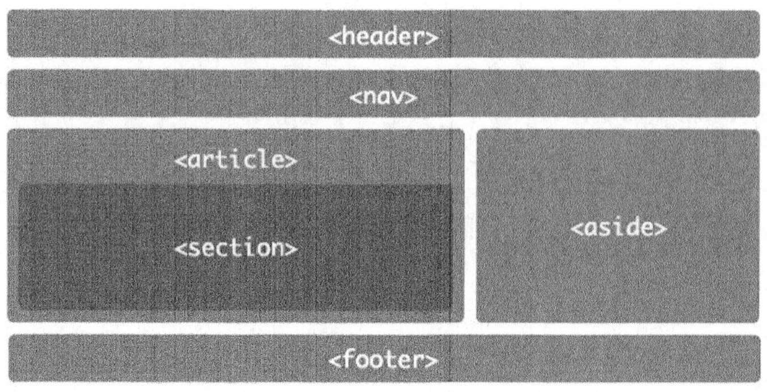

图 7.2 HTML5 的页面结构

（1）<!DOCTYPE>标签

<!DOCTYPE>标签位于文档的最前面，用于向浏览器说明当前文档使用哪种 HTML 或 XHTML 标准规范，HTML5 文档中的 DOCTYPE 声明非常简单。

（2）<html></html>标签

<html>标签位于<!DOCTYPE>标签之后，也称为根标签，用于告知浏览器其自身是一个 HTML 文档。<html>标签标志着 HTML 文档的开始，</html>标签标志着 HTML 文档的结束，在它们之间的是文档的头部和主体内容。

（3）<head></head>标签

<head>标签用于定义 HTML 文档的头部信息，也称为头部标签，紧跟在<html>标签之后，主要用来封装其他位于文档头部的标签，如<title>、<meta>、<link>及<style>等，用来描述文档的标题、作者以及和其他文档的关系等。一个 HTML 文档只能含有一对<head>标签，绝大多数文档头部包含的数据都不会真正作为内容显示在页面中。

（4）<body></body>标签

<body>标签用于定义 HTML 文档所要显示的内容，也称为主体标签。浏览器中显示的所有文本、图像、音频和视频等信息都必须位于<body>标签内，<body>标签中的信息才是最终展示给用户看的。

一个 HTML 文档只能含有一对<body>标签，且<body>标签必须在<html>标签内，位于<head>头部标签之后，与<head>标签是并列关系。

（5）<header>标签

<header>标签定义文档的页眉，通常是一些引导和导航信息。它不一定写在网页头部，也可以写在网页内容中。通常<header>标签至少包含（但不局限于）一个标题标签（<h1>～<h6>），还可以包括<hgroup>标签，或者包括表格内容、标识、搜索表单、<nav>导航等。

（6）<nav>标签

<nav>标签一般是作为页面导航的链接组使用的，导航链接到其他页面或者当前页面的其他部分。<nav>标签实现导航栏，能支持屏幕阅读器等移动设备。

（7）<aside>标签

<aside>标签用来装载非正文的内容，被视为页面里面一个单独的部分。它包含的内容与页面的主要内容是分开的，可以被删除，且不会影响网页的内容、章节或页面所要传达的信息。如广告、成组的链接、侧边栏等。

（8）<section>标签

<section>标签定义文档中的节，例如章节、页眉、页脚或文档中的其他部分。一般用于成节的内容，会在文档流中开始一个新的节。它用来表现普通的文档内容或应用区块，通常由内容及其标题组成。但 section 并非一个普通的容器元素，它表示一段专题性的内容，一般会带有标题。

（9）<footer>标签

<footer>标签定义 section 或 document 的页脚，包含了与页面、文章或部分内容有关的信息，例如文章的作者或者日期。作为页面的页脚时，一般包含了版权、相关文件和链接。它和<header>标签的使用方法基本一样，可以在一个页面中多次使用，如果在一个区段的后面加入<footer>，那么它就相当于该区段的页脚了。

【例 7.1】设置 HTML5 的基本结构。

打开 MyEclipse，新建一个名为 Chap7.1 的 WebProject 项目，选中“WebRoot”文件夹，选择右键菜单中的“New”→“HTML”命令，在弹出的对话框中选择文档类型为“HTML5”，如图 7.3 所示。

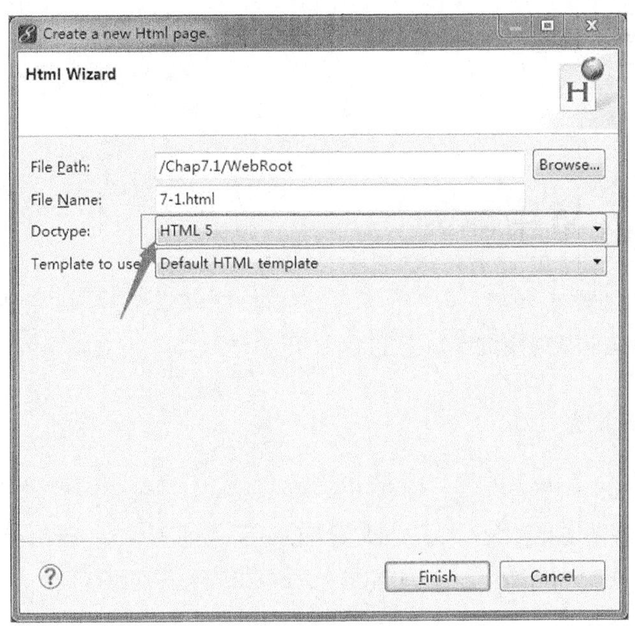

图 7.3　在 MyEclipse 中新建 HTML5 网页

代码如图 7.4 所示，该代码主要包含两部分内容：一是网页中的显示效果；二是页面常用的标签元素。

代码保存后在浏览器中打开，运行结果如图 7.5 所示。

```
<!DOCTYPE html>
<html>
  <head>
    <title>HTML5页面结构</title>
    <meta name="content-type" content="text/html; charset=gb2312">
   <style type="text/css">
  header,nav,article,footer
  {border:solid 1px #666;padding:5px}
  header{width:500px}
  nav{float:left;width:60px;height:100px}
  article{float:left;width:428px;height:100px}
  footer{clear:both;width:500px}
</style>
  </head>
  <body>
   <header class="bgColor">导航部分</header>
   <nav>菜单部分</nav>
   <article>内容部分</article>
   <footer>底部说明部分</footer>
  </body>
</html>
```

CSS定义

网页内容

图 7.4 7-1.html 代码

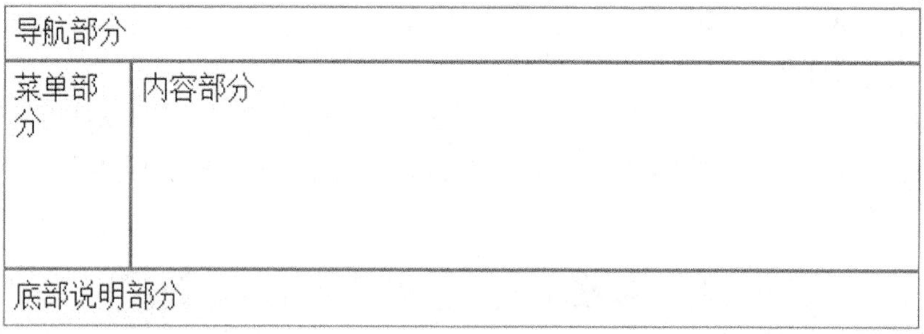

导航部分

菜单部分

内容部分

底部说明部分

图 7.5 运行结果

7.2 HTML5 常用标签

HTML5 与 HTML4 相比增加了很多新标签，通过这些新标签可以实现很多新的功能和页面的优化，下面对 HTML5 中常用的新标签进行讲解。

7.2.1 <details>标签

<details>是 HTML5 新增的标签，可以用来显示网页中某个内容的细节部分。<details>标签需要与<summary>标签配合使用。默认情况下<details>标签中的内容不显示，当与<summary>标签配合使用时，单击<summary>标签才能显示<details>标签的内容。

【例 7.2】<details>标签。

接上例，选中“WebRoot”文件夹，选择右键菜单中的“New”→“HTML”命令，在弹出的对话框中设置文件名为“7-2.html”，代码如图 7.6 所示。

```
<!DOCTYPE html>
<html>
<head>
<meta charset=utf-8 />
<title>details标签使用<details></title>
<style type="text/css">
body { font-family: sans-serif; }
details {
background: #e3e3e3;
margin-bottom: 10px;
display: block;}
details summary {
cursor: pointer;
padding: 10px;}


</style>
</head>
<body>
<details>
    <summary>需要我为您服务吗？</summary>
    <p>非常需要</p>
</details>
</body>
</html>
```

图 7.6 7-2.html 代码

运行结果如图 7.7 所示。

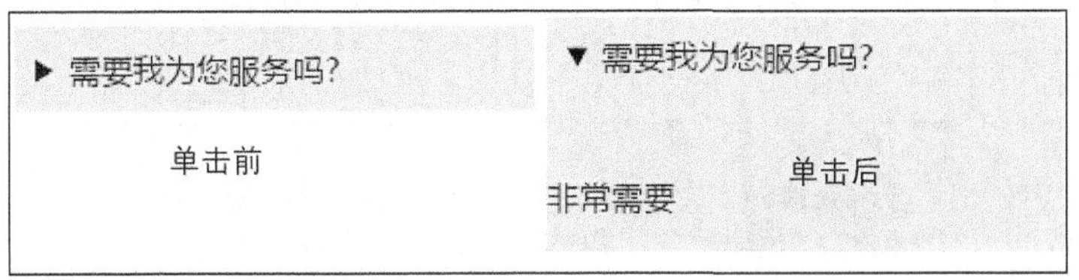

图 7.7 运行结果

7.2.2 <progress>标签

<progress>是 HTML5 中新增的标签。使用<progress>标签可实现进度条效果。当页面与用户进行数据交互时，为了增强用户的 UI 体验，可通过进度条效果显示在页面中的各种进度状态。<progress>标签是 HTML5 中新增的状态交互标签，用来表示页面中的某个任务完成的进度。

<progress>标签有两个属性：max、value。max 属性定义进度条的终值，value 属性定义进度条的当前值。<progress>标签一般通过 JavaScript 程序控制进度条运行。

【例 7.3】<progress>标签。

接上例，选中“WebRoot”文件夹，选择右键菜单中的“New”→“HTML”命令，在弹出的对话框中将文件名设为“7-3.html”，代码如图 7.8 所示。

从上述代码可以看出，用户单击上传按钮调用 Btn_Click()函数，在 Btn_Click()函数内通过定时器来调用 Interval_handler()函数来实现进度的运行。进度条标签通过如下语句在 JavaScript 中获取。

```
<!DOCTYPE HTML>
<html>
<head>
<meta http-equiv="Content-Type" content="text/html; charset=utf-8">
<title>progress案例</title>
</head>
<p id="pTip">上传开始</p>
<progress value="0" max="100" id="proDownFile"></progress>
<input type="button" value="上传" onclick="Btn_Click();">
<script type="text/javascript">
    var intValue=0;
    var intTimer;
    var objPro=document.getElementById('proDownFile');
    var objTip=document.getElementById('pTip');
    function Interval_handler(){
        intValue++;
        objPro.value=intValue;
        if(intValue>=objPro.max){
            clearInterval(intTimer);
            objTip.innerHTML="上传完成";
        }else{
            objTip.innerHTML="正在上传"+intValue+"%";
        }
    }
    function Btn_Click(){
        intTimer=setInterval(Interval_handler,100);
    }
</script>
<body>
</body>
</html>
```

图 7.8　7-3.html 代码

```
var objPro = document.getElementById('proDownFile');
```

setInterval()函数是 JavaScript 中的定时器调用，其中 1000=1 秒，本案例中第二个参数是 100，也就是每隔 0.1 秒调用一次 Interval_handler()函数，在 Interval_handler()函数中对 intValue 加 1。运行结果如图 7.9 所示。

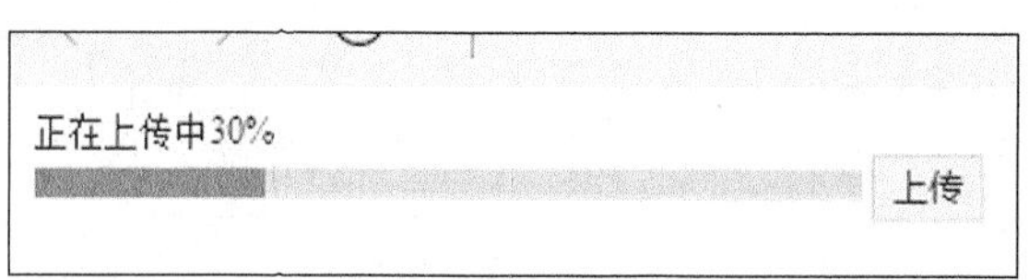

图 7.9　运行结果

7.2.3　<meter>标签

<meter>是 HTML5 中新增的用于显示百分比效果的标签。<meter>标签使用长方体作为显示比例效果。<meter>标签的常用属性如表 7.1 所示。

表 7.1　<meter>标签的常用属性

属性	值	描述
high	number	定义最高值的范围
low	number	定义最低值的范围
max	number	定义标签的上限值
min	number	定义标签的下限值
value	number	当前度量值

【例 7.4】<meter>标签。

接上例，选中“WebRoot”文件夹，选择右键菜单中的“New”→“HTML”命令，在弹出的对话框中设置文件名为“7-4.html”，代码如图 7.10 所示。

运行结果如图 7.11 所示。

```
<body>
    <p>网络投票最喜欢的计算机语言,明细如下: </p>
    <p>C#:
    <meter value="0.35" optimum="1"
           high="0.9" low="1" max="1" min="0">
    </meter>
    <span> 35% </span></p>
     <p>VB#:
    <meter value="0.30" optimum="1"
           high="0.9" low="1" max="1" min="0">
    </meter>
    <span> 30% </span></p>
    <p>Java:
    <meter value="35" optimum="100"
           high="90" low="10" max="100" min="0">
    </meter>
    <span> 35% </span></p>
</body>
```

图 7.10　7-4.html 代码

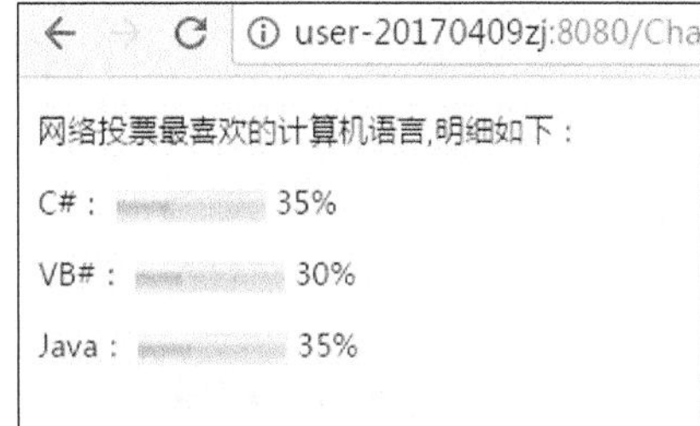

图 7.11　运行结果

7.2.4　<ol>标签

<ol>标签是有序列表项目标签。<ol>标签在 HTML4 中就有了，但 HTML5 中增加了 1 个 reversed 属性，用于设置是否反向排序。有序列表由<ol></ol>标签对实现，在<ol></ol>标签之间使用成对的<li></li>标签添加列表项目。

【例 7.5】<ol> 标签。

接上例，选中“WebRoot”文件夹，选择右键菜单中的“New”→“HTML”命令，在弹出的对话框中设置文件名为“7-5.html”，代码如图 7.12 所示。

```
<html>
<head>
<meta charset="utf-8" />
<title>使用列表</title>
<link href="Css/css3.css" rel="stylesheet" type="text/css">
<script type="text/javascript" async="true">
  function Btn_Click(){
    var strNum=document.getElementById("txtOrderNum").value;
    var strDiv=document.getElementById("olList");
    strDiv.setAttribute("start",strNum);
  }
</script>
</head>
<body>
  <h5>MTV排行榜</h5>
  <ol id="olList" reversed>
    <li>AA</li>
    <li>BB</li>
    <li>CC</li>
  </ol>
  <h5>设置开始值</h5>
  <input type="text" id="txtOrderNum"
         class="inputtxt" style="width:60px" />
  <input type="button" value="确定"
         class="inputbtn" onClick="Btn_Click();">
</body>
</html>
```

图 7.12　7-5.html 代码

运行结果如图 7.13 所示。

图 7.13　运行结果

7.2.5　<hgroup>标签

<hgroup>是 HTML5 的新增标签，用来对标题元素进行分组，形成一个组群。<hgroup> 标签常与<figcaption>标签结合使用。

【例 7.6】<hgroup>标签。

接上例，选中“WebRoot”文件夹，选择右键菜单中的“New”→“HTML”命令，在弹出的对话框中设置文件名为“7-6.html”，代码如图 7.14 所示。

```
<!DOCTYPE html>
<html>
  <head>
    <title>7-6.html</title>
  </head>
  <body>
   <hgroup draggable="true">
   <figcaption>标题</figcaption>
<h1>表单制作</h1>
<h2>购物车</h2>
</hgroup>

<p>The rest of the content...</p>
  </body>
</html>
```

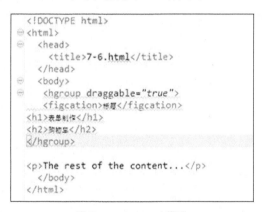

图 7.14　7-6.html 代码

运行结果如图 7.15 所示。

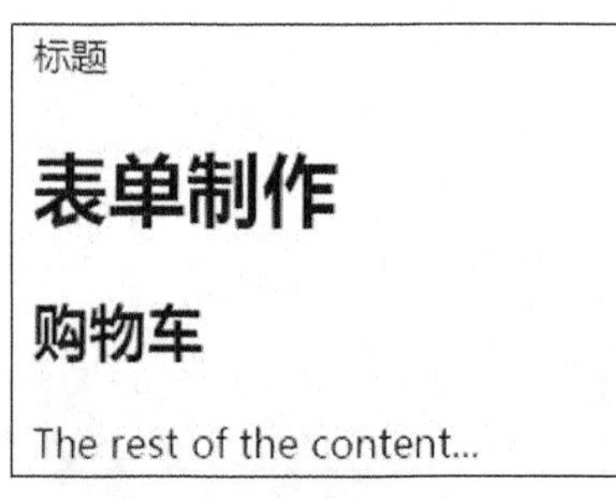

图 7.15　运行结果

7.2.6 <embed>标签

<embed>标签是 HTML5 的新增标签，可用来嵌入外部应用或者互动程序（插件），如 Flash。

【例 7.7】<embed>标签。

接上例，选中“WebRoot”文件夹，选择右键菜单中的“New”→“HTML”命令，在弹出的对话框中设置文件名为“7-7.html”，代码如图 7.16 所示。

```
<!DOCTYPE html>
<html>
<head>
<meta charset="utf-8">
<title>7-7</title>
</head>
<body>
<embed src="helloworld.swf" tppabs="http://w3schools.com/tags/helloworld.swf">
</body>
</html>
```

图 7.16 7-7.html 代码

7.2.7 <canvas>标签

<canvas>标签是 HTML5 的新增标签，主要用于显示动态图像。<canvas>标签的功能非常强大，它支持 2D 图像和 3D 图像，支持 JavaScript 开发。<canvas>标签在 JavaScript 中是一个可操作的位图（Bitmap）对象。Canvas API 用于网页实时生成图像，JavaScript 通过 API 来操作图像内容。这样做的好处是：减少 HTTP 请求数，减少下载的数据，缩短网页载入时间，可以对图像进行实时处理。

【例 7.8】<canvas>标签。

接上例，选中“WebRoot”文件夹，选择右键菜单中的“New”→“HTML”命令，在弹出的对话框中将文件名设置为“7-8.html”，代码如图 7.17 所示。

```
<!DOCTYPE html>
<html>
<head>
<meta charset="utf-8">
<title>7-8.html</title>
</head>
<body>
<canvas id="myCanvas">你的浏览器不支持HTML5 canvas 标签。</canvas>
<script>
var c=document.getElementById('myCanvas');
var ctx=c.getContext('2d');
ctx.fillStyle='#FF0000';
ctx.fillRect(0,0,80,100);
</script>
</body>
</html>
```

图 7.17 7-8.html 代码

运行结果如图 7.18 所示。

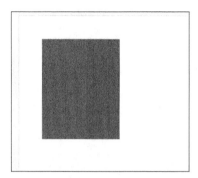

图 7.18　运行结果

7.3　HTML5 表单

表单在网页中的作用非常重要，是实现动态网页的基础。HTML5 对表单做了很多改进，可应对网页中各种不同类型数据的输入和检验。这些新特性可以更好地实现输入控制和验证。

7.3.1　<input>标签

<input>标签是表单的主要标签，表单中很多控件的显示都要使用<input>标签实现。在 HTML4 中，<input>标签不够精细，只提供常用的控件，对不同类型的数据输入、检验缺乏支持。针对这一问题，HTML5 对<input>标签进行了很多改进，在<input>标签的 type 属性中新增了对各种不同类型数据的输入参数选项。HTML5 表单常用类型如表 7.2 所示。

表 7.2　HTML5 表单常用类型

类型	类型名称	功能描述
email	邮件输入框	输入 E-mail 地址的文本框
url	Web 地址输入框	输入 URL 地址的文本框
number	数字输入框	输入数字的文本框，可以设置输入值的范围
range	数字滑动条	通过拖动滑动条改变一定范围内的数字
date	日期选择器	输入日期的文本框
month	月份选择器	输入月份的文本框
week	周选择框	输入周的文本框
time	时间文本框	输入时间的文本框
datetime	日期时间选择器	输入 UTC 日期和时间的文本框
datetime-local	日期时间选择器（本地）	输入本地日期和时间的文本框
search	搜索输入框	输入搜索关键字操作的文本框
tel	电话号码输入框	输入电话号码
color	颜色选择器	输入颜色值的文本框

下面对<input>中常用的类型进行讲解。

（1）email 类型

email 类型用于包含 E-mail 地址的输入域。如果将<input>标签中的 type 设置为 email，将在页面中创建一个专门用于输入邮件地址的文本输入框。用户提交表单时，会自动检测文本框中的内容是否符合 E-mail 邮件地址格式，如果不符合，则提示相应错误信息。

【例 7.9】 email 类型。

接上例，选中“WebRoot”文件夹，选择右键菜单中的“New”→“HTML”命令，在弹出的对话框中设置文件名为“7-9.html”，代码如图 7.19 所示。

```
<!DOCTYPE html>
<html>
<head>
<meta charset="utf-8" />
<title>使用email</title>
</head>
<body>
<form id="emailform">
 <fieldset>
   <legend>请输入邮件地址：</legend>
   <input name="txtEmail" type="email"  multiple="true">
   <input name="frmSubmit" type="submit"  value="提交">
 </fieldset>
</form>
</body>
</html>
```

图 7.19　7-9.html 代码

运行结果如图 7.20 所示。

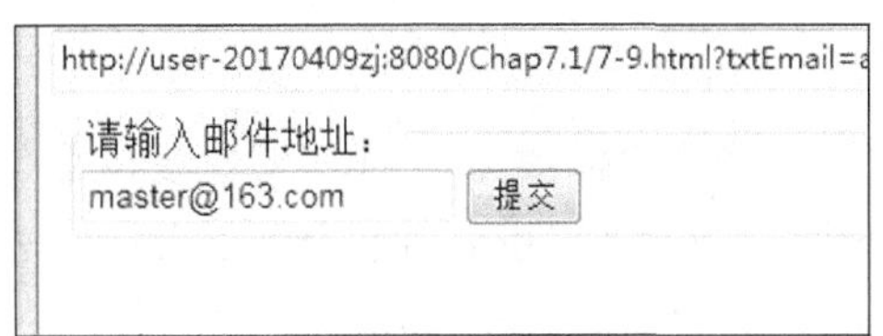

图 7.20　运行结果

（2）url 类型

url 类型用于包含 URL 地址的输入域。提交表单时，会自动验证 url 域中的值。在输入元素 input 中，url 类型是一种新增的类型，表示 input 元素是一个专门用于输入 Web 站点地址的输入框。

Web 地址的格式与普通文本不同，含有反斜杠“/”和点“.”。为了确保 url 类型的输入框能够正确提交符合格式的内容，表单在提交数据前会自动验证其内容格式的有效性。如果不符合对应的格式，则会出现错误提示信息。与 email 类型一样，url 的有效性检测并不会判断输入框的内容是否为空，而是针对非空的内容进行格式检测。

【例 7.10】 url 类型。

接上例，选中“WebRoot”文件夹，选择右键菜单中的“New”→“HTML”命令，在弹出的对话框中设置文件名为“7-10.html”，代码如图 7.21 所示。

```
<!DOCTYPE html>
<html>
<head>
<meta charset="utf-8" />
<title>使用url类型</title>
</head>
<body>
<form id="frmTmp">
 <fieldset>
   <legend>请输入网址：</legend>
   <input name="txtUrl" type="url"  />
   <input name="frmSubmit" type="submit"  value="提交" />
 </fieldset>
</form>
</body>
</html>
```

图 7.21　7-10.html 代码

运行结果如图 7.22 所示。

图 7.22　运行结果

（3）number 类型

number 类型用于设置包含数值的输入域，它还可对接受的数字进行限定。使用 number 类型时，需要 max 和 min 两个属性的配合：max 用于设置上限值，min 用于设置下限值。

【例 7.11】 number 类型。

接上例，选中“WebRoot”文件夹，选择右键菜单中的“New”→“HTML” 命令，在弹出的对话框中设置文件名为“7-11.html”，代码如图 7.23 所示。

```
<!DOCTYPE html>
<html>
<head>
<meta charset="utf-8" />
<title>使用number类型</title>
</head>
<body>
<form id="frmTmp">
 <fieldset>
   <legend>输入您的初恋时间：</legend>
   <input name="txtYear" type="number" min="1999" max="2015" step="1" value="1999" />年
   <input name="txtMonth" type="number"  min="1" max="12" step="1" value="1"/>月
   <input name="txtDay" type="number" min="1" max="31" step="1" value="1"/>日
   <input name="frmSubmit" type="submit"  value="提交" />
 </fieldset>
</form>
</body>
</html>
```

图 7.23　7-11.html 代码

运行结果如图 7.24 所示。

图 7.24 运行结果

（4）range 类型

range 类型用于实现滑动条效果，并可对接受的数字进行限定。使用 range 类型时，需要 max 和 min 两个属性的配合：max 用于设置上限值，min 用于设置下限值。range 类型滑动时，一般可以触发 JavaScript 事件，进行控制调用。

【例 7.12】 range 类型。

接上例，选中“WebRoot”文件夹，选择右键菜单中的“New”→“HTML” 命令，在弹出的对话框中设置文件名为“7-12.html”，代码如图 7.25 所示。

```
<meta charset="utf-8" />
<title>使用range类型</title>
<script type="text/javascript" language="javascript" >
function $$(id){
    return document.getElementById(id);
}
var intR,intG,intB,strColor;
function setSpnColor(){
    intR=$$("txtR").value;
    intG=$$("txtG").value;
    intB=$$("txtB").value;
    strColor="rgb("+intR+","+intG+","+intB+")";
    $$("pColor").innerHTML=strColor;
    $$("spnPrev").style.backgroundColor=strColor;
}
</script>
</head>
<body>
<form id="frmTmp">
 <fieldset>
   <legend>请选择颜色值：</legend>
   <span id="spnColor">
   <input id="txtR" type="range" value="0" min="0" max="255" onChange="setSpnColor()" >
   <input id="txtG" type="range" value="0" min="0" max="255" onChange="setSpnColor()">
   <input id="txtB" type="range" value="0" min="0" max="255" onChange="setSpnColor()">
   </span>
   <br/>
   <span id="spnPrev" style="width:100px;height:70px;border:solid 1px #ccc; float:left"></span>
   <P id="pColor">rgb(0,0,0)</P>
 </fieldset>
</form>
</body>
</html>
```

图 7.25 7-12.html 代码

运行结果如图 7.26 所示。

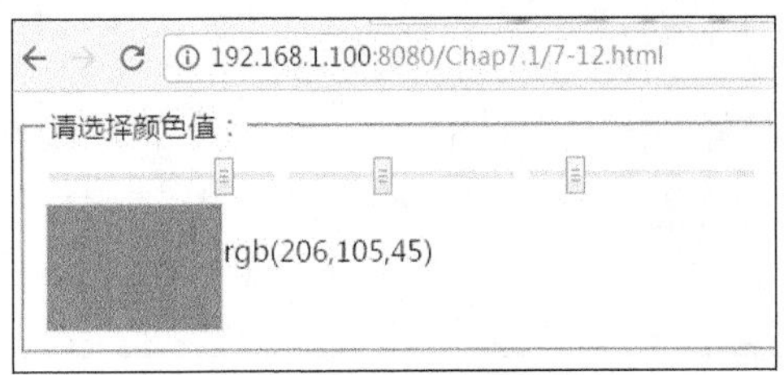

图 7.26 运行结果

（5）日期和时间选择器

<input>标签中的时间类型，使用以下几种类型中的一种就可以完成网页中日期和时间选择器的定义。

① date——选取日、月、年。

② month——选取月、年。

③ week——选取周和年。

④ time——选取时间（小时和分钟）。

⑤ datetime——选取时间、日、月、年（UTC 世界标准时间）。

⑥ datetime-local——选取时间、日、月、年（本地时间）。

与 HTML4 相比，HTML5 在时间和日期输入方面进步了很多，可以直接从弹出的面板中选择时间。

【例 7.13】日期和时间选择器。

接上例，选中“WebRoot”文件夹，选择右键菜单中的“New”→“HTML”命令，在弹出的对话框中设置文件名为“7-13.html”，代码如图 7.27 所示。

```
<!DOCTYPE html>
<html>
<head>
<meta charset="utf-8" />
<title>选择日期</title>
</head>
<body>
<form id="frmTmp">
 <fieldset>
   <legend>日期+时间类型：</legend>
   <input name="txtDate_1" type="date">
   <input name="txtDate_2" type="time">
   </fieldset>
   <fieldset>
   <legend>月份+星期类型：</legend>
   <input name="txtDate_3" type="month">
   <input name="txtDate_4" type="week">
   </fieldset>
   <fieldset>
   <legend>日期+时间型：</legend>
   <input name="txtDate_5" type="datetime">
   <input name="txtDate_6" type="datetime-local">
 </fieldset>
</form>
</body>
</html>
```

图 7.27　7-13.html 代码

运行结果如图 7.28 所示。

图 7.28　运行结果

<input>标签中还有其他一些属性，具体如下。

（1）placeholder 属性

placeholder 属性可在<input>标签中显示提示信息，适用于<input>标签的 text、search、url、tel、email 及 password 类型。

placeholder 属性是一种“占位”属性，其属性值是一种“占位文本”。占位文本就是显示在输入框中的提示信息。当输入框获取焦点时，该提示信息自动消失；当输入框丢失焦点时，提示信息又将重新显示。

【例 7.14】 placeholder 属性。

接上例，选中“WebRoot”文件夹，选择右键菜单中的“New”→“HTML”命令，在弹出的对话框中设置文件名为“7-14.html”，代码如图 7.29 所示。

```
<!DOCTYPE html>
<html>
<head>
<meta charset="utf-8" />
<title>使用email</title>
</head>
<body>
<form id="emailform">
 <fieldset>
   <legend>请输入邮件地址：</legend>
   <input name="txtEmail" type="email" placeholder="请输入您的E-mail"/>
   <input name="frmSubmit" type="submit" value="提交">
 </fieldset>
</form>
</body>
</html>
```

图 7.29　7-14.html 代码

运行结果如图 7.30 所示。

图 7.30　运行结果

（2）autofocus 属性

给文本框、选择框或按钮等控件加上该属性，当页面打开时，该控件将自动获得焦点，从而替代使用 JavaScript 代码。例如：

```
<input type="text" autofocus />
```

（3）autocomplete 属性

autocomplete 属性具有辅助输入的自动完成功能。autocomplete 属性可以指定其值为“on”或“off”。不指定时，就使用浏览器的默认值。该属性设置为 on 时，可以显式指定待输入的数据列表。如果使用<datalist>标签的 list 属性提供待输入的数据列表，自动完成时，可以将该<datalist>标签中的数据作为待输入的数据在文本框中自动显示。下面的代码为文本框设置了一个 autocomplete 属性。

```
<input type="text" name="school" autocomplete ="on" />
```

（4）required 属性

HTML5 中新增的 required 属性可以应用在大多数输入标签上（除了隐藏标签、图片标签外）。在提交时，如果标签中的内容为空白，则不允许提交，同时在浏览器中提示用户这个标签中必须输入内容。

（5）pattern 属性

HTML5 新增的 email、number、url 等 input 类型的元素，要求输入的内容符合一定的格式。如果对<input>标签使用 pattern 属性，并且将属性值设为某个格式的正则表达式，在提交时会检查其内容是否符合给定格式。当输入的内容不符合给定格式时，就不允许提交，同时在浏览器中显示信息提示文字。例如：

```
<input  type="text" pattern="[0-9][A-Z]{3}" name=part placeholder="输入内容:一个数字与三个大写字母。" />
```

7.3.2 <form>标签

<form>标签在 HTML5 中的功能也有了较大改进。在 HTML4 中，表单的标签必须书写在表单内部。但是在 HTML5 中，可以将表单标签写在页面的任何位置，然后给该标签指定一个 form 属性，属性值为该表单的 id（id 是表单的唯一属性标识），通过这种方式声明该标签属于哪个具体的表单。例如：

```
<form id="myform">
    姓名：<input type="text" value="aaaa" /><br/>
    确认： <input type="submit" name="s2" />
</form><br/>
    简历：<textarea form="myform"></textarea>
```

7.3.3 <datalist>标签

<datalist>标签用于实现网页中自动输入文本提示功能，例如，在百度搜索框中输入内容时，搜索框下方会显示提示内容列表，如图 7.31 所示。<datalist>标签中的列表内容使用<option>创建，使用时需要把<datalist>标签绑定到文本框上。

图 7.31　<datalist>标签应用效果

例如：

```
<p>请输入您最喜欢的科目：</p>
<input type="text" list="mylist1">
    <datalist id="mylist1">
        <option value="电路原理">
        <option value="数字电路">
        <option value="模拟电路">
```

```
        <option value="计算机原理">
    </datalist>
</br>
```

运行结果如图 7.32 所示。

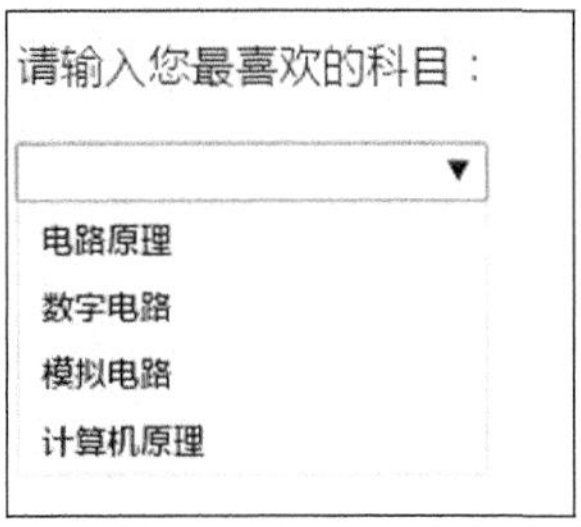

请输入您最喜欢的科目：

▼

电路原理

数字电路

模拟电路

计算机原理

图 7.32 运行结果

7.4 小结

本章介绍了 HTML5 的基础知识和 HTML5 的常用标签、表单标签，并对 HTML5 中表单标签的定义和应用进行了重点讲解。

08 第8章　EL和JSTL

EL（Expression Language，表达式语言）是一种 JSP 表达式语言，它原本是 JSTL（JavaServer Pages Standard Tag Library，JSP 标准标签库）为方便存取数据而自定义的语言。由于 EL 与 JSTL 配合使用功能强大，且能简化 JSP 脚本代码，它们现已成为 JSP 标准的一部分。本章将重点介绍这两部分内容。

本章内容：

- EL 概述；
- EL 表达式使用方法；
- JSTL 标签使用方法；
- EL 与 JSTL 的综合应用。

8.1　EL 概述

EL 的主要目的是简化 JSP。EL 是一种简单的语言，提供了对命名空间（PageContext 属性）、嵌套属性、集合操作符（算术型、关系型和逻辑型）、JSP 隐含对象以及 JavaBean 对象的访问方式。

EL 除了具有语法简单、使用方便的特点，还具有以下特点。

（1）EL 既可以与 JSTL 结合使用，又可以与 JavaScript 语句结合使用。

（2）EL 中会自动进行类型转换。如果想通过 EL 输入两个字符串型数值（如 number1 和 number2）的和，可以直接通过“+”进行连接（如 ${number1+number2}）。

（3）EL 不仅可以访问一般的变量，而且还可以访问 JavaBean 中的属性以及嵌套属性和集合对象。

（4）在 EL 中可以执行算术运算、逻辑运算、关系运算和条件运算等。

（5）在 EL 中可以获得命名空间（PageContext 对象是页面中所有其他内置对象的最大范围的集成对象，通过它可以访问其他内置对象）。

（6）在使用 EL 进行除法运算时，如果 0 作为除数，则返回无穷大 Infinity，不返回错误。

（7）在 EL 中可以访问 JSP 的作用域（request、session、application 及 page）。

（8）扩展函数可以与 Java 类的静态方法进行映射。

8.2　EL 表达式

8.2.1　EL 表达式语法

EL 表达式语法很简单，它以“${”开头，以“}”结束，中间为合法的表达式，具体的语法格式如下：

```
${expression}
```

其中，expression 用于指定要输出的内容，既可以是字符串，又可以是由 EL 运算符组成的表达式。

说明：由于 EL 表达式的语法以“${”开头，所以如果要在 JSP 网页中显示“${”字符串，必须在前面加上“\”，即“\${”，或者写成“${'${'}”，也就是用表达式来输出“${”。

在 EL 表达式中要输出一个字符串，可以将此字符串放在一对单引号或双引号内。例如，要在页面中输出字符串“Java EE 实用开发教程”，使用下面任意一行代码都可以。

```
${'Java EE 实用开发教程'}
${" Java EE 实用开发教程"}
```

例如，可以使用 EL 表达式来输出某个变量的值。

```
<%
    Map names = new HashMap();
    names.put("one","LiYang");
    names.put("two","WangHua");
    request.setAttribute("names",names);
%>
姓名：${names.one}<br/>
姓名：${names["two"] }<br/>
```

运行结果如图 8.1 所示。

图 8.1　运行结果

在 EL 中，也可以进行运算处理，同 Java 语言一样，EL 支持多种运算符，如算术运算符、关系运算符、条件运算符等，各运算符及其用法如表 8.1 所示。

表 8.1　　EL 运算符及其用法

分类	运算符	功能	示例	结果
算术运算	+	加	${12+13}	25
	-	减	${12-3}	9
	*	乘	${12*3}	36
	/（或 div）	除	${12/3}	4
	%（或 mod）	取模（或求余）	${10%3}	1
关系运算	==（equ）	相等(类似 Java 的 equal 方法）	${param.user=='u1'}	相等为 true
	>（gt）	大于	${10>3}	ture
	<（lt）	小于	${10<3}	false
	!=（ne）	不等	${param.user!='u1'}	不等为 true
	>=（ge）	大于等于	${10>=3}	true
	<=（le）	小于等于	${10<=3}	false
逻辑运算	&&（and）	逻辑与	${1<2&&4<3}	false
	||（or）	逻辑或	${1<2||4<3}	true
	!（not）	逻辑非	${!(1<2)}	true
是否为空	empty	对象为 null 或 empty 返回 true，否则返回 false	${empty null}	true
条件运算	条件?式 1:式 2	条件为 true，返回表达式 1 值，否则返回表达式 2 值	${1>2?3:4}	4

【例 8.1】 EL 表达式。

新建一个 EL.jsp 页面，输入如下代码。

```
<%@page contentType="text/html"%>
<%@page pageEncoding="UTF-8"%>
<html>
    <head><title>EL 有效表达式</title></head>
    <body>
    ${true} <br>
    ${23+15.28} <br>
    ${12>10} <br>
    ${(12>10)&&(a!=b)}
    </body>
</html>
```

运行结果如图 8.2 所示。

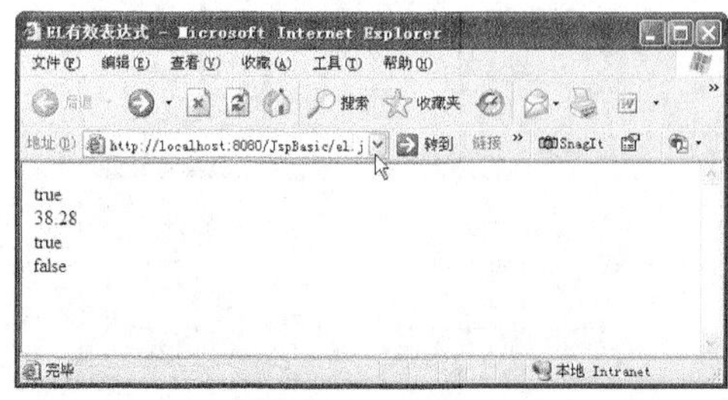

图 8.2　运行结果

8.2.2 EL 隐含对象

在 JSP 中存在 JSP 内置对象，这些对象无须任何声明就可以直接使用。EL 中也有自身的内置对象，通过这些对象可以访问 JSP 页面中常用对象的属性。

（1）pageContext 对象

等价于 JSP 中的 pageContext 对象，通过它可以访问 ServletContext、request、response 和 session 等对象及其属性。例如：

```
${pageContext.request.method}//客户端请求方法
${pageContext.response.contentType}//页面的 contentType 信息
${pageContext.session.createTime}//会话的创建时间
```

（2）作用域内置对象

EL 中允许直接访问通过 setAttribute 被绑定到不同范围（page、request、session 和 application）的属性变量。作用域内置对象有如下 4 个。

① pageScope：访问绑定在 pageContext 上的对象。

② requestScope：访问绑定在 request 上的对象。

③ sessionScope：访问绑定在 session 上的对象。

④ applicationScope：访问绑定在 application 上的对象。

语法格式：

```
${作用域内置对象.属性名}
```

例如，通过作用域内置对象 requestScope 访问属性。

```
<body>
<% request.setAttribute("userName","Tom"); %>
${requestScope.userName}
</body>
```

在访问绑定不同作用域范围的属性变量时，可以省略前面作用域对象的限定。如访问上面的 userName 属性可以简写为：

```
${userName}
```

当省略了作用域对象后，EL 将按照 page、request、session、application 的顺序查找。若在不同的范围内使用相同的属性名绑定了多次，则以范围最小的为准。若没有以指定名称绑定的属性，则返回空字符串。

（3）请求头部内置对象

用来访问请求头部中的信息。

① header：访问请求头部中值为单值的属性。

② headerValues：访问请求头部中值为多值的属性。

③ Cookie：访问请求头部中的 Cookie 信息。

例如：

```
${header.Host}
```

【例 8.2】 EL 实现计算器。

新建一个 cal.jsp 页面，输入如下代码。

```
<%@page language ="java" contentType="text/html;charset=utf-8"%>
```

```
<html><head><title>8-1.jsp</title></head>
<body><h1 align="center">加法计算器</h1>
<form action="">
<input type="text" name="num1" value="${param.num1}"/>
<input type="text" name="num2" value="${param.num2}"/>
<input type="text" name="num3" value="${param.num1+param.num2}" /> 
<input type="submit"  value="计算"/>
</form>
</body>
</html>
```

运行结果如图 8.3 所示。

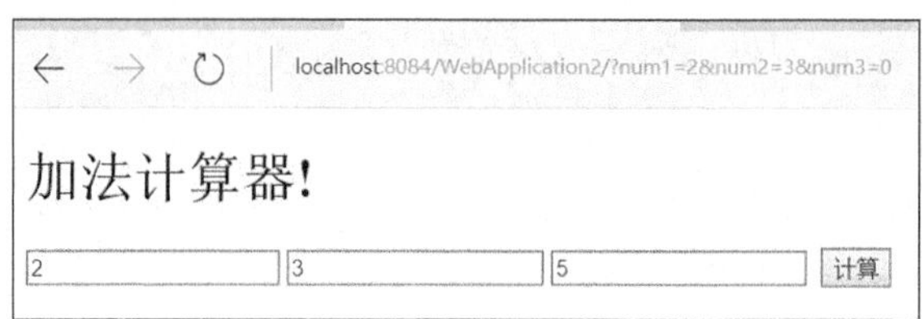

图 8.3　计算器运行结果

8.3　JSTL

JSTL（JSP 标准标签库）是一个实现 Web 应用程序中常用功能的定制标签库集，这些功能包括输出、程序流程控制、数据管理格式化、XML 操作以及数据库访问等。JSTL 可实现大量服务器端 Java 应用程序常用的基本功能。JSTL 使 JSP 的开发者可以专注于特定应用程序的开发需求。

JSTL 的第一个版本 1.0 发布于 2002 年 6 月，从 1.1 版本开始，它就成为 Java EE 标准的核心技术规范，J2EE 1.4 规范支持的 JSTL 版本为 1.1，它要求 Servlet 2.3 和 JSP 1.2 以上版本的 Web 容器的支持。在 Java EE 5 规范中支持的 JSTL 版本为 1.2，它要求 Servlet 2.4 和 JSP 2.0 以上版本的 Web 容器的支持。

JSTL 的推出大大提高了 JSP 页面的开发效率，为页面设计人员和程序开发人员的分工协作提供了便利。

有了 JSTL，Java Web 开发人员就可以将精力专注于实现特定的业务逻辑，而不必费力去实现迭代和条件判断等通用功能，开发效率大大提高了。另外，统一的 JSTL 也大大提高了 Java Web 应用的兼容性和可移植性。

JSTL 提供的标签库主要分为 5 类，具体如表 8.2 所示。

表 8.2　JSTL 提供的标签库

标签库名称	前缀	说明
core	c	核心功能实现，包括变量管理、迭代和条件判断等
I18N	fmt	国际化，数据格式显示
SQL	sql	操作数据库
XML	x	操作 XML
Fn	fn	常用函数库，包括 String 操作、集合类型操作等

核心标签库用来实现 Web 应用中最常用的功能，在 JSTL 的 5 个标签库中，core 标签库是最基础的标签库，其他标签库都是在 core 标签库的协同下来实现自身功能。

在核心标签库中，主要包含以下几类标签。

① 通用标签：<c:out>、<c:set>、<c:remove>。

② 条件标签：<c:if>、<c:choose>、<c:when>、<c:otherwise>。

③ 迭代标签：<c:forEach>、<c:forTokens>。

④ URL 标签：<c:import>、<c:url>、<c:redirect>、<c:param>。

（1）<c:out>标签

<c:out>标签负责把变量或表达式的计算结果输出，其功能与调用 out.println()基本一致。<c:out>可以包含标签体内容，也可以不包含标签体内容。

当不包含标签体内容时，语法格式如下：

```
<c:out value="var"  [escapeXml]="{true|false}"  [default="defaultValue"]/>
```

其中，当属性 default 的值为变量 var 不存在时，标记缺省显示的内容。

（2）<c:set>标签

<c:set>标签用于在某个范围（page、request、session 或 application）里设置特定的变量，或者设置某个已经存在的 Javabean 的属性。其功能类似<%request.setAttribute("name", value)%>。

当不包含标签体内容时，语法如下：

```
<c:set value="value" var="varName" [scope="{page|request|session|application}"]
/ >
```

其中，属性 var 为设置的变量的名称，value 为变量的值，scope 为可选属性，表示设置变量的范围，缺省为 page。

（3）<c:remove>标签

<c:remove>标签用于删除某个变量，类似<%session.removeAttribute("name")%>。

它的语法格式为：

```
<c:remove var="varName" [scope= "{page|request|session|application}"] / >
```

其中，属性 var 为要删除的变量的名称。

（4）<c:if>标签

<c:if>标签用于条件选择，类似编程语言中的 if-else 语句。

格式举例：

```
<c:if  test="$param.role==1" var="user" scope="session">
    It is admin.
</c:if>
```

test 属性表示需要比较的内容，使用 EL 表达式将比较内容写在 EL 表达式的花括号里，即 ${比较内容}。

所以页面上输出内容应该是 num>3。

此外，<c:if>标签还提供了其他两个属性，如图 8.4 所示。

```
<c:if test="${num == 5}" var="result" scope="page" />
num ==5 ${result}
```

图 8.4　<c:if>标签

var：表示声明一个变量 result，即将${num == 5}结果赋值给 result。

scope：表示作用域的范围。

所以页面显示内容应该是：num == 5 true。

（5）多分支标签<c:choose><c:when><c:otherwise>

<c:choose><c:when><c:otherwise>标签用于实现复杂判断，类似 if-else-if 语句。

格式举例：

```
<c:choose>
<c:when test="${param.sample==1}"> not 2 ,it is 1 </c:when>
<c:when test="${param.sample==2}"> not 1 ,it is 2 </c:when>
<c:otherwise> not 1,2 </c:otherwise>
</c:choose>
```

（6）<c:forEach>标签

其作用类似于 for 循环语句。

格式举例：

```
<c:forEach var="i" begin="1" end="10" step="1">
${i} <br/>
</c:forEach>
```

运行结果如图 8.5 所示。

```
c:forEach标签：作用类似for循环语句。格式举例：
1
2
3
4
5
6
7
8
9
10
```

图 8.5 运行结果

其中，var 属性是对当前成员的引用，即如果当前循环到第一个成员，那么 var 引用第一个成员，如果当前循环到第二个成员，就引用第二个成员，依此类推。items 属性指定被迭代的集合对象。varStatus 属性用于存放 var 引用的成员的相关信息，如索引等。begin 属性表示开始的位置，默认为 0，该属性可以省略。end 属性表示结束位置，该属性可以省略。step 属性表示循环的步长，默认为 1，该属性可以省略。

8.4 综合案例

【例 8.3】 EL 和 JSTL。

下面以之前介绍的“用户管理系统”为例，结合 EL+JSTL 技术，通过用户管理系统来向读者展示 EL+JSTL 的应用。

打开 MyEclipse，新建项目 Chap8-1 EL JSTL，如图 8.6 所示。

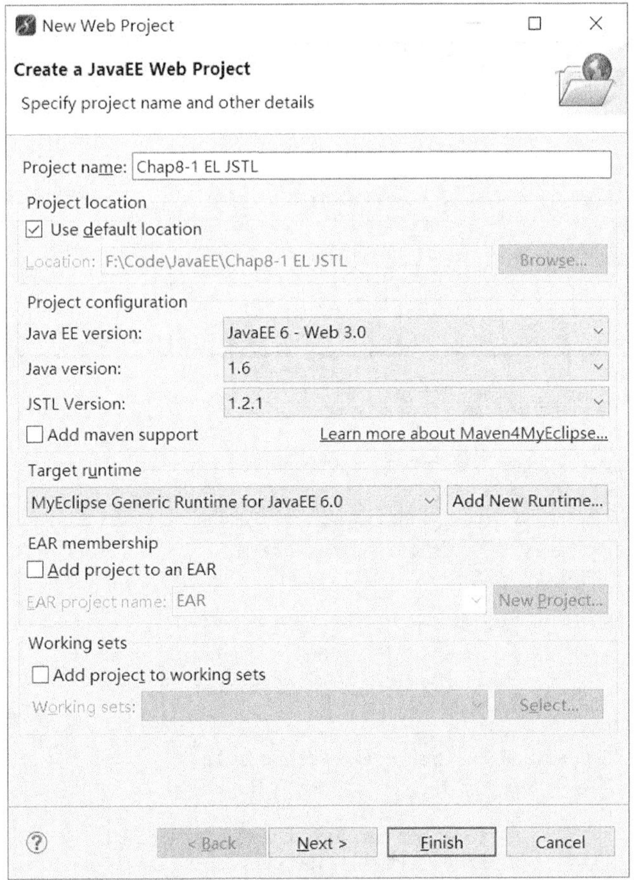

图 8.6　新建项目 Chap8-1 EL JSTL

按图 8.7 所示，分别建立包、类、JSP 页面，每个包、类及 JSP 页面的功能说明如表 8.3 所示。

图 8.7　项目 Chap8-1 EL JSTL 项目结构

表 8.3　　　　Chap8-1 EL JSTL 项目结构的功能说明

所属包	名称	说明
—	index.jsp	首页
—	list.jsp	显示所有用户数据页面
action	UserServlet	控制层处理类（Servlet 类）
com	MyDB	数据访问层类
com	User	用户实体类
com	UserDao	用户业务处理类

其中，MyDB.java 代码如图 8.8 所示。

```
import java.sql.*;
public class MyDB {
     private Connection con;
     private PreparedStatement presmt;
    public MyDB()
     {
         try{
        Class.forName("sun.jdbc.odbc.JdbcOdbcDriver");
        con=DriverManager.getConnection("jdbc:odbc:JDBCB");
         }catch(Exception e){}
     }
     public ResultSet query(String sql)
     {
         try{
             Statement smt=con.createStatement();
             return smt.executeQuery(sql);
         }
         catch(Exception e)
         {
             e.printStackTrace();
         }
         return null;
     }
```

图 8.8　MyDB 类

User.java 代码如图 8.9 所示，其中成员变量都要按属性封装，添加 get()与 set()方法。

```
public class User {
  private int id;
  private String name;
  private String password;
  private String sex;
  private String email;
  private String info;
```

添加get()与set()方法

图 8.9　User 类

UserDao.java 代码如图 8.10 所示。

UserServlet.java 代码如图 8.11 所示。

```
public class UserDao {
     public List<User> getallUser()
     {   MyDB mdb=new MyDB();
         ArrayList<User> res=new ArrayList<User>();
         ResultSet rs=mdb.query2("select * from user");
         try{
           while(rs.next())
           {
               User us=new User();
               us.setId(rs.getInt("id"));
               us.setName(rs.getString("name"));
               us.setPassword(rs.getString("password"));
               us.setEmail(rs.getString("email"));
               us.setInfo(rs.getString("info"));
               us.setSex(rs.getString("sex"));
               res.add(us);
           }
           rs.close();
         return res;
         }catch(Exception e)
         {  e.printStackTrace();    }
         return null;     }
```

图 8.10　UserDao 类

```
public class UserServlet extends HttpServlet {
  public void service(HttpServletRequest request, HttpServletResponse response)
          throws ServletException, IOException
   {
       String method = request.getParameter("method") == null?"":request.getParameter("method");
        UserDao ud=new UserDao();
        if("list".equals(method))
        {
            request.setAttribute("userlist",ud.getallUser());
           ServletContext application=this.getServletContext();
           RequestDispatcher go=application.getRequestDispatcher("/list.jsp");
            go.forward(request, response);
        }
```

图 8.11　UserServlet 类

在 index.jsp 页面插入如下代码：

```
<jsp:forward page="/UserServlet?method=list"/>
```

list.jsp 页面代码如图 8.12 所示。

```
<c:forEach  var= "user"   items= "${requestScope.userlist}" >
<tr class="t1">
<td >${user.name}</td>
<td >${user.password}</td>
<td >${user.email}</td>
<td >${user.sex}</td>
<td>${user.info}</td>
</tr>
</c:forEach>
<tr>
```

图 8.12　list.jsp 页面代码

从图 8.11 中可以看出，在 UserServlet 中获取所有用户数据后，该数据是存放在 request 对象中，然后将数据推送到 list.jsp 页面；在图 8.12 中使用迭代标签读取 request 中的数据 userlist，遍历显示。

8.5 小结

本章主要介绍了 Java EE 中的常用表达式语言 EL。此外，本章还介绍了 Java EE 中常用的基础标签库 JSTL。

09 第9章　Struts基本原理

Struts是目前使用广泛的一种框架。Struts建立在Servlet、JSP、XML等技术基础上，很好地实现了MVC设计模式，使软件设计人员可以把精力放在复杂的业务逻辑上。使用Struts框架，开发人员可以快速开发易于重用的Web应用程序。本章选择目前使用广泛的Struts 2为切入点，讲解Struts 2的原理、配置及应用。

本章内容：

- Struts 2的原理；
- Struts 2的应用及配置；
- Action类；
- 拦截器的应用。

9.1　Struts 2概述

Struts 2由Struts 1发展而来，但在技术体现上完全不同于Struts 1，Struts 1是基于Servlet和JSP技术实现的，Struts 2是基于WebWork框架发展而来的。

Struts 1是全世界第一个发布的MVC框架，它由克雷格·麦克拉纳汉（Craig McClanahan）在2001年发布。该框架一经推出，就得到了Java Web开发者的广泛拥护，经过多年时间的锤炼，Struts 1框架更加成熟、稳定，性能也有了很好的保证。因此，到目前为止，Struts 1依然是世界上使用非常广泛的MVC框架之一。

Struts 1虽然使用广泛，但Struts 1设计较早，也存在一些问题，归纳起来有以下几点。

（1）所支持的表现层技术比较单一。Struts 1只支持JSP，不支持目前流行的FreeMarker、Velocity等。

（2）与Servlet API耦合严重，难于测试。Struts 1完全是基于Servlet API的，所以在Struts 1的业务逻辑控制器内，充满了大量的Servlet API。Struts 1对Servlet API较为依赖，所以Struts 1中Action非常依赖于Web

服务器，Action 通常由 Web 容器负责实例化。一旦脱离了 Web 服务器，Action 将很难测试。

（3）Struts 1 属于侵入式设计。Action 中包含了大量的 Struts 1 的 API，影响了代码的重构。一旦系统需要重构，这些 Action 类将完全没有利用价值，成为一堆废品。

Struts 2 是在 WebWork 2 基础上发展而来的。与 Struts 1 一样，Struts 2 也属于 MVC 框架。虽然 Struts 1 和 Struts 2 的应用方向和框架模式及标签定义格式都相同，但 Struts 2 还是有了很大的改进，主要归纳起来有以下几点。

（1）采用无侵入式设计。在设计方式上，Struts 2 没有像 Struts 1 那样严重依赖 Servlet API 和 Struts API，Struts 2 的应用可以不需要 Servlet API 和 Struts API。

（2）Struts 2 中提供了拦截器，实现了如权限拦截等多种功能。

（3）Struts 2 提供了类型转换器，可以把特殊的请求参数转换成需要的类型。

（4）Struts 2 提供支持多种表现层的技术，如 JSP、freeMarker、Velocity 等。

（5）Struts 2 的输入校验可以用指定方法进行校验，解决了 Struts 1 中数据验证的问题。

（6）提供了全局范围、包范围和 Action 范围的国际化资源文件管理实现。

9.2 Struts 2 的配置及原理

9.2.1 第一个 Struts 2 程序

Struts 2 开发包可以去其官网下载，如图 9.1 所示。下载之后解压即可看见 Struts 2 框架文件结构如图 9.2 所示。

图 9.1 下载 Struts 2 开发包

```
apps                      FREEMARKER-LICENSE.txt   XSTREAM-LICENSE.txt
docs                      LICENSE.txt              XWORK-LICENSE.txt
lib                       NOTICE.txt
src                       OGNL-LICENSE.txt
ANTLR-LICENSE.txt         SITEMESH-LICENSE.txt
CLASSWORLDS-LICENSE.txt   XPP3-LICENSE.txt
```

图 9.2 Struts 2 框架文件结构

- apps 目录：Struts 2 示例应用程序；
- docs 目录：Struts 2 指南、向导、API 文档；
- lib 目录：Struts 2 的发行包及其依赖包；
- src 目录：Struts 2 项目源代码。

下面介绍 Struts 2 中的基本功能包。

- struts2-core-xxx.jar：开发的核心类库；
- freemarker-xxx.jar：Struts 2 的 UI 标签的模板使用 freemarker 编写；
- commons-logging-xxx.jar：日志包；
- ognl-xxx.jar：对象图导航语言，通过它来读/写对象属性；
- xwork-core-xxx.jar：xwork 类库，Struts 2 在其上进行构建；
- commons-fileupload-xxx.jar：文件上传组件，2.1.6 版本后必须加入此包。

一般来说，Struts 2 的开发过程如下：

① 加载 Struts 2 类库；
② 配置 web.xml 文件；
③ 开发视图层页面；
④ 开发控制层 Action；
⑤ 配置 struts.xml 文件；
⑥ 部署、运行项目。

MyEclipse 中内置了 Struts 2，也就省去了下载、加载 Struts 2 开发环境这一过程，在 MyEclipse 中可以直接在 Web 项目中添加 Struts 2 开发环境。

【例 9.1】 第一个 Struts 程序。

打开 MyEclipse，新建一个名为 Chap9.1 的 WebProject 项目，选中该项目并单击鼠标右键，在弹出菜单中选择“MyEclipse”→“Project Facets[Capabilities]”→“Install Apache Struts(2.x) Facet”选项，如图 9.3 所示。将会弹出“Install Apache Struts(2.x)Facet”对话框，在对话框中选择 Struts 的版本 2.1 及运行环境“MyEclipse Tomcat v7.0”后单击“Next”按钮，如图 9.4 所示。选择 Struts 2 请求地址扩展名为“/*”后单击“Next”按钮，如图 9.5 所示。选择 Struts 2 需要调用功能包，本案例中只需使用 Struts 2 核心包，此处不用修改，单击“Finish”按钮，如图 9.6 所示。

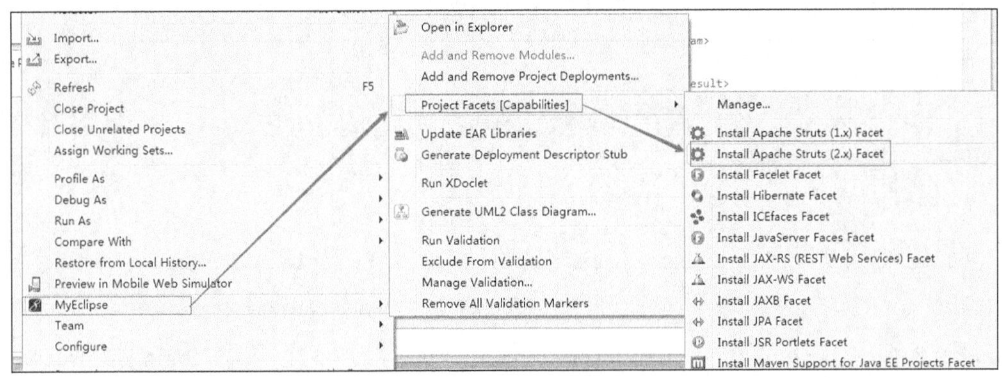

图 9.3　为项目添加 Struts 2 框架

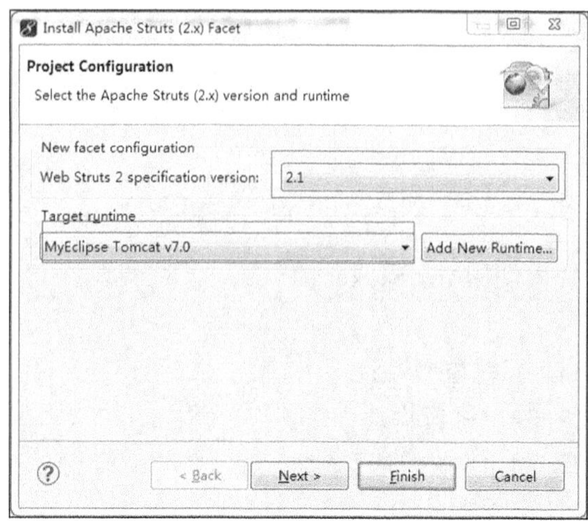

图 9.4　选择 Struts 2 版本

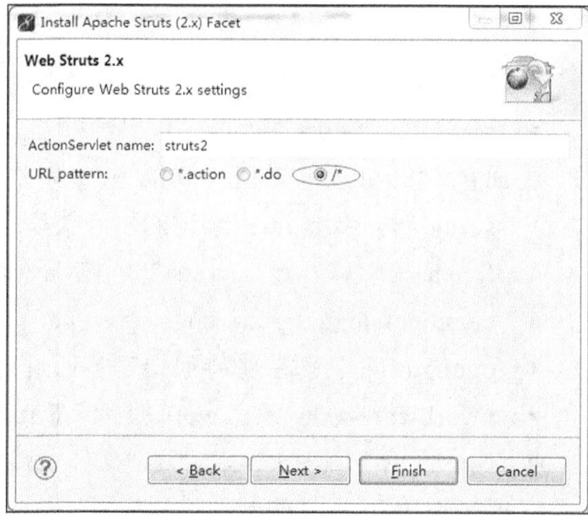

图 9.5　选择 Struts 2 请求地址扩展名

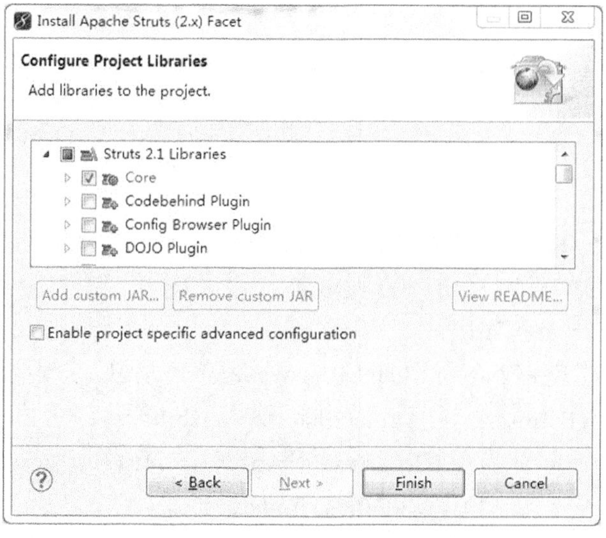

图 9.6　选择 Struts 2 核心包

将 Struts 2 添加到项目中后，双击 web.xml 文件，可看到 Struts 2 使用过滤器启动，将过滤器的类改为 org.apache.struts2.dispatcher.FilterDispatcher 类，如图 9.7 所示。

```
<filter>
  <filter-name>struts2</filter-name>
  <filter-class>org.apache.struts2.dispatcher.FilterDispatcher</filter-class>
</filter>
<filter-mapping>
  <filter-name>struts2</filter-name>
  <url-pattern>*</url-pattern>
</filter-mapping>
```

图9.7　web.xml文件

如图 9.8 所示，选择项目中的 WebRoot 文件夹，分别添加 3 个网页：login.jsp、success.jsp、fail.jsp。

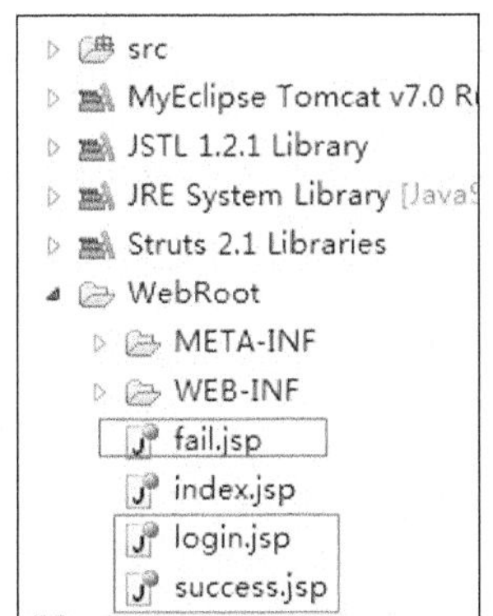

图 9.8　添加 3 个网页

首先在 login.jsp 页面头部插入<%@ taglib prefix="s" uri="/struts-tags" %>，增加 Struts 2 标签支持，然后使用 Struts 中的 form 标签设置一个表单，代码如图 9.9 所示。

```
<%@ page language="java" import="java.util.*" pageEncoding="UTF-8"%>
<%@ taglib prefix="s" uri="/struts-tags" %>
<%

<!DOCTYPE HTML PUBLIC "-//W3C//DTD HTML 4.01 Transitional//EN">
<html>
  <head>

  <body>
  <form action="login.action" >
        <div>
        用户名： <s:textfield name="name"/>
        </div>
        <div>
        密  码： <s:password name="password"/>
        </div>
        <input type="submit" value="提交" />
    </form>
  </body>
```

图 9.9　login.jsp 代码

在 fail.jsp 页面的头部插入<%@ taglib prefix="s" uri="/struts-tags" %>，fail.jsp 的具体代码如图 9.10 所示。

```
<%@ page language="java" import="java.util.*" pageEncoding
<%@ taglib prefix="s" uri="/struts-tags" %>
<%

<!DOCTYPE HTML PUBLIC "-//W3C//DTD HTML 4.01 Transitional/
<html>
  <head>

  <body>
    <s:property value="message"/>
  </body>
</html>
```

图 9.10　fail.jsp 代码

在 success.jsp 页面的头部也插入<%@ taglib prefix="s" uri="/struts-tags" %>，success.jsp 的具体代码如图 9.11 所示。

```
<%@ page language="java" import="java.util.*" pageEncoding="UTF
<%@ taglib prefix="s" uri="/struts-tags" %>
<%

<!DOCTYPE HTML PUBLIC "-//W3C//DTD HTML 4.01 Transitional//EN">
<html>
  <head>

  <body>
   <s:property value="message"/>
  </body>
</html>
```

图 9.11　success.jsp 代码

选择项目中的 src 文件夹，单击鼠标右键，新建一个名为 com.action 的包，如图 9.12 所示。

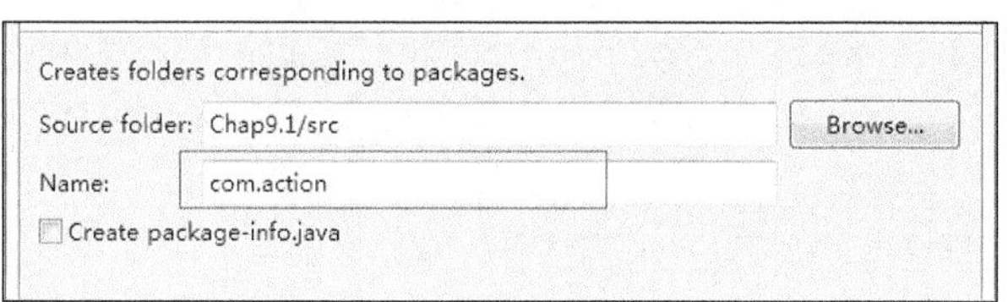

图 9.12　添加 com.action 包

选择 com.action 包新建 UserAction 类，如图 9.13 所示，UserAction 类的代码如图 9.14 所示。

```
Chap9.1
  src
    com.action
      UserAction.java
    struts.xml
```

图 9.13　添加 UserAction 类

```
public class UserAction {
    private String name;
    private String password;
    private String message;
    public String execute()    {
          if(getName().equals("admin")&& getPassword().equals("123456"))
          {
              setMessage("登录成功，欢迎您回来");
              return "success";
          }
          setMessage("登录失败，请重新登录");
           return "fail";
      }
    public String getName() {
    public void setName(String name) {
    public String getPassword() {
    public void setPassword(String password) {
    public String getMessage() {
    public void setMessage(String message) {
```

图 9.14　UserAction 类的代码

双击打开 src 文件夹中的 struts.xml 文件，对 Struts 进行配置，如图 9.15 所示。

```
<?xml version="1.0" encoding="UTF-8" ?>
<!DOCTYPE struts PUBLIC "-//Apache Software Foundation//DTD Strut
<struts>
  <package name="default" extends="struts-default">
        <action name="login" class="com.action.UserAction" >
          <result name="input">login.jsp</result>
          <result name="success">success.jsp</result>
          <result name="fail">fail.jsp</result>
        </action>
    </package>
</struts>
```

图 9.15　struts.xml 配置

配置完成后，启动项目，选择在 Tomcat 7 下运行，进入 login.jsp 页面。用户输入正确的用户名及密码（admin、123456）后，系统会输出欢迎信息；输入错误的用户名及密码后，系统会输出登录失败的信息，如图 9.16 所示。

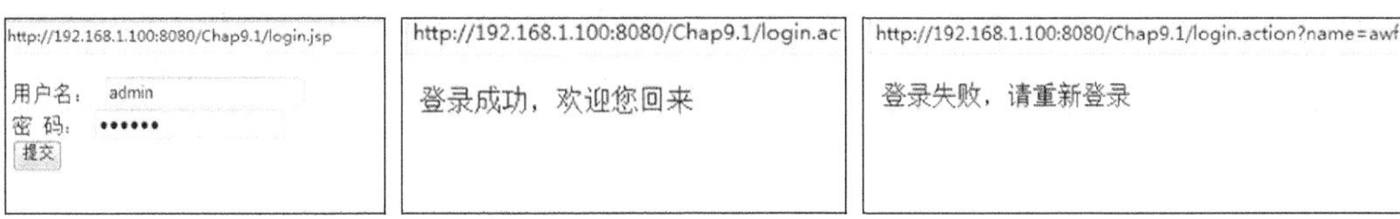

图 9.16　运行结果

9.2.2　Struts 2 的原理

Struts 2 是一个完全基于 MVC 模式的 Web 系统框架，它明确地划分了视图、控制、模型三个层次。通过例 9.1 中的 web.xml 文件可以看出，Struts 2 首先是通过过滤器启动的，具体处理流程如下。

（1）客户端发起一个 Web 访问请求。

（2）请求被提交到一系列（主要是三层）的过滤器（Filter），如 ActionContextCleanUp、其他过滤器（SiteMesh 等）、FilterDispatcher。例如，例 9.1 中就使用了 FilterDispatcher 过滤器，接收 Action 请求。

（3）FilterDispatcher 接收到请求后，询问 ActionMapper 是否需要调用某个 Action 来处理这个（HttpServletRequest）请求，如果 ActionMapper 决定需要调用某个 Action，FilterDispatcher 就会把请求的处理交给 ActionProxy。

（4）ActionProxy 通过 Configuration Manager 查询框架的配置文件 struts.xml，根据提交请求的地址，去 struts.xml 文件查找与之相对应的 Action，及需要调用的 Action 类。例如，例 9.1 中 login.action 请求对应的 Action 就是 login，而 login 对应的就是 UserAction 类，如图 9.17 所示。

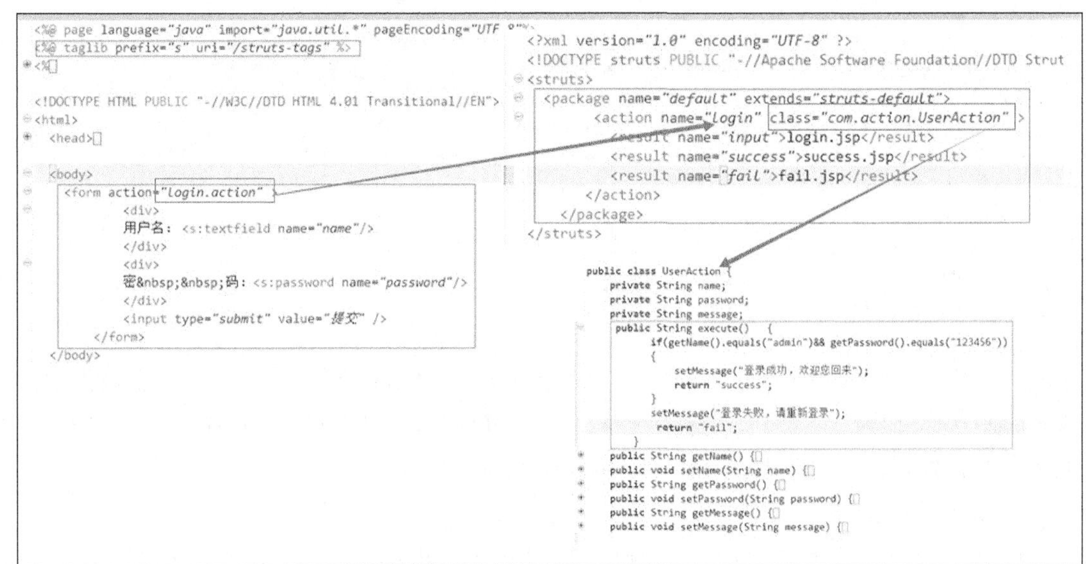

图 9.17　Struts 2 运行原理

（5）ActionProxy 创建一个 ActionInvocation（Action 的调用者）实例，同时 ActionInvocation 通过代理模式调用 Action。但在调用之前，ActionInvocation 会根据配置加载 Action 相关的所有 Interceptor（拦截器）。

（6）一旦 Action 执行完毕，ActionInvocation 会根据 struts.xml 中的配置找到对应的返回结果 result。然后根据结果返回对应的视图呈现给客户端（JSP、FreeMarker 等），整个处理流程如图 9.18 所示。

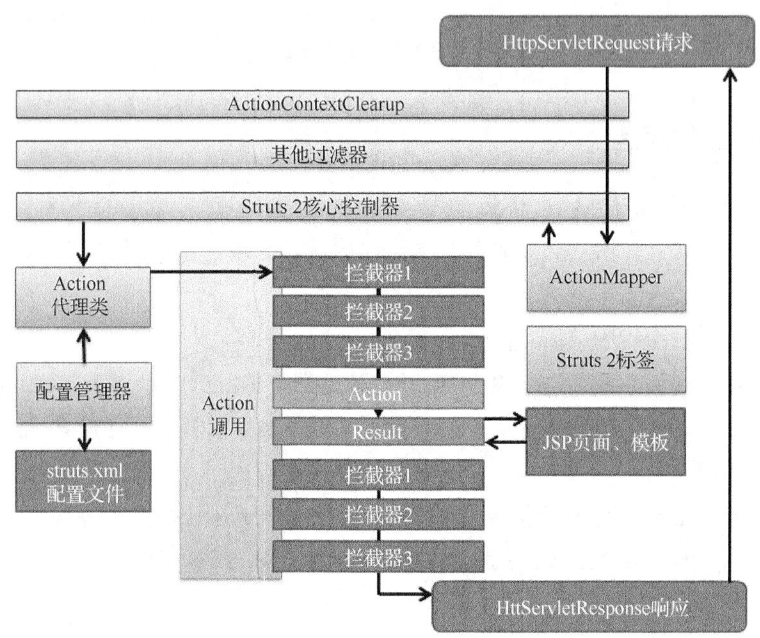

图 9.18　Struts 2 运行流程

使用 Struts 2 可能会涉及 web.xml 和 struts.xml 两个文件，下面对它们进行详细介绍。

（1）web.xml 文件

后面的 webapp 标签中配置了下面一段代码。

```
<filter>
       <filter-name>struts2</filter-name>
       <filter-class>org.apache.struts2.dispatcher.ng.filter.
   StrutsPrepareAndExecuteFilter</filter-class>
   </filter>
   <filter-mapping>
       <filter-name>struts2</filter-name>
       <url-pattern>/*</url-pattern>
   </filter-mapping>…
```

从上述代码中可以看出，这里面配置了一个过滤器。Filter 过滤器是 Java 项目开发中的一种常用技术。它是用户请求和处理程序之间的一层处理程序。它可以对用户请求和处理程序响应的内容进行处理，通常用于权限控制、编码转换等场合。

（2）struts.xml 文件

struts.xml 文件通常放在 Web 应用程序的 WEB-INF/classes 目录下，该目录下的 struts.xml 将被 Struts 2 框架自动加载。

struts.xml 文件是一个 XML 文件，其文件结构如图 9.15 所示，struts.xml 文件中有四类主要标签，分别是<struts>、<package>、<action>、<result>，其中，<struts>是主标签。

① <struts>标签。<struts>标签是 Struts 配置中的主标签，在<struts>标签下可定义包、Action、拦截器、constant 常量等内容。

② <package>标签。Struts 2 框架中使用包（package）来管理 Action 和拦截器等。每个包可由多个 Action、多个拦截器和多个拦截器引用组合而成。使用<package>标签可以将逻辑上相关的 Action、Result、Intercepter 等组件划为一组，<package>标签像类一样，可以继承其他的<package>标签，也可以被其他 package 继承，甚至可以定义一个<package>标签为抽象的 package。

定义<package>标签时可以指定如下几个属性。

- Name：package 的表示，便于让其他的 package 引用。
- Extends：定义从哪个 package 继承。
- Namespace：继承参考 Namespace 配置说明。
- Abstract：定义这个 package 是否为抽象的，抽象的 package 中不需要定义 action。
- Package：定义包配置，每个 package 标签均可定义一个包配置。
- Action：定义拦截器等。

③ <action>标签。设置<action>就是让 Struts 2 容器知道该 Action 类存放的位置，并且能调用该 Action 来处理用户请求。因此，Action 是 Struts 2 的基本“程序单位”，即在 Struts 2 框架中的每一个 Action 都是一个工作单元。

<action>负责将一个请求对应到一个 Action 处理上去，每当一个 Action 类匹配一个请求的时候，这个 Action 类就会被 Struts 2 框架调用。Action 只是一个控制器，它并不直接对浏览者生成任何响应，因此，Action 处理完用户请求后，需要将指定的视图资源呈现给用户。因此，配置 Action 时，应该配置逻辑视图和物理视图资源之间的映射。

每一个<action>可以配置多个 result、多个 ExceptionHandler、多个 Intercepter，但是一个<action>只能有一个 name，Action 通过 name 与 package 的组合进行区分，就像包名与类名的组合一样。

④ <result>标签。一个<result>代表一个可能的输出。当 Action 类中的方法执行完毕，返回一个字符串类型的结果代码，框架会根据这个结果代码选择对应的<result>，向用户输出。

```
<result name ="逻辑视图名" type ="视图结果类型"/>
        <param name ="参数名">参数值</param>
</result>
```

<param>中的 name 属性有两个值。

- location：指定逻辑视图。
- parse：是否允许在实际视图中使用 OGNL 表达式，参数默认为 true。

<result>中的 name 属性有如下的值。

- success：表示请求处理成功，该值也是默认值。
- error：表示请求处理失败。

- none：表示请求处理完成后不跳转到任何页面。
- input：表示输入时如果验证失败，应该跳转到什么地方（关于验证在后面会介绍）。
- login：表示登录失败后跳转的目标。

例如，Action 配置如下。

```
<package name="lee" extends="Struts-default">
     <action name="login" class="lee.LoginAction">
          <result name="input">/login.jsp</result>
          <result name="error">/error.jsp</result>
          <result name="success">/welcome.jsp</result>
     </action>
</package>
```

9.3 Action 类

Action 类是 Struts 2 中实现功能的主要类，同时也是 Struts 2 的核心部分，与 Struts 1 相比，Struts 2 在 Action 上改进是最多的。

9.3.1 Action 类的实现及应用

与 Struts 1 相比，Struts 2 在 Action 上有了很大的不同。Struts 2 将 Struts 1 中的 Action 和 ActionFrom 合二为一成 Action，且 Action 类的实现也要简单很多。在 Struts 2 中实现 Action 可以无须继承或者实现任何类、接口，只需实现一个返回字符串的 execute()方法即可，例如，例 9.1 中的 UserAction 类。Struts 1 与 Struts 2 中 Action 的区别如表 9.1 所示。

表 9.1　Struts 1 与 Struts 2 中 Action 的区别

	Struts 1	Struts 2
接口	必须继承 org.apache.struts.action.Action 或者其子类	无须继承任何类型或实现任何接口
表单数据	表单数据封装在 FormBean 中	表单数据包含在 Action 中，通过 getter()和 setter()可以获取

（1）Action 类的属性接收用户输入

Action 类可以直接使用其成员属性来接收用户的请求信息，使用此种方式需注意以下两点。

① 在 Action 类中提供了对应的属性及 set()与 get()方法。

② 在页面表单中设置表单标签的 name 属性与 Action 属性名称一致。

读者可以看看 login.jsp 页面中表单元素和 UserAction 类成员的属性。

（2）Action 类中获取 Web 对象

在使用 Struts 2 开发 Web 应用系统时，虽然 Struts 2 可以提供大部分应用，但有时我们仍然需要在 Action 中直接获取请求（Request）或会话（Session）的一些信息，甚至需要直接对 JavaServletHttp 的请求（HttpServletRequest）响应（HttpServletResponse）操作。Action 中获得 Web 对象的方式有以下两种。

① 非 IoC（Inversion of Control，控制反转）方式：使用 ActionContext 访问 Web 对象。

```
ActionContext getActionContext(); //静态方法，返回该类的实例
Map getApplication();//Map 中保存的是 ServletContext 作用域的对象
Map getSession();//session 作用域中的对象
Object get(Object obj);//相当于 HttpServletRequest 中的 getAttribute()方法
Map getParameters();//对应 HttpServletRequest 中 getParameter()与 getParameterValues()的组合
```

② IoC 方式：使用 Struts 2 Aware 拦截器访问 Web 对象。

获取 session：ServletActionContext.getRequest().getSession();。

获取 application：ServletActionContext.getServletContext();。

获取 request：ServletActionContext.getRequest();。

获取 response：ServletActionContext.getResponse();。

【例 9.2】将登录信息记录到 session。

接例 9.1，双击打开 UserAction 类，按图 9.19 所示修改其中的代码。

```
import javax.servlet.http.HttpSession;
import org.apache.struts2.ServletActionContext;

public class UserAction {
    private String name;
    private String password;
    private String message;
    private static final String CURRENT_USER = "CURRENT_USER";
     public String execute()    {
          if(getName().equals("admin")&& getPassword().equals("123456"))
          {
              HttpSession session = null;
               session = ServletActionContext.getRequest().getSession();
               if(session.getAttribute(CURRENT_USER) != null) {
                   session.removeAttribute(CURRENT_USER);
               }
              session.setAttribute(CURRENT_USER, getName());
              setMessage("登录成功，欢迎您回来");
              return "success";
          }
          setMessage("登录失败，请重新登录");
           return "fail";
     }
```

图 9.19　修改 UserAction 类

打开 success.jsp 页面，按图 9.20 所示修改其中的代码。

```
<%@ page language="java" import="java.util.*" pageEncoding="UTF-8"%>
<%@ taglib prefix="s" uri="/struts-tags" %>
<%
String path = request.getContextPath();
String basePath = request.getScheme()+"://"+request.getServerName()+":"+
%>

<!DOCTYPE HTML PUBLIC "-//W3C//DTD HTML 4.01 Transitional//EN">
<html>
  <head>

  <body>
   <s:property value="message"/>,${sessionScope.CURRENT_USER}!
  </body>
</html>
```

图 9.20　修改 success.jsp 代码

运行结果如图 9.21 所示。

http://user-20170409zj:8080/Chap9.1/login.jsp

用户名：admin
密 码：••••••
提交

http://user-20170409zj:8080/Chap9.1/login.action?name

登录成功，欢迎您回来,admin!

图 9.21　运行结果

9.3.2　Action 数据校验

用户在浏览器中输入的数据必须经过校验后才能进行处理，Web 应用中的数据校验可以在 JavaScript 浏览器端完成，也可以在服务器端实现。Struts 2 中提供的 Action 可以实现在服务器端校验数据。Action 校验需声明 Action 类继承 ActionSupport 类。具体过程如例 9.3 所示。

【例 9.3】数据校验。

接例 9.2，再次对 UserAction 类进行修改，如图 9.22 所示。

```
import javax.servlet.http.HttpSession;
import org.apache.struts2.ServletActionContext;
import com.opensymphony.xwork2.ActionSupport;

public class UserAction extends ActionSupport{
    private String name;
    private String password;
    private String message;
    private static final String CURRENT_USER = "CURRENT_USER";
    public void validate() {
        if(this.getName().length()==0){
            addFieldError("uname","用户名不能为空");
        }
        if(this.getPassword().length()==0){
            addFieldError("pwd", "密码不能为空");
        }
    }
    public String execute()    {
        if(getName().equals("admin")&& getPassword().equals("
```

图 9.22　修改 UserAction 类代码

双击打开 login.jsp，按图 9.23 所示修改其代码。

运行结果如图 9.24 所示。

```
<head>

<body>
  <s:fielderror/>
  <form action="login.action" >
        <div>
        用户名： <s:textfield name="name"/>
        </div>
        <div>
        密  码： <s:password name="password"/>
        </div>
        <input type="submit" value="提交" />
    </form>
</body>
</html>
```

图 9.23　修改 login.jsp 代码

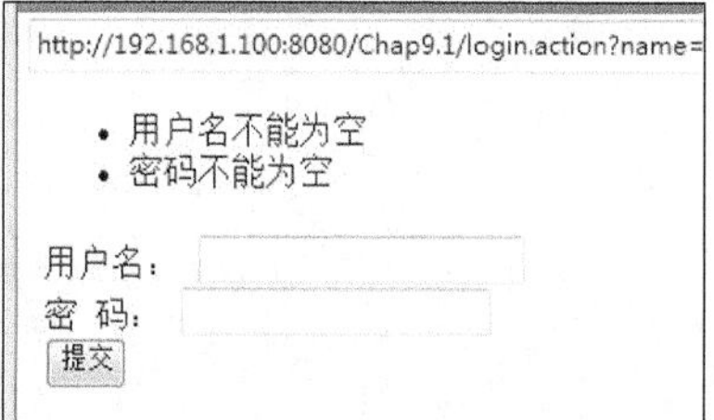

图 9.24　运行结果

9.3.3 method 属性

一般来说，Action 类可使用 execute()方法处理客户端请求。当一个 Web 应用有多个业务请求，且一个 Action 只能处理一个业务请求时，用很多个 Action 类来处理请求，显然并不合适。那么是否能在一个 Action 中编写多个方法来处理不同的业务请求呢？method 属性正好可以解决这类问题。

method 属性可以实现 Action 中不同方法的调用，具体使用过程如例 9.4 所示。

【例 9.4】 method 属性。

接上例，假定在用户登录案例中增加用户注册功能，且登录、注册两个方法都在 UserAction 类中实现。双击打开 UserAction 类，将 execute()方法改名为 userlogin()，增加 userreg()方法。按图 9.25 所示修改代码。

```
public class UserAction extends  ActionSupport{
    private String name;
    private String password;
    private String message;
    private static final String CURRENT_USER = "CURRENT_USER";
    public void validate() {
     public String userlogin()  {
        if(getName().equals("admin")&& getPassword().equals("123456"))
        {
            HttpSession session = null;
             session = ServletActionContext.getRequest().getSession();
             if(session.getAttribute(CURRENT_USER) != null) {
                 session.removeAttribute(CURRENT_USER);
             }
            session.setAttribute(CURRENT_USER, getName());
            setMessage("登录成功，欢迎您回来");
            return "success";
        }
        setMessage("登录失败，请重新登录");
         return "fail";
    }
     public String userreg()
     {
       setMessage("用户名:"+getName()+"  密码:"+getPassword()+"注册成功");
       return "success";
     }
```

图 9.25　修改 UserAction 类代码

在 WebRoot 文件夹下新建一个 JSP 页面，并命名为 reg.jsp，如图 9.26 所示。

```
 <body>
 用户注册<br>
 <form action="reg.action" >
         <div>
         用户名: <s:textfield name="name"/>
         </div>
         <div>
         密  码: <s:password name="password"/>
         </div>
         <input type="submit" value="提交" />
     </form>
 </body>
</html>
```

图 9.26　reg.jsp 页面

双击 struts.xml 文件，修改登录 Action，增加用户注册 Action，并按图 9.27 所示修改代码。

```
<?xml version="1.0" encoding="UTF-8" ?>
<!DOCTYPE struts PUBLIC "-//Apache Software Foundation//DTD Struts Configuratio
<struts>
  <package name="default" extends="struts-default">
       <action name="login" class="com.action.UserAction" method="userlogin">
         <result name="input">login.jsp</result>
         <result name="success">success.jsp</result>
         <result name="fail">fail.jsp</result>
      </action>
      <action name="reg" class="com.action.UserAction"  method="userreg">
         <result name="input">reg.jsp</result>
         <result name="success">success.jsp</result>
         <result name="fail">fail.jsp</result>
      </action>
    </package>
</struts>
```

图 9.27　修改 struts.xml 文件

运行结果如图 9.28 所示。

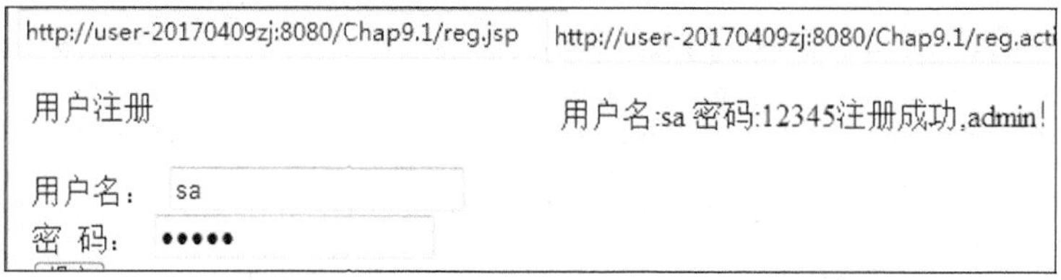

http://user-20170409zj:8080/Chap9.1/reg.jsp　http://user-20170409zj:8080/Chap9.1/reg.acti

用户注册　用户名:sa 密码:12345注册成功,admin!

用户名：sa
密 码：•••••

图 9.28　运行结果

9.4　拦截器

顾名思义，拦截器能够拦截用户操作。拦截器的功能就是在进行一个操作（如调用方法）时，它会在用户执行操作前进行一系列操作，同样会在用户操作完成后进行一系列操作。早期 MVC 框架将一些通用操作固化在核心控制器中，致使框架灵活性不足、可扩展性降低。Struts 2 将核心功能放到多个拦截器中实现，拦截器可自由选择和组合，既增强了灵活性，又利于系统的解耦。

9.4.1　拦截器的原理

Struts 2 的大多数核心功能是通过拦截器实现的，每个拦截器完成某项功能，拦截器方法在 Action 执行之前或者之后执行，多个拦截器可以组合成拦截器栈。拦截器的运行原理如图 9.29 所示。

拦截器与过滤器的原理相似，它以链式执行，对真正要执行的方法（execute()）进行拦截。首先执行 Action 设置的拦截器，在 Action 和 Result 执行之后，拦截器再一次执行，与先前调用相反的顺序。

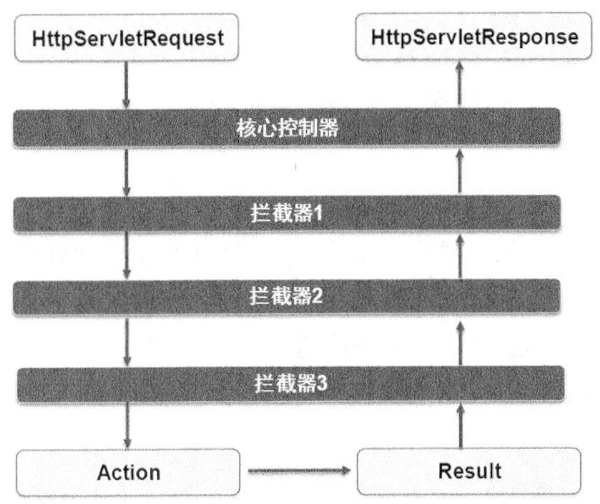

图 9.29　拦截器运行原理

9.4.2　拦截器的实现过程

定义一个拦截器需要三步：

① 自定义一个实现 Interceptor 接口（或者继承自 AbstractInterceptor）的类；

② 在 struts.xml 中注册上一步中定义的拦截器；

③ 在需要使用的 Action 中引用上述定义的拦截器，为了方便也可将拦截器定义为默认的拦截器，这样在不加特殊声明的情况下，所有的 Action 都会被这个拦截器拦截。

Struts 2 规定用户自定义拦截器必须实现 com.opensymphony.xwork2.interceptor 接口，或者继承 AbstractInterceptor 类。

Interceptor 接口中声明了 3 种方法：

① void init();

② void destroy();

③ String intercept(ActionInvocation invocation) throws Exception。

其中，init()和 destroy()方法是初始化和销毁方法，会在程序开始和结束时各执行一遍，不管使用了该拦截器与否，只要在 struts.xml 中声明了该 Struts 2，拦截器就会被执行。

拦截器的具体实现过程如例 9.5 所示。

【例 9.5】 拦截器。

```
package interceptor;
import com.opensymphony.xwork2.ActionInvocation;
import com.opensymphony.xwork2.interceptor.Interceptor;
public class MyInterceptor implements Interceptor {
    public void destroy() {
        // TODO Auto-generated method stub
    }
    public void init() {
        // TODO Auto-generated method stub
    }
    public String intercept(ActionInvocation invocation) throws Exception {
```

```
            System.out.println("Action 执行前插入 代码");
            // 执行目标方法 (调用下一个拦截器, 或执行 Action)
            final String res = invocation.invoke();
            System.out.println("Action 执行后插入 代码");
            return res;
        }
    }
```

其中，intercept()是拦截器的主要方法，在该方法中完成拦截任务。intercept()方法可分为 3 个阶段：拦截前，也就是 invoke()方法执行前，也称预处理阶段；调用 Action 执行 invoke()方法阶段；拦截后，也就是 invoke()方法执行后的续拦截阶段。

拦截器的配置是在 struts.xml 中完成的，定义一个拦截器可使用<interceptor.../>标签，其格式如下：

```
<interceptor name="拦截器名" class="拦截器实现类"></interceptor>
```

这种情况的应用非常广泛。有的时候，如果需要在配置拦截器时就为其传入拦截器参数，只要在<interceptor...>与</interceptor>之间配置<param.../>标签即可。其格式如下：

```
<interceptor name="拦截器名" class="拦截器实现类 ">
<param name="参数名">参数值</param>
...//如果需要传入多个参数，可以一并设置
</interceptor>
```

在一个 Struts 项目中可以定义多个拦截器，格式如下：

```
<interceptors>
<interceptor name="拦截器名 1" class="拦截器类 1"></interceptor>
<interceptor name="拦截器名 2" class="拦截器类 2"></interceptor>
...
<interceptor name="拦截器名 n" class="拦截器类 n"></interceptor>
</interceptors>
```

如果想把多个拦截组合成拦截器栈，语法格式如下：

```
<interceptor-stack name="拦截器栈名">
<interceptor-ref name="拦截器名 1"></interceptor-ref>
<interceptor-ref name="拦截器名 2"></interceptor-ref>
</interceptor-stack>
```

9.4.3 Struts 2 内置拦截器

Struts 2 中的很多功能都是由内置拦截器提供的，这些拦截器已在 struts-default.xml 文件中定义了，用户使用时在项目的 struts.xml 文件中申明调用就可以了，Web 应用程序便可直接引用这些拦截器。内置拦截器的具体情况如表 9.2 所示。

表 9.2　　Struts 2 的内置拦截器

序号	拦截器名称	作用
1	alias	在请求之间转换名字不同的相似参数
2	chain	将所有的属性从前一个 Action 复制到当前 Action 中
3	checkbox	添加自动的复选框处理代码

续表

序号	拦截器名称	作用
4	cookie	基于 cookie 的值设置 Action 的属性
5	conversionError	将类型转换错误从 ActionContext 中取出，添加到 Action 字段错误中
6	createSession	自动创建一个 HttpSession 对象
7	debugging	当 struts.devMode 属性设置为 true 才用于调试
8	execAndWait	可用于防止后台 Action Http 请求超时
9	exception	提供了异常处理的核心功能
10	fileUpload	对文件上传提供支持
11	i18n	支持国际化
12	logger	记录一个 Action 执行的开始和结束
13	token	检查传到 Action 的 token 值的有效性，防止表单重复提交

【例 9.6】权限验证拦截器。

接例 9.4，打开 Chap9.1 项目，选择 src 文件夹，新建包 com.interceptor，选择此包新建一个名为 AuthInterceptor 的类，如图 9.30 和图 9.31 所示。

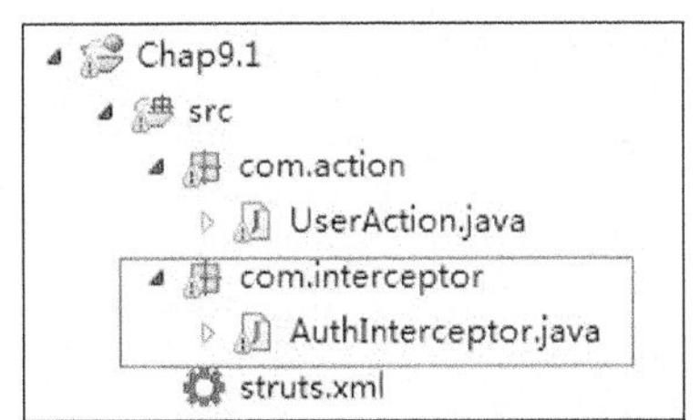

图 9.30　拦截器 AuthInterceptor

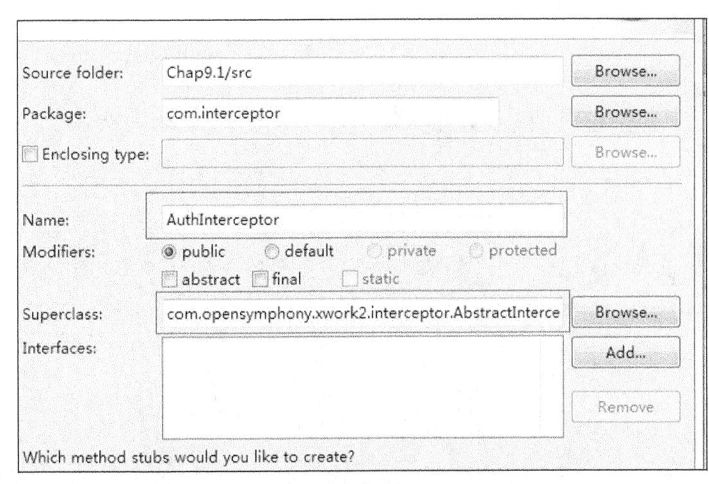

图 9.31　新建拦截器 AuthInterceptor

AuthInterceptor 类代码如图 9.32 所示。

从代码中可以看出，intercept()是拦截器的主要方法，intercept()方法内代码可以分成两个部分。第一部分用来判断用户访问的 Action 是否是 userlogin 登录，如果是就不进行拦截，允许访问；如果用户访问的不是 userlogin，则进入第二部分代码，判断用户是否登录，也就是 session 对象中是否有 CURRENT_USER 键值，如果用户已经登录，就可以继续访问，如果用户没有登录，则强制进行登录。

其中，actionInvocation.getProxy().getMethod()方法可用来获取用户访问请求的 Action 方法名。例如：

```
actionInvocation.getProxy().getMethod().equals("userlogin");
```

判断用户请求访问的方法是否是 userlogin，该方法是 UserAction 中的登录方法。

```java
import java.util.Map;
import com.opensymphony.xwork2.Action;
import com.opensymphony.xwork2.ActionInvocation;
import com.opensymphony.xwork2.interceptor.AbstractInterceptor;
import com.action.*;
public class AuthInterceptor extends AbstractInterceptor {
     private static final String CURRENT_USER = "CURRENT_USER";
    @Override
    public String intercept(ActionInvocation actionInvocation) throws Exception {
        System.out.println("进入拦截器");
        // 对userlogin不做拦截
        if (actionInvocation.getProxy().getMethod().equals("userlogin")) {
            System.out.println("Action调用login方法，不予以拦截");
            return actionInvocation.invoke();
        }
        // 验证 session
        Map session = actionInvocation.getInvocationContext().getSession();
        String username = (String) session.get(CURRENT_USER);
        if (username != null) {
            // 存在的情况下进行后续操作。
            System.out.println(username+" 用户，已经登录!");
            return actionInvocation.invoke();
        } else {
            // 否则终止后续操作，返回LOGIN
            System.out.println("未登录，请登录");
            return Action.LOGIN;
        }
    }
}
```

图 9.32　AuthInterceptor 类代码

双击打开 struts.xml 文件，按图 9.33 所示修改代码。

```xml
<!DOCTYPE struts PUBLIC "-//Apache Software Foundation//DTD Struts Configuratio
<struts>
  <package name="default" extends="struts-default">
  <interceptors>
      <interceptor name="Auth" class="com.interceptor.AuthInterceptor"/>
      <interceptor-stack name="mystack">
            <interceptor-ref name="Auth"/>
            <interceptor-ref name="defaultStack"/>
      </interceptor-stack>
  </interceptors>
  <default-interceptor-ref name="mystack"></default-interceptor-ref>
    <global-results>
          <result name="login">/login.jsp</result>
      </global-results>
      <action name="login" class="com.action.UserAction" method="userlogin">
        <result name="input">login.jsp</result>
        <result name="success">success.jsp</result>
        <result name="fail">fail.jsp</result>
        <interceptor-ref name="mystack"/>
      </action>
      <action name="reg" class="com.action.UserAction"  method="userreg">
        <result name="input">reg.jsp</result>
        <result name="success">success.jsp</result>
        <result name="fail">fail.jsp</result>
      </action>
    </package>
</struts>
```

图 9.33　修改 struts.xml 代码

从图中可知，在 struts.xml 文件中配置了 Auth 拦截器，并在此基础上定义了 mystack 拦截器栈，还把 mystack 拦截器栈定义成默认拦截器，在 login 中进行了调用。

运行结果如图 9.34 所示，假定用户首先调用 reg.jsp 进行注册，注册会调用 reg 的 Action，那么这时拦截器便会自动进行拦截，判断用户是否登录。

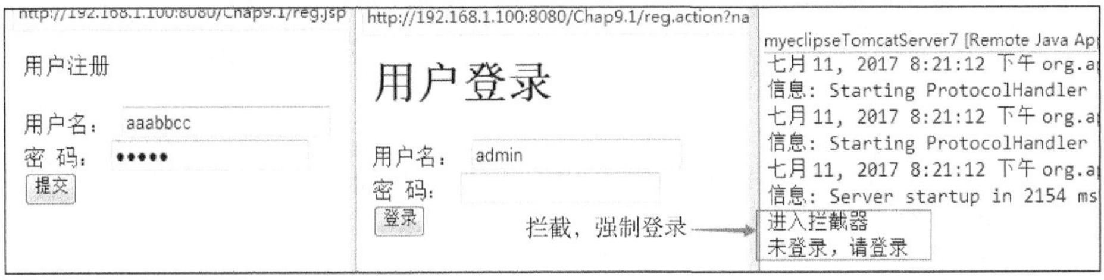

http://192.168.1.100:8080/Chap9.1/reg.jsp
用户注册
用户名：aaabbcc
密 码：•••••
提交
http://192.168.1.100:8080/Chap9.1/reg.action?na
用户登录
用户名：admin
密 码：
登录
拦截，强制登录
myeclipseTomcatServer7 [Remote Java Ap
七月 11, 2017 8:21:12 下午 org.a
信息: Starting ProtocolHandler
七月 11, 2017 8:21:12 下午 org.a
信息: Starting ProtocolHandler
七月 11, 2017 8:21:12 下午 org.a
信息: Server startup in 2154 ms
进入拦截器
未登录，请登录

图 9.34　运行结果

Struts 2 中内置了多种拦截器，提供给用户调用，以增加项目中的功能、简化开发、降低难度。下面以 Struts 2 中的 fileUpload 拦截器为例，通过例 9.7 来演示 Struts 2 中拦截器的调用方法及使用过程。

【例 9.7】通过 Struts 2 实现图片文件的上传。

打开 MyEclipse，新建一个名为 Chap9.2 的 WebProject 项目，添加 Struts 2 框架，将 Struts 2 添加到项目中后，双击 Web.xml 文件可看到 Struts 2 是使用过滤器启动的，将过滤器的类改为 org.apache.struts2.dispatcher.Filterdispatcher 类，如图 9.35 所示。

```
<filter>
  <filter-name>struts2</filter-name>
  <filter-class>org.apache.struts2.dispatcher.FilterDispatcher</filter-class>
</filter>
<filter-mapping>
  <filter-name>struts2</filter-name>
  <url-pattern>*</url-pattern>
</filter-mapping>
```

图 9.35　添加 Struts 2

如图 9.36 所示，选择项目中的 WebRoot 文件夹，分别添加网页 Fileupload.jsp 和 ShowUpload.jsp。

WebRoot
META-INF
WEB-INF
Fileupload.jsp
index.jsp
ShowUpload.jsp

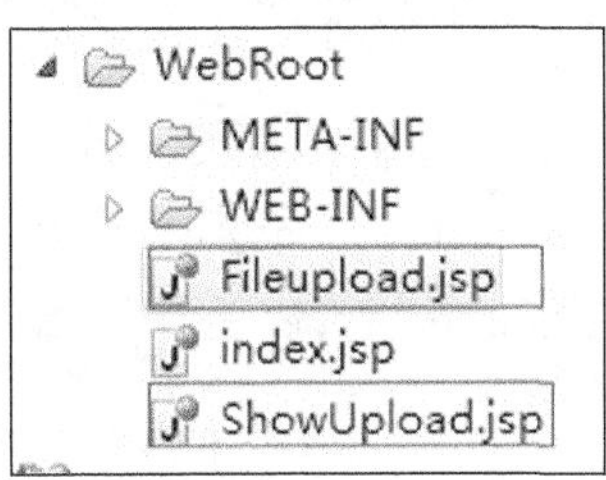

图 9.36　添加 JSP 页面

其中，Fileupload.jsp 页面可实现文件的上传，由于要实现上传功能，该页面的 form 表单的 enctype 属性值设置为 multipart/form-data。文件上传还需要用到<s:file>标签，<s:file>标签是 Struts 2 中文件上传使用的标签。需要注意<s:file>标签的 name 属性，name 属性值必须和处理端 Action 的属性值一致。ShowUpload.jsp 页面实现了图片显示功能，Fileupload.jsp 页面的代码如图 9.37 所示。

```
<%@page contentType="text/html" pageEncoding="UTF-8"%>
<%@ taglib prefix="s" uri="/struts-tags" %>      ←注意添加Struts 2标签库
<!DOCTYPE html>
<html>
    <head>
        <meta http-equiv="Content-Type" content="text/html; charset=UTF-8">
        <title>Struts 2 文件上传</title>
    </head>
    <body>
        <h1>Struts2 文件上传</h1>
   <s:form action="upload" method="POST" enctype="multipart/form-data">
      <s:file name="myFile" label="ImageFile"/>
      <s:submit/>                    注意此处命名
   </s:form>
    </body>
</html>
```

图 9.37　Fileupload.jsp 页面

ShowUpload.jsp 页面代码如图 9.38 所示。

```
<%@page contentType="text/html" pageEncoding="UTF-8"%>
<%@ taglib prefix="s" uri="/struts-tags" %>
<!DOCTYPE html>
<html>
    <head>
        <meta http-equiv="Content-Type" content="text/html; charset=UTF-8">
        <title>JSP Page</title>
    </head>
    <body>
        <h1>上传文件</h1>
     <div style="padding: 3px; border: solid 1px #cccccc;text-align: center">

     <img src='UploadImages/<s:property value="myFileFileName"/> ' />
     <br/>
   文件名: <s:property value= "caption"/>
    </div>
</html>
```

图 9.38　ShowUpload.jsp 页面

选择项目中的 src 文件夹，单击鼠标右键，新建一个名为 com.action 的包，并在包下新建 FileUploadAction 类，如图 9.39 所示，FileUploadAction 类的代码如图 9.40 所示，其中成员属性 myFile、myFileFileName、myFileContentType 三个变量添加了 get()与 set()方法。

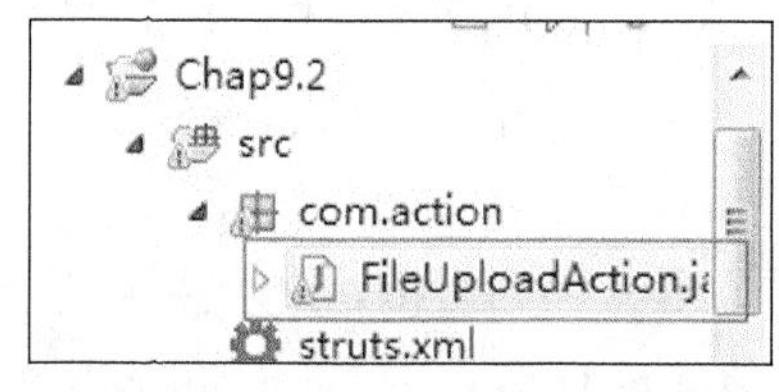

图 9.39　新建 FileUploadAction 类

```
package com.action;
import java.io.*;
import java.util.Date;
import org.apache.struts2.ServletActionContext;
import com.opensymphony.xwork2.ActionSupport;
public class FileUploadAction extends ActionSupport {
        private File myFile;    //用户上传的文件
        private String myFileFileName;    //上传文件的文件名
        private String myFileContentType;    //上传文件的类型
        public FileUploadAction() {  }
        public String execute() throws Exception {
            byte[] buffer=new byte[1024];
            FileInputStream fis=new FileInputStream(this.getMyFile());
    FileOutputStream fos=new FileOutputStream(ServletActionContext.getServletContext().getRealPath("/UploadImages")
                    +"\\"+this.getMyFileFileName());
            int length=fis.read(buffer);
            while (length>0) {
                fos.write(buffer,0, length);
                length=fis.read(buffer);
            }
            fis.close();
            fos.flush();
            fos.close();
            return "success";
        }
        public File getMyFile() {
            return myFile;      }
```

图 9.40　FileUploadAction 类代码

双击 struts.xml 文件，如图 9.41 所示修改代码。

```
<struts>
    <constant name="struts.i18n.encoding" value="utf-8"/>
    <constant name="struts.configuration.xml.reload" value="true" />
    <constant name="struts.multipart.saveDir" value="e:" />
    <package name="upload" extends="struts-default">
        <action name="upload" class="com.action.FileUploadAction">
            <interceptor-ref name="fileUpload">
            <param name="allowedTypes">application/vnd.ms-excel, image/bmp,image/png,image/gif,image/jpeg</param>
            <param name="maximumSize">10485760</param>
            </interceptor-ref>
            <interceptor-ref name="defaultStack"/>
            <result name="input">/Fileupload.jsp</result>
            <result name="success">/ShowUpload.jsp</result>
        </action>
    </package>
</struts>
```

调用fileUpload拦截器

设置上传文件类型和文件大小

defaultStack拦截器必须放在fileUpload后

图 9.41　修改 struts.xml 代码

Struts 2 的 fileUpload 拦截器后端 Action，必须带有 3 个属性：File 文件属性、文件名属性和文件类型属性。

① File 属性：该属性存放上传文件的内容信息，其命名必须与上传 JSP 页面中<s:file>标签的 name 属性名相同。

② 文件名属性：该属性名称格式为 xxxFileName，其中 xxx 为 File 属性名称，该属性可指定上传的文件名。

③ 文件类型属性：该属性名称格式为 xxxContentType，其中 xxx 为 File 属性名称，该属性为存放上传文件的文件类型。

使用 FileUpload 拦截器时必须有 defaultStack 拦截器的配合，且必须放在 defaultStack 拦截器前。在 FileUpload 配置时，有 3 个属性可以设置，具体如下。

- maximumSize：上传文件的最大长度（以字节为单位），默认值为 2MB。
- allowedTypes：允许上传文件的类型，各类型之间以逗号分隔。
- allowedExtensions：允许上传文件扩展名，各扩展名之间以逗号分隔。

运行结果如图 9.42 所示。

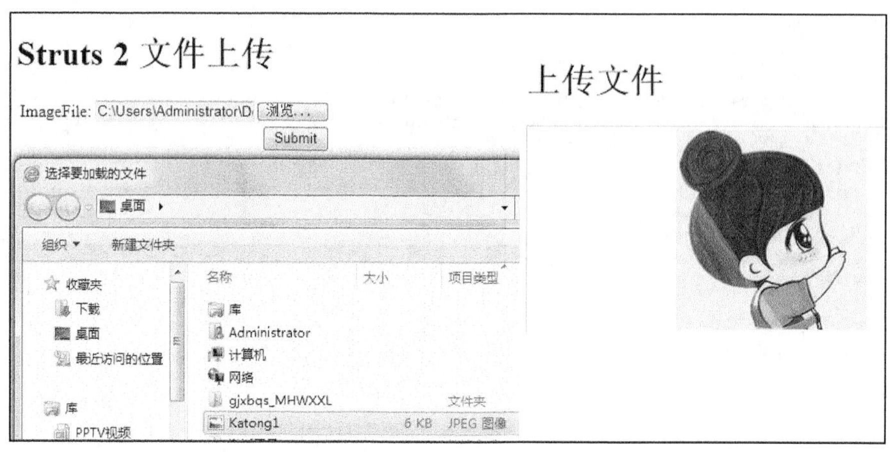

图 9.42　运行结果

9.5　小结

本章主要讲解了 Struts 2 的原理、应用、配置，以及 Struts 2 的 Action 编写和配置技巧，此外还讲解了拦截器的原理及应用等。本章涉及的知识点较多，读者课后应多加实践。

10 第10章　Struts 2的应用开发

前面详细介绍了 Struts 2 的实现原理、开发步骤、struts.xml 文件的配置方法，以及 Struts 2 拦截的原理等内容，并对 Struts 2 框架进行了系统的介绍和讲解，让读者对 Struts 2 有了一定的认识。本章将对 Struts 2 中的 OGNL、数据类型转换、标签、国际化、中文处理等内容进行详细讲解。

本章内容：

- OGNL；
- Struts 2 标签；
- Struts 2 国际化；
- Struts 2 中文处理。

10.1　OGNL

OGNL（Object Graph Navigation Language，对象图导航语言）与 EL 类似，都是功能表达式语言，通过其简单一致的表达式语法，可以存取对象的任意属性，调用对象的方法，遍历整个对象的结构图，实现字段类型的转化等功能。同时 OGNL 也是实现 Struts 2 标签的基础内容。

OGNL 在 Struts 2 中主要实现两个方面的功能。

（1）表达式语言：实现将表单或 Struts 2 标签与特定的 Java 数据绑定，用来将数据移入、移出框架。

（2）类型转换：实现输入数据和输出数据的转换。

1. OGNL 的使用原理

OGNL 为对象图导航语言。所谓对象图，就是将任意的一个对象设为根对象，通过这个对象使用 OGNL 方式访问与这个对象相关联的对象。例如，有一个 Student（学生）类、Classes（班级）类、Teacher（教师）类，其中学生类关联到班级类，班级类关联到教师类，关系如图 10.1 所示。

```
public class Student {
    private String stuNo;
    private String name;
    private String sex;
    private Classes classe;
    private Date birthday;
    public String getStuNo() {
```

```
public class Classes {
    private String classesid;
    private String classesname;
    private Teacher teacher;
```

```
public class Teacher {
    private String teacherid;
    private String teachername;
    private String sex;
    private Date brithday;
    public String getTeacherid() {
```

图 10.1　OGNL 原理图

假定 Student 为根对象键名 student，我们便可通过#student.classes.teacher 访问教师信息，如果 Student 为 Action 对象，则可通过 student.classes.teacher 来访问教师信息。

需要注意的是，OGNL 中访问的类必须按照 JavaBean 格式的规范进行定义，并要带有一个无参数构造函数，且所有属性都要提供 getter()和 setter()方法。

2. OGNL Context

OGNL 功能是基于 OGNL 上下文实现的，也就是 OGNL Context。OGNL Context 的结构如图 10.2 所示。OGNL Context 是 Map 类型数据，OGNL Context 的存储内容可分为两部分：ValueStack 堆栈和各类 Web 对象。其中，ValueStack 中存放的数据称为根对象，ValueStack 中的数据是由用户访问某个 Action 时，该 Action 各类属性值压入进栈所产生的。ValueStack 内的数据访问时可以直接使用键名访问，而其他 Web 对象则是将各类 JSP 中的内置对象放置在 OGNL Context 中，访问时需要加“#”。

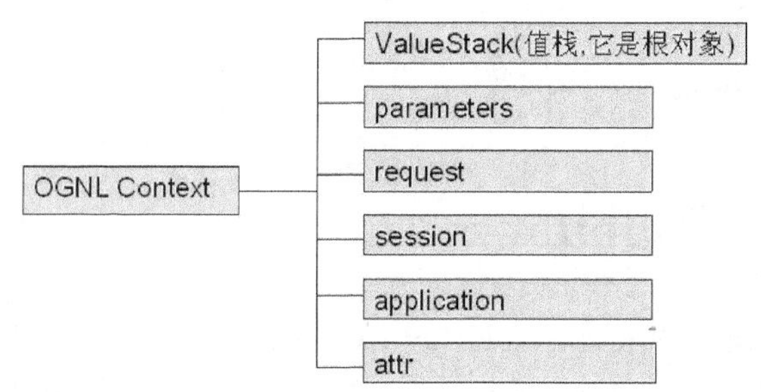

图 10.2　OGNL Context 的结构

【例 10.1】OGNL 访问 Web 对象。

打开 MyEclipse，新建一个名为 Chap10.1 的 WebProject 项目，按例 9.1 中的步骤添加 Struts 2 框架，将 Struts 2 添加到项目中后，双击 Web.xml 文件修改 Struts 2 过滤器类，将过滤器类改为 org.apache.struts2.dispatcher.FilterDispatcher。

选中 src 文件夹，新建一个名为 com.action 的包，选中该包新建名为 OgnlTest 的类，如图 10.3 所示。

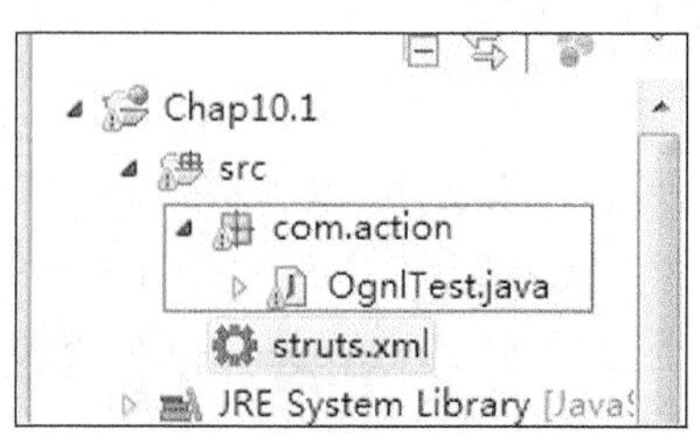

图 10.3　新建 OgnlTest 类

OgnlTest 类的代码如图 10.4 所示。

```
import javax.servlet.http.HttpServletRequest;
import org.apache.struts2.ServletActionContext;
import com.opensymphony.xwork2.ActionContext;
import com.opensymphony.xwork2.ActionSupport;

public class OgnlTest  extends ActionSupport {
      public String execute(){
        ActionContext ctx = ActionContext.getContext();
        // 存入application
        ctx.getApplication().put("msg", "测试application信息");
        // 保存session
        ctx.getSession().put("msg", "测试seesion信息");
        // 保存request信息
        HttpServletRequest request = ServletActionContext.getRequest();
        request.setAttribute("msg", "测试request信息");
        return SUCCESS;
      }
}
```

图 10.4　OgnlTest 类的代码

从 OgnlTest 类的代码中可以看出，在 Action 中访问 Web 对象是通过 ActionContext 对象实现的，OgnlTest 类分别向 application、session、request 3 个对象写入名为 msg 的值。

struts.xml 文件配置如图 10.5 所示。

```
<?xml version="1.0" encoding="UTF-8" ?>
<!DOCTYPE struts PUBLIC "-//Apache Software Foundation//DTD Str
<struts>
  <package name="default" extends="struts-default">
        <action name="ognlTest" class="com.action.OgnlTest" >
              <result name="success">show.jsp</result>
        </action>
  </package>
</struts>
```

图 10.5　struts.xml 文件配置

选中 WebRoot 文件夹，新建一个名为 show.jsp 的 JSP 网页，具体如图 10.6 所示。

```
<%@ page language="java" import="java.util.*" pageEncoding="UTF-8"%>
<%@ taglib prefix="s" uri="/struts-tags" %>
<!DOCTYPE HTML PUBLIC "-//W3C//DTD HTML 4.01 Transitional//EN">
<html>
  <head>
    <title>My JSP 'show.jsp' starting page</title>
  </head>
  <body>
    This is my JSP page. <br>
      <s:action name="ognlTest" executeResult="true"></s:action>
    <h3>访问OGNL上下文和Action上下文</h3>
    <!-使用OGNL访问属性值-->
    <p>parameters: <s:property value="#parameters.msg" /></p>
    <p>request.msg: <s:property value="#request.msg" /></p>
    <p>session.msg: <s:property value="#session.msg" /></p>
    <p>application.msg: <s:property value="#application.msg" /></p>
  </body>
</html>
```

图 10.6　show.jsp 页面

从该页面代码中可以看出，首先使用<action>标签调用了 ognlTest 的 Action，然后使用<property>标签输出了各个 Web 对象中的值。其中 OGNL 中 Web 对象的访问使用“#+对象名.键名”的格式。

运行结果如图 10.7 所示。

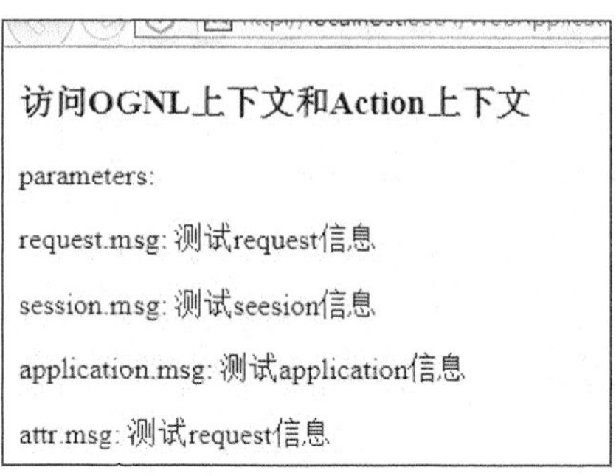

图 10.7 运行结果

10.2 Struts 2 标签

Struts 2 框架提供了丰富的标签库以构建视图组件。Struts 2 标签库大大简化了视图页面的开发，并提高了视图组件的可维护性。按照标签库提供的功能可以把 Struts 2 标签分为三类：用户界面标签、非用户界面标签和 Ajax 标签。

（1）用户界面标签（UI 标签）：主要用来生成 HTML 元素的标签，可分为表单标签和非表单标签。

（2）非用户界面标签（非 UI 标签）：主要用来进行数据访问、逻辑控制，可分为数据标签和逻辑控制标签。

（3）Ajax 标签：主要用来支持 Ajax 技术。

在 JSP 页面中使用 Struts 2 标签，需要在页面头部增加标签库声明，语法如下：

```
<%@ taglib uri="/struts-tag" prefix="s">
```

Struts 2 标签的语法格式如图 10.8 所示，其中，Struts 2 标签中的值可以使用字符串，或者 OGNL 表达式实现。

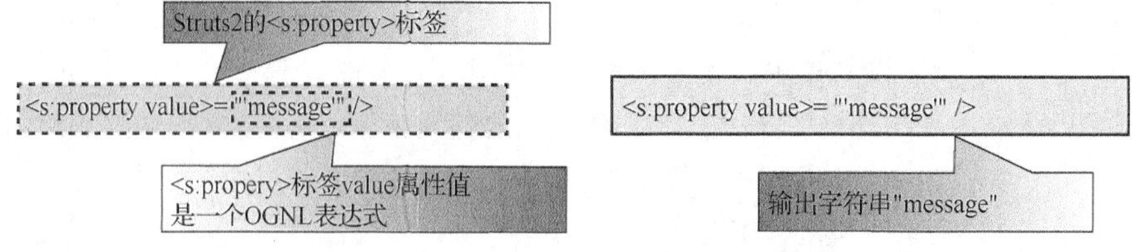

图 10.8 Struts 2 标签的语法格式

10.2.1 表单标签

Struts 2 的表单标签可分为两类：<form>标签本身和包装 HTML 表单元素的其他标签。<form>标签本身的行为不同于它内部的元素。下面对常用的标签进行讲解。

1. <s:checkbox>标签

<s:checkbox>标签是复选框标签，其格式如下：

```
<s:checkbox label="***" name="***" value="true"/>
```

常用属性如下。

① label：设置显示的字符串，可选项。

② name：设置表单元素的名字。表单元素的名字实际封装着一个请求参数，而该请求参数被 Action 封装到其中。当该表单对应的 Action 需要使用参数的值，且对应的属性有值时，该值就是表单元素 value 的值。name 属性是表单元素的通用属性，每个表单元素都会使用，必选项。

③ value：该属性是对应的值，可选项。

例如：

```
<s:checkbox label="学习" name="学习" value="true"/>
<s:checkbox label="电影" name="电影"/>
```

2. <s:checkboxlist>标签

使用<s:checkboxlist>标签可以一次创建多个复选框，在 HTML 中可以使用多行<input type="checkbox">实现。

常用属性如下。

list：指定集合为复选框命名，可以使用 List 集合或者 Map 对象，必选项。

例如：

```
<s:checkboxlist label="个人爱好" list="{'学习','看电影','编程序'}" name="love">
</s:checkboxlist>
```

3. <s:combobox>标签

使用<s:combobox>标签可生成一个单行文本框和一个下拉列表框的组合，两个表单元素对应一个请求，单行文本框中的值对应请求参数，下拉列表框只是起到辅助功能。

常用属性如下。

list：指定集合将生成的下拉列表项，可以使用 List 集合或者 Map 对象，必选项。

readonly：指定文本框是否可编辑，为 true 不可编辑，为 false 则可编辑，默认为 false，可选项。

【例 10.2】<s:combobox>标签。

接上例，在 WebRoot 中新建一个名为 combobox.jsp 的网页，并输入如下代码。

```
<%@page contentType="text/html" pageEncoding="UTF-8"%>
<%@taglib prefix="s" uri="/struts-tags"%>
<html>
    <head>
        <meta http-equiv="Content-Type" content="text/html; charset=UTF-8">
        <title><s:combobox>标签的使用</title>
    </head>
    <body>
        <s:form>
            <s:combobox label="颜色选择" name="colorName" readonly="false" headerValue=
        "---请选择---" headerKey="1" list="{'红色','蓝色','黑色','白色'}"/>
        </s:form>
```

```
    </body>
</html>
```

运行结果如图 10.9 所示。

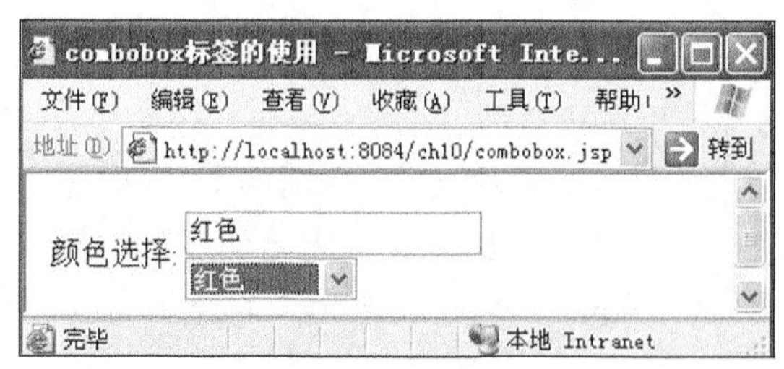

图 10.9 运行结果

4. <s:doubleselect>标签

使用<s:doubleselect>标签可生成一个相互关联的列表框，在第一个列表框中选择某一项后，第二个列表框会自动显示在第一个列表框选定项的相关信息。

常用属性如下。

name：指定第一个下拉列表框名称。

doubleName：指定第二个下拉列表框的名称。

list：指定第一个下拉列表框中选项的集合。

doubleList：指定第二个下拉列表框中的选项集合。

listKey：生成第一个下拉列表框 value 属性值。

doubleListKey：生成第二个下拉列表框 value 属性值。

top：指定是第一列表框。

5. <s:file>标签

<s:file>标签用于在页面上生成一个上传文件的元素。上传文件的具体方法参见第 9 章的例 9.7。

6. <s:select>标签

使用<s:select>标签可生成一个下拉列表框，通过指定 list 属性，系统会指定下拉列表的内容。

常用属性如下。

size：指定下拉列表框中可以显示的选项个数，可选项。

multiple：设置该列表框是否允许多选，默认值为 false，可选项。

7. <s:token>标签

使用<s:token>标签的目的是防止用户多次提交表单，避免恶意刷新页面。

8. <s:optiontransferselect>标签

使用<s:optiontransferselect>标签可创建两个选项以及转移下拉列表项，该标签会自动生成两个下拉列表框，同时生成相关的按钮，这些按钮可以控制选项在两个下拉列表之间的移动、排序。

常用属性如下。

addAllToLeftLabel：设置实现全部左移动功能的按钮上的文本。

addAllToRightLabel：设置实现全部右移动功能的按钮上的文本。

addToLeftLabel：设置实现左移动功能的按钮上的文本。

addToRightLabel：设置实现右移动功能的按钮上的文本。

addAddAllToLeft：设置全部左移动功能的按钮。

addAddAllToRight：设置全部右移动功能的按钮。

addAddToLeft：设置左移动功能的按钮。

addAddToRight：设置右移动功能的按钮。

leftTitle：设置左边列表框的标题。

rightTitle：设置右边列表框的标题。

allowSelectAll：设置全部选择功能的按钮。

selectAllLabel：设置全部选择功能按钮上的文本。

multiple：设置第一个列表框是否多选，默认是 true。

doubleName：设置第二个列表框的名字。

doubleList：设置第二个列表框的集合。

doubleMultiple：设置第二个列表框是否多选，默认是 true。

【例 10.3】<s:optiontransferselect>标签。

接上例，选择 com.action 包新建一个名为 LabelAction 的类，父类 Action。

Support 的主要代码如下所示。其中 cnbook、enbook 两个成员添加了 get()与 set()方法。

```
package com.action;
import java.util.ArrayList;
import java.util.List;
import javax.servlet.http.HttpServletRequest;
import org.apache.struts2.ServletActionContext;
import com.opensymphony.xwork2.ActionContext;
import com.opensymphony.xwork2.ActionSupport;
import com.entity.*;
public class LabelAction extends ActionSupport {
    private String cnbook;
    private String enBook;
    public String execute() throws Exception {
        ActionContext context = ActionContext.getContext();
        HttpServletRequest request = (HttpServletRequest) context.get
    (ServletActionContext.HTTP_REQUEST);
            String [] cnbooks =  request.getParameterValues("cnbook");
            for(int i=0;i<cnbooks.length;i++){
                System.out.println(" 中文图书  "+cnbooks[i] +"/t");
               }
               String [] enBooks =  request.getParameterValues("enBook");
               for(int i=0;i<enBooks.length;i++){
                System.out.println(" 中文图书  "+enBooks[i] +"/t");
               }

               List<Book> lists = new ArrayList<Book>();
               Book book1 = new Book(1,"Struts 2 权威指南",20.2);
               Book book2 = new Book(2,"轻量级 Java EE 企业应用实战",20.2);
               Book book3 = new Book(3,"Ajax 讲义",20.2);
               lists.add(book1);
```

```
                lists.add(book2);
                lists.add(book3);
                request.setAttribute("lists", lists);
            return SUCCESS;
        }
    public String getCnbook() {
        return cnbook;
    }
    public void setCnbook(String cnbook) {
        this.cnbook = cnbook;
    }
    public String getEnBook() {
        return enBook;
    }
    public void setEnBook(String enBook) {
        this.enBook = enBook;
    }
}
```

选中 src 文件夹，新建一个名为 com.entity 的包，在该包下新建一个名为 Book 的类，如图 10.10 所示。其中，id、name、money 3 个成员变量添加了 get()与 set()方法。

```
package com.entity;

public class Book {
     private int id;
     private String name;
     private double money;
```

图 10.10　Book 类

选中 WebRoot 文件夹，新建一个文件名为 selectBook.jsp 的页面，网页内容如图 10.11 所示。

```
<%@ page language="java" import="java.util.*" pageEncoding="utf-8"%>
<%@ taglib uri="/struts-tags" prefix="s" %>
<!DOCTYPE HTML PUBLIC "-//W3C//DTD HTML 4.01 Transitional//EN">
<html>
  <head>
   <s:head/>   必须添加
    <title>请选择您喜爱中文图书和英文图书</title>
   </head>

  <body>
<s:form action="LabelAction" method="post" name="myForm">
  <s:optiontransferselect label="选择你喜欢图书"
 name="cnbook" leftTitle="中文图书"  list="{'Struts 2权威指南','轻量级Java EE 企业应用实战','Ajax讲义'}"
 doubleName="enBook"  rightTitle="外文图书"
 doubleList="{'JavaScrip:The definitive Guide','export one-to-one'}"  multiple="true"
 addToLeftLabel="向左移动" addToRightLabel="向右移动" addAllToRightLabel="全部右移"
 addAllToLeftLabel="全部左移"
 allowSelectAll="true" headerKey="cnKey" headerValue="选择图书" emptyOption="true"
 doubleHeaderKey="enKey"
 doubleHeaderValue="选择外文图书" doubleMultiple="true" doubleEmptyOption="true"
 leftDownLabel="向下移动"
 rightDownLabel="向下移动"
 leftUpLabel="向上移动"
 rightUpLabel="向上移动" >
   </s:optiontransferselect>
     <s:submit value="确定"></s:submit>
 </s:form>
  </body>
</html>
```

图 10.11　selectBook.jsp 页面

<s:optiontransferselect>标签的数据提交需使用到 JavaScript，所以<head>内必须添加<s:head/>标签。<s:optiontransferselect>标签中 name 属性是第一列选项框名，doubleName 属性是第二列选项框名。

选中 WebRoot 文件夹，新建一个文件名为 success.jsp 的 JSP 页面，网页内容如图 10.12 所示。

```
<%@ page language="java" import="java.util.*" pageEncoding="utf-8"%>
<%@ taglib uri="/struts-tags" prefix="s" %>
<!DOCTYPE HTML PUBLIC "-//W3C//DTD HTML 4.01 Transitional//EN">
<html>
  <head>
    <title>选择结果</title>
        <s:head/>
  </head>
  <body>
    This is my JSP page. <br>
    <s:optiontransferselect label="选择结果"
        name="cnbook" leftTitle="中文图书" list="#request.lists"
        listValue="name" listKey="name"
        doubleName="enBook"  rightTitle="外文图书"
        doubleList="{'JavaScrip:The definitive Guide','export one-to-one'}"
        multiple="true"
        addToLeftLabel="向左移动" addToRightLabel="向右移动" addAllToRightLabel="全部右移"
        addAllToLeftLabel="全部左移"
        allowSelectAll="true" headerKey="cnKey" headerValue="选择图书"
        emptyOption="true"  doubleHeaderKey="enKey"
        doubleHeaderValue="选择外文图书" doubleMultiple="true" doubleEmptyOption="true">
  </s:optiontransferselect>
  </body>
</html>
```

图 10.12　success.jsp 页面

打开 struts.xml，按图 10.13 所示添加内容。

```
 <action name="LabelAction" class="com.action.LabelAction" >
      <result name="input">selectBook.jsp</result>
      <result name="success">success.jsp</result>
</action>
```

图 10.13　struts.xml 配置

运行结果如图 10.14 和图 10.15 所示。

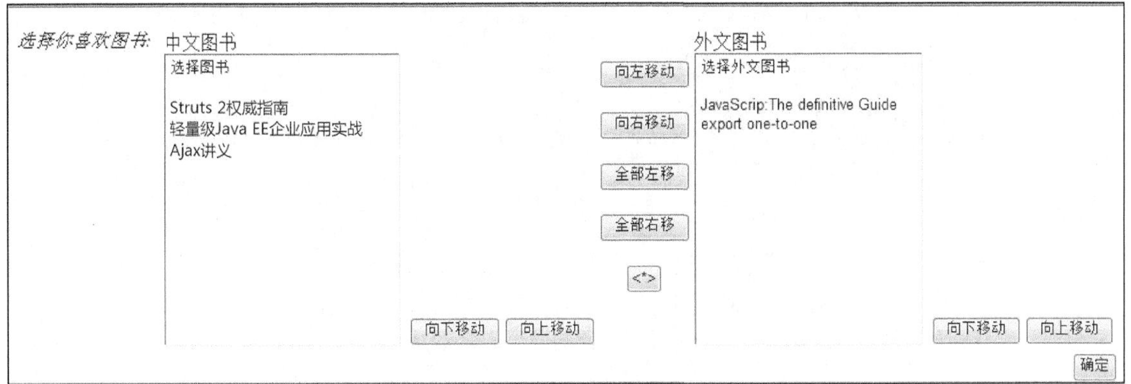

图 10.14　运行结果 1

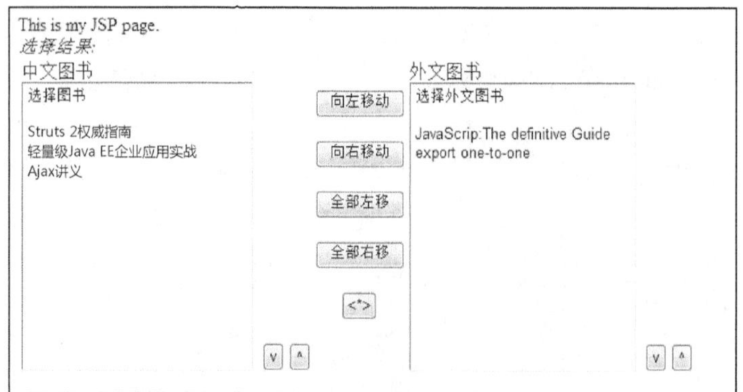

图 10.15　运行结果 2

运行原理分析如下。

从 selectBook.jsp 页面中可以看出左右列表框的名称分别为 cnBook 和 enBook，用户单击“确定”按钮后提交至 LabelAction 中 cnBook 和 enBook 成员变量，如图 10.16 所示。在 LableAction 中对数据进行处理后，将产生的图书数据存放到 request 对象中，并在 success.jsp 页面显示，如图 10.17 所示。

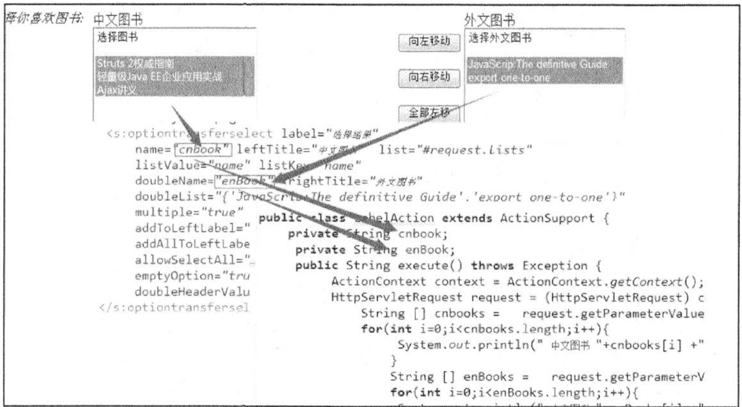

图 10.16　标签运行过程

```
System.out.println(" 中文图书 "+enBooks[i] +"/t");
}

List<Book> lists = new ArrayList<Book>();
Book book1 = new Book(1,"Struts 2权威指南",20.2);
Book book2 = new Book(2,"轻量级Aava EE 企业应用实战",20.2);
Book book3 = new Book(3,"Ajax讲义",20.2);
lists.add(book1);
lists.add(book2);
lists.add(book3);
request.setAttribute("lists", lists);
```

LabelAction.java

```
<body>
  This is my JSP page. <br>
  <s:optiontransferselect label="选择结果"
      name="cnbook" leftTitle="中文图书"  list="#request.lists"
      listValue="name" listKey="name"
      doubleName="enBook"  rightTitle="外文图书"
      doubleList="{'JavaScrip:The definitive Guide','export one-to-one'}"
      multiple="true"
      addToLeftLabel="向左移动" addToRightLabel="向右移动" addAllToRightLabel="全部右移"
      addAllToLeftLabel="全部左移"
      allowSelectAll="true" headerKey="cnKey" headerValue="选择图书"
      emptyOption="true"  doubleHeaderKey="enKey"
      doubleHeaderValue="选择外文图书" doubleMultiple="true" doubleEmptyOption="true">
  </s:optiontransferselect>
```

success.jsp

图 10.17　标签数据处理过程

9. <s:updownselect>标签

使用<s:updownselect>标签可在页面中生成一个下拉列表框，可以在选项内容中上下移动。常用属性如下。

allowMoveUp：设置上移功能的按钮，默认值为true，即显示该按钮。

allowMoveDown：设置下移功能的按钮，默认值为true，即显示该按钮。

allowSelectAll：设置全选功能的按钮，默认值为true，即显示该按钮。

MoveUpLabel：设置上移功能按钮上的文本。

MoveDownLabel：设置下移功能按钮上的文本。

selectAllLabel：设置全选功能按钮上的文本，默认值为*。

10. <s:radio>标签

<s:radio>标签为一个单选框，其用法和<s:checkboxlist>标签相似。

例如：

```
<s: radio label="性别" list="#{1:'男',0:'女'}" name="sex">
</s: radio>
```

10.2.2 逻辑控制标签

逻辑控制标签主要用来完成流程的控制，如条件分支、循环操作，也可以实现对集合的排序和合并。

1. <s:if>标签、<s:elseif>标签和<s:else>标签

这3个标签是用来流程控制的，与Java语言中的if、elseif、else语句相似。

例如：

```
<body>
    <s:set name="score" value="86"/>
    <s:if test="#score>=90">优秀</s:if>
    <s:elseif test="#score>=80">良好</s:elseif>
    <s:elseif test="#score>=70">中等</s:elseif>
    <s:elseif test="#score>=60">及格</s:elseif>
    <s:else>不及格</s:else> </body>
```

2. <s:iterator>标签

这个标签主要是对集合进行迭代操作，可支持的集合类型有List、Map、Set和数组等。常用属性如下。

id：指定集合元素的ID。

value：指定迭代输出的集合，该集合可以是OGNL表达式，也可以通过Action返回一个集合类型。

status：指定集合中元素的status属性。

例如：

```
<body>
      <h2><iterator>标签的使用</h2>
<hr>
```

```
        <s:iterator value="{'Java 程序设计与项目实训教程', 'JSP 程序设计技术教程','JSP 程序设计与项目实训教程','Struts 2+Hibernate 框架技术教程','Web 框架技术(Struts 2+Hibernate+Spring 3)教程','Java Web 技术整合应用与项目实训(JSP+Servlet Struts 2+Hibernate+Spring 3)'}"
    id="bookName">
    <s:property value="bookName"/><br> </s:iterator></body>
```

另外，<s:iterator>标签的 status 属性，可以实现一些很有用的功能。指定 status 属性后，每次迭代都会产生一个 IteratorStatus 实例对象，该对象常用的方法如下。

int getCount()：返回当前迭代元素的个数。

int getIndex()：返回当前迭代元素的索引值。

boolean isEven()：返回当前迭代元素的索引值是否为偶数。

boolean isOdd()：返回当前迭代元素的索引值是否为奇数。

boolean isFirst()：返回当前迭代元素的是否是第一个元素。

boolean isLast()：返回当前迭代元素的是否是最后一个元素。

使用<s:iterator>标签的属性 status 时，其实例对象包含以上的方法，而且也包含对应的属性，如#status.count、#status.even、#status.odd、#status.first 等。

3. <s:append>标签

<s:append>标签用来将多个集合对象连接起来，组成一个新的集合，从而允许通过一个<iterator>标签完成对多个集合的迭代。

常用属性 id：指定连接生成的新集合的名字。

【例 10.4】<s:append>标签。

接上例，新建一个文件名为 AppendTag.jsp 的 JSP 网页。

```
<body>
<h2><append>标签的使用</h2>
    <hr>
<s:append id="newList">
<s:param value="{'Java 程序设计与项目实训教程', 'JSP 程序设计与项目实训教程','Web 框架技术(Struts 2+Hibernate+Spring 3)教程'}"/>
<s:param value="{'Java 程序设计', 'JSP 程序设计','SSH 技术'}"/>
</s:append>
<table border="1">
<s:iterator value="#newList" status="st">
<tr <s:if test="#st.odd">style="background-color:red"</s:if>>
<td><s:property /></td>
     </tr>
</s:iterator>
     </table>
</body>
```

运行结果如图 10.18 所示。

4. <s:include>标签

<s:include>标签与 JSP 中的 inlude 动作类似，可用来在页面上调用一个 JSP 页面或者 Servlet 文件。

例如：

```
<s:include value="include-file.jsp"/>
```

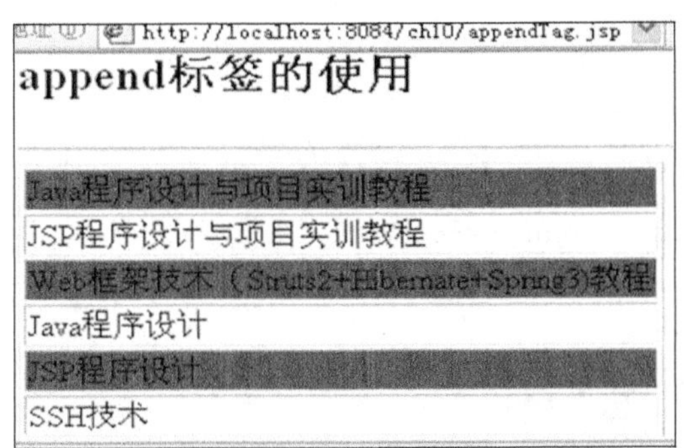

图 10.18　运行结果

或者：

```
<s:include value="include-file.jsp">
   <s:param name="user" value="'张三'"/>
</s:include >
```

5. <s:action>标签

使用<s:action>标签可在 JSP 页面中直接调用 Action。

常用属性如下。

id：指定被调用 Action 的引用 ID，可选项。

name：指定 Action 的名字，必选项。

namespace：指定被调用 Action 所在的命名空间，可选项。

executeResult：指定将 Action 处理结果包含到当前页面中，默认值为 false，即不包含，可选项。

ignoreContextParams：指定当前页面的数据是否需要传给被调用的 Action，默认值为 false，即默认将页面中的参数传给被调用 Action，可选项。

6. <s:bean>标签

使用<s:bean>标签可在 JSP 页面中创建 JavaBean 实例。在创建 JavaBean 实例时，可以使用<s:param>标签为 JavaBean 实例传入参数。

常用属性如下。

name：指定实例化 JavaBean 的实现类，必选项。

id：为实例化对象指定 id 名称，可选项。

7. <s:set>标签

<s:set>标签用来定义一个新的变量，并把一个已有的变量值赋值给这个新变量，同时可把新变量放到指定的范围内，如 session、application 范围内。

常用属性如下。

name：指定新变量的名字，必选项。

scope：指定新变量的使用范围，如 action、page、request、response、session、application，可选项。

value：为新标量赋值，可选项。

id：指定应用的 ID。

例如：

```
<s:bean name="com.entity.Book" id="s">
    <s:param name="name" value="'Java 编程思想'" />
    </s:bean>
<s:set value="#s" name="book" scope="action" />
     <s:property value="#attr.book.name" />
```

10.3 Struts 2 国际化

Struts 2 国际化是指一个程序可以在不改变程序架构以及界面的情况下适应多语种的技术。Struts 2 国际化是建立在 Java 国际化的基础上的，通过提供不同国家/语言环境的消息资源，然后通过 ResourceBundle 加载指定 Locale 对应的资源文件，再取得该资源文件中指定 key 对应的消息，整个过程与 Java 程序的国际化完全相同，只是 Struts 2 框架对 Java 程序国际化进行了进一步封装，从而简化了应用程序，使编程更方便。

Struts 2 提供了很多加载国际化资源文件的方式，最简单、最常用的就是加载全局的国际化资源文件。加载全局国际化资源文件是通过在配置文件中配置常量来实现的，这个常量就是 struts.custom.i18n.resources。配置这个常量时，该常量的值为全局国际化资源文件的 baseName，一旦指定了全局的国际化资源文件，即可实现程序的国际化。

假设系统需要加载的国际化资源文件的 baseName 为 messageResource，则我们可以在 struts.xml 文件中配置如下的常量：

```
<constant name="struts.custom.i18n.resources" value="messageResource"/>
```

在系统中有了以上配置，Struts 2 应用就可以在所有的地方使用国际化资源文件了，包括 JSP 页面和 Action。

Struts 2 既可以在 JSP 页面中通过标签来输出国际化消息，也可以在 Action 类中输出国际化消息。不管采用哪种方式，Struts 2 都提供了非常简单的支持。Struts 2 访问国际化消息主要有如下 3 种方式。

（1）为了在 JSP 页面中输出国际化消息，可以使用 Struts 2 的<s:text.../>标签，该标签可以指定一个 name 属性，该属性指定了国际化资源文件中的 key。

（2）为了在 Action 类中访问国际化消息，可以使用 ActionSupport 类的 getText()方法，该方法可以接受一个 name 参数，该参数指定了国际化资源文件中的 key。

（3）为了在该表单元素的 Label 里输出国际化信息，可以为该表单标签指定一个 key 属性，该 key 指定了国际化资源文件的 key。

假设系统提供了 messageresources_en_US.properties 资源文件和 messageResources_zh_CN.properties 资源文件。

其中，messageresources_en_US.properties 的代码如下：

```
HelloWorld=Hell World!
name=username
pass=password
username=Your Name
password1=Password
password2=confirm Password
```

```
birthday=Birthday
```

中文资源文件 messageResources_zh_CN.properties 的代码如下：

```
HelloWorld=你好，世界!
name=用户名称
pass=用户密码
username=用户名
password1=密码
password2=确认密码
birthday=生日
```

资源文件都应保存在 WEB-INF/classes 路径下。

10.4　Struts 2 中文处理

在 Java EE 开发过程中，初学者经常会遇到中文乱码问题，本节将对中文乱码问题进行详细讲解。

Java EE 中文乱码问题，其主要原因是编码没有统一，在 Tomcat 内部通常使用的编码是 ISO-8859-1，而我们处理中文时使用的编码是 UTF-8，所以只要统一使用 UTF-8 编码就可以解决中文乱码问题。实现 Java EE 项目中的中文处理涉及 3 个层面的编码：①项目内统一编码；②服务器端编码；③数据库编码。只要 3 个层面的编码统一就可以正常处理中文。

1. 项目内统一编码

项目内统一编码，有 3 个方面需要设置。

（1）JSP 页面编码统一为 UTF-8 格式，每个页面 page 指令编码格式设置如下所示：

```
<%@ page contentType="text/html;charset=UTF-8"%>
<%@ page pageEncoding="UTF-8"%>
```

（2）使用过滤器对项目中的输入流进行统一编码设置，在项目中建一个过滤器对 request 对象统一编码设置，代码如下：

```
public class EncodeFilter implements Filter {
public void destroy() { }
public void doFilter(ServletRequest request, ServletResponse response, FilterChain chain) throws IOException, ServletException { request.setCharacterEncoding("utf-8"); chain.doFilter(request, response); }
public void init(FilterConfig arg0) throws ServletException { }
}
```

该过滤器配置如下：

```
<filter>
<filter-name>encoding</filter-name>
<filter-class> tools.EncodeFilter </filter-class> </filter>
<filter-mapping>
<filter-name>encoding</filter-name>
<url-pattern>/*</url-pattern>
</filter-mapping>
```

（3）设定 Struts 2 内使用的编码格式为 UTF-8，打开 struts.xml 配置文件，添加如下代码：

```
<constant name="struts.i18n.encoding" value="UTF-8"/>
```

2. 服务器端编码

服务器端编码也就是Tomcat内部编码格式,Tomcat编码可以在server.xml文件中进行设置。打开 Tomcat 的安装目录 conf 文件夹，打开该文件夹下文件 server.xml，找到 Connector 标签定义，按图 10.19 所示设置完成后，重启 Tomcat 服务器。

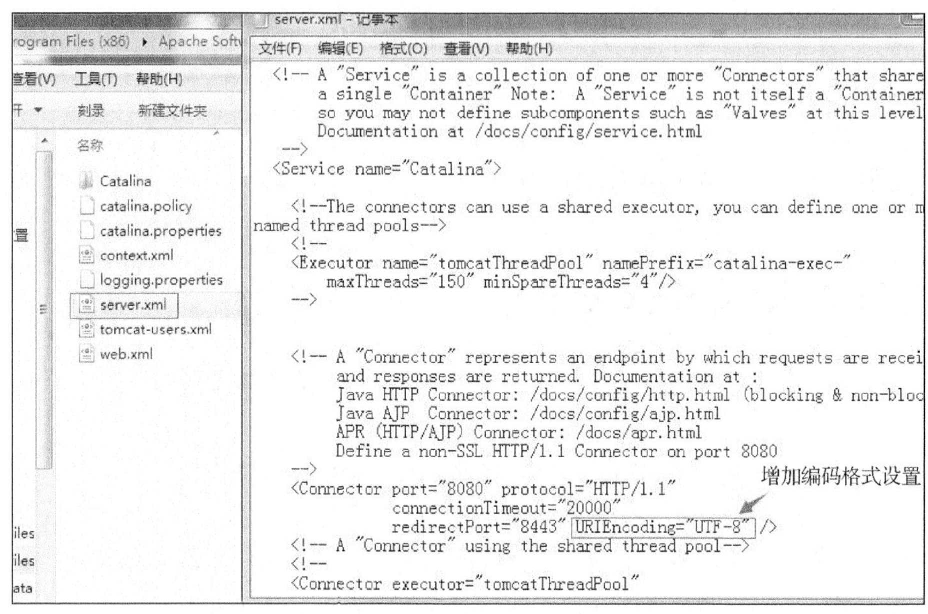

图 10.19 修改 server.xml 文件

3. 数据库编码

数据库编码设置分为3个方面：建立数据库时编码格式设置；MySQL服务器编码格式设置；连接数据库字符串编码格式设置。下面进行详细讲解。

（1）建立数据库时编码格式设置，设置字符集为 utf8，排序规则为 utf8_general_ci，如图 10.20 所示。

图 10.20 数据库设置

（2）MySQL 服务器编码设置，打开 MySQL 安装目录，找到 my.ini 配置文件，将两处字符编码格式设置为 utf8，如图 10.21 所示。

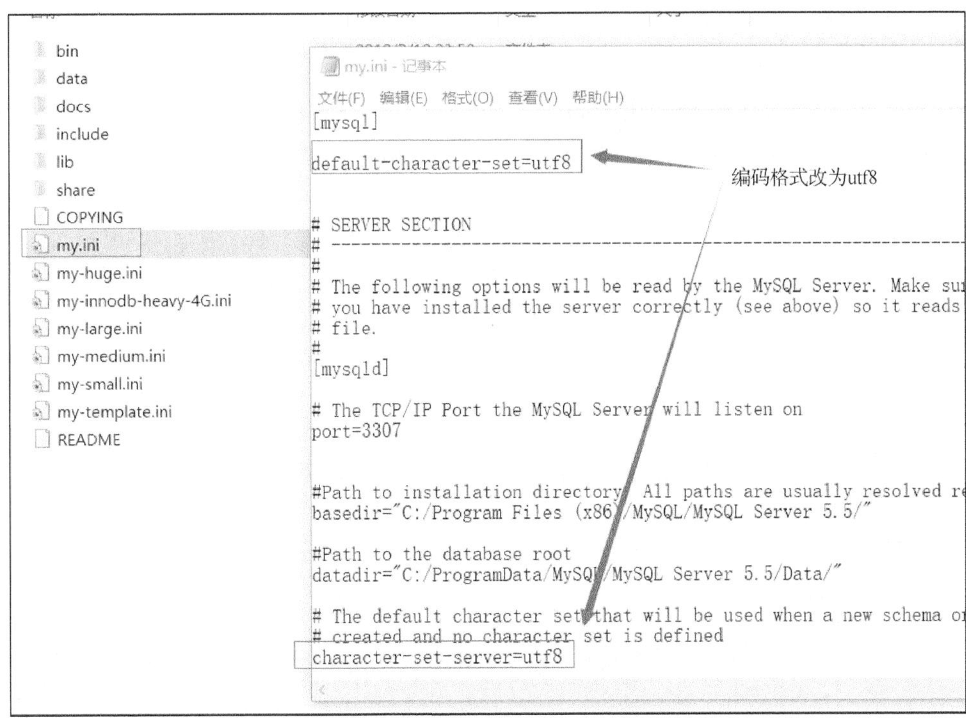

图 10.21　修改 my.ini 文件

重启 MySQL，在命令行模式下输入如下命令进行验证，验证结果如图 10.22 所示。

```
SHOW VARIABLES LIKE 'character_set_%';
```

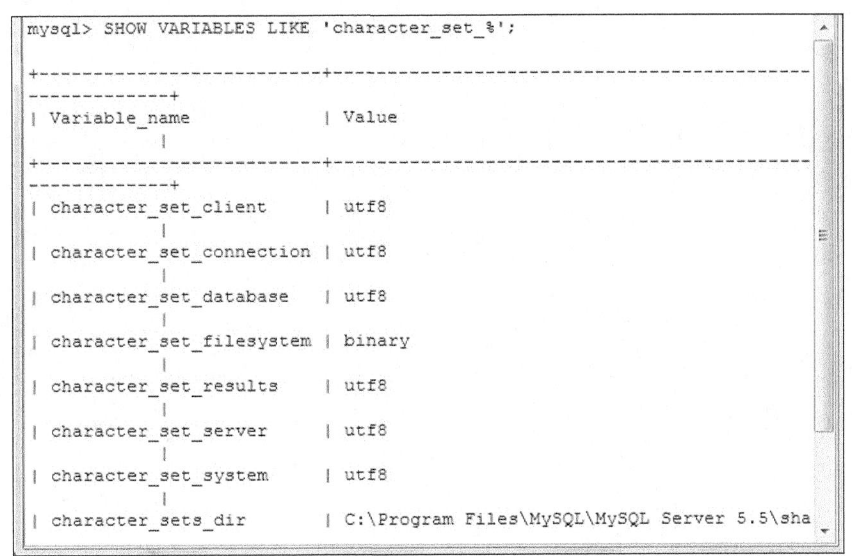

图 10.22　验证结果

（3）连接字符串，增加字符编码设置，如下所示：

```
jdbc:mysql://127.0.0.1:3306/user?useUnicode=true&amp;characterEncoding=UTF-8
```

问号后便是连接字符串的编码格式设置。完成上述步骤后，项目便可正确处理中文信息了。

10.5 小结

本章首先讲解了 Struts 2 中的语言 OGNL，OGNL 是与 Struts 2 标签绑定应用的主要表达式语言；接着讲解了 Struts 2 中常用标签的使用，以及 Struts 2 国际化的实现和 Struts 2 中文乱码的处理。

11 第11章　Hibernate基础

Hibernate 框架是 Java 平台广泛使用的、开源的 ORM 数据库开发工具。Hibernate 不仅实现了数据库表与 Java 类间的双向映射，也实现了数据库连接、访问、数据增删改及多种数据查询方式的功能框架。同时 Hibernate 还具有实用、简单、高效等优点。本章将介绍 Hibernate 的原理及基本应用。

本章内容：

- ORM 原理；
- Hibernate 框架基础；
- Hibernate 对象状态；
- 各类常用关系映射。

11.1　Hibernate

在软件开发过程中，数据库、数据模型的设计是整个开发过程中的重要环节。按照软件工程的指导思想，软件的设计过程都是采用面向对象的方法，而我们使用的大部分数据库都是关系数据库，数据库的访问接口与面向对象存在较大的差距，这就造成了软件开发过程与数据库开发设计不统一。而 Hibernate 框架正好能解决面向对象与关系型数据的融合问题。Hibernate 是一个开放源代码的对象关系映射框架，它对 JDBC 进行了轻量级的对象封装，使开发人员在使用时可以按面向对象编程思维来操纵数据库，处理数据。Hibernate 可以应用在任何使用 JDBC 的场合，既可以在 Java 的客户端程序使用，也可以在 Servlet/JSP 的 Web 应用中使用。Hibernate 还可以在应用 EJB 的 Java EE 架构中取代 CMP，完成数据持久化。

11.1.1　ORM

ORM（Object Relational Mapping，对象关系映射）是一种设计思想，目的是将关系数据库中表的数据映射成程序中的对象，以对象的形式展现，这样开发人员就可以把对数据库的操作转化为对这些对象的操作。因此 ORM 可以方便开发人员以面向对象的思想来实现对数据库的操作。

例如，在数据库中有一个 Student 表，该表中有 STUNO、STUNAME、STUSEX 3 个字段（其中 STUNO 是标识），这样一个表就可以在程序中映射成类“Student. java”，该类中定义了 3 个属性，对应表中的 3 个字段，如图 11.1 所示。

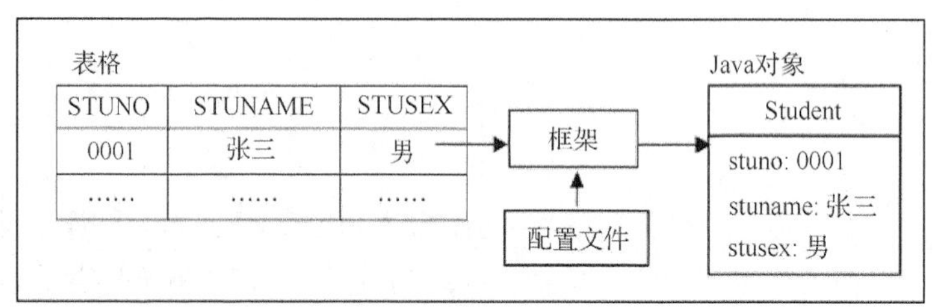

图 11.1　ORM 映射

从图 11.1 可以看出，框架首先根据配置文件读取表格中各个列和 Student 中各个属性的映射，然后将其读入之后组织为 Student 对象，所有的工作只需在底层进行。实际上，Student 的作用和 VO 相似，在一般项目中，由于 Student 一般封装的是数据库中的持久化信息，因此也可以叫作 PO（Persistence Object，持久对象），有些文献中也叫作 POJO（Plain Ordinary Java Object，不含业务逻辑代码的普通 Java 对象）。

在 ORM 中，一个 PO 对象表示数据表中的一条记录，只是对这个记录的操作可以简化成对这个 Bean 对象的操作，操作之后数据库中的记录会产生相应的变化。

ORM 思想为数据库的操作带来了极大的便利，但 ORM 只是一种思想，不同的程序员编写出来的基于 ORM 思想的应用，风格可能不太一样。因此，有必要对 ORM 模式进行标准化，让程序员在某个标准下进行程序的开发。Hibernate 就是为了规范 ORM 而发布的一个框架，类似的框架还有很多，如 iBatis、Entity Bean 等。

11.1.2　Hibernate 简介

Hibernate 是 2003 年由加文 · 金（Gavin King）正式发布的。他开发 Hibernate 的主要原因是当时的 EJB CMP 太过烦琐。2001 年，Gavin King 就职于澳大利亚的一家 J2EE 软件开发和咨询公司。他发现在项目开发过程中，开发人员总是要花费很多时间处理 Entity Bean 的体系架构，而真正的软件核心业务逻辑却很少有时间顾及。Gavin 计划研究出一套比 Entity Bean 更好的方案，以帮助开发人员摆脱 CMP 的困扰。带着这份激情，Gavin 开始动手研究数据库访问技术。两年后，Java 对象关系映射框架 Hibernate 就诞生了。

Hibernate 是一个开放源代码的对象关系映射框架。最具革命意义的是，Hibernate 可以在应用 EJB 的 J2EE 架构中取代 CMP，完成数据持久化的重任。Gavin King 给这个框架起了一个形象的名字——Hibernate（冬眠），使用 Hibernate 会简化数据持久层开发，提高软件项目的整体效率。

11.2　Hibernate 基本应用

11.2.1　第一个 Hibernate 程序

【例 11.1】第一个 Hibernate 程序。

使用可视化工具 Navicat，在 MySQL 中新建一个数据库 user，然后在 user 数据库中建立 user 表，user 表的结构如图 11.2 所示，其中 id 是主键，可自动增长。

名	类型	长度	小数点	允许空值 (	
id	int	11	0	☐	1
name	varchar	30	0	☑	
password	varchar	30	0	☑	
sex	varchar	2	0	☑	
email	varchar	30	0	☑	
info	text	0	0	☑	

图 11.2　user 表的结构

打开 MyEclipse，新建一个名为 Chap11-1HibernateDemo 的 JavaProject 项目，并按图 11.3 所示建立包。

在 MyEclipse 中执行“Window”→“Open Perspective”→“Other”命令，在弹出的对话框中（见图 11.4）选择 MyEclipse Database Explorer 视图。

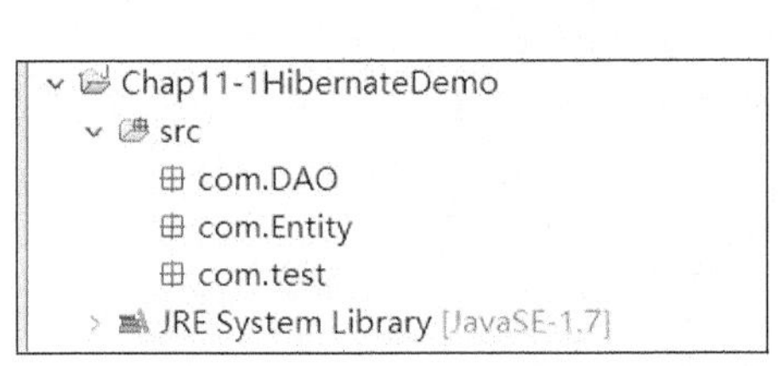

图 11.3　Chap11-1HibernateDemo 项目结构

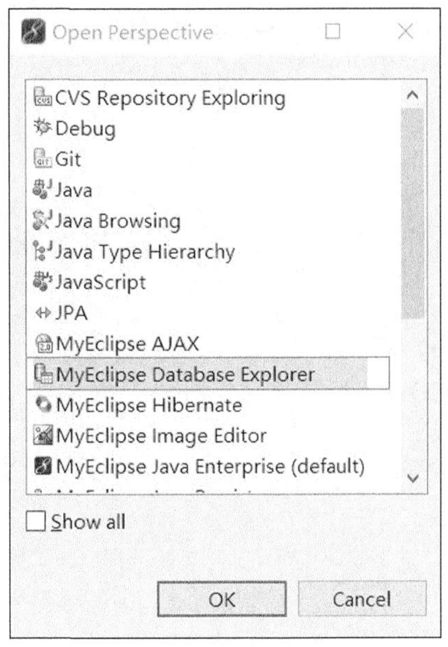

图 11.4　选择数据库视图

使用鼠标右键单击“DB Brower”选项卡中的空白区域，选择右键菜单中的“New”选项，如图 11.5 所示。

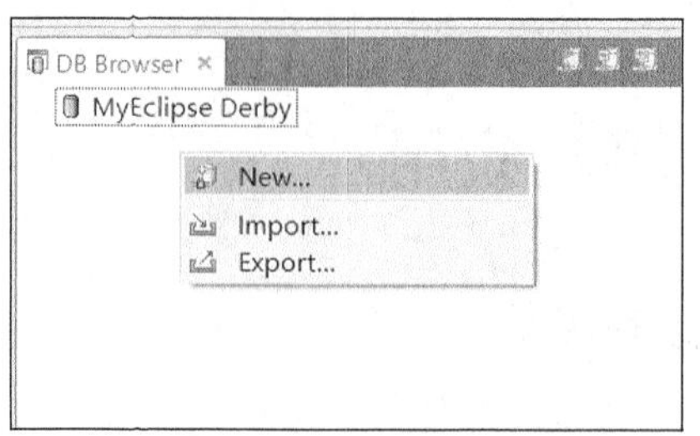

图 11.5　新建数据库连接

在弹出的“Database Driver”对话框中选择驱动程序模板为 MySQL，并如图 11.6 所示输入驱动程序名、MySQL 数据库链接地址、管理员账号及密码，然后单击“Add JARs”按钮，添加 MySQL 链接。

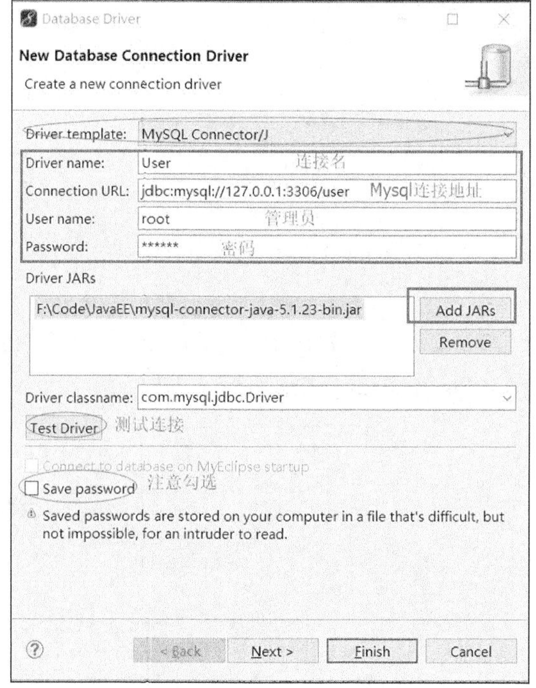

图 11.6　添加 MySQL 链接

MySQL 链接添加完成后，在图 11.7 中可以看到 user 表。

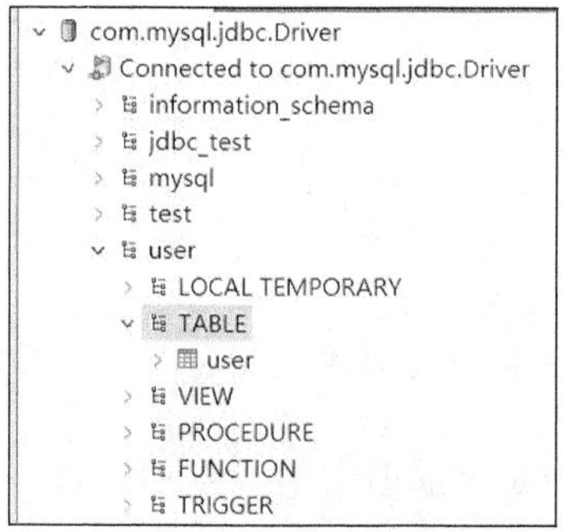

图 11.7　user 表

切换回原视图，鼠标右键单击 Chap11-1HibernateDemo 项目，选择右键菜单中的“MyEclipse”→“Project Facets”→“Install Hibernate Facet”命令，如图 11.8 和图 11.9 所示。

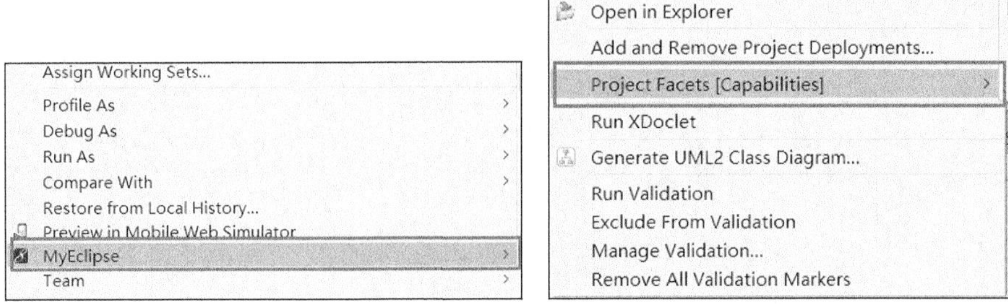

图 11.8　选择菜单项目

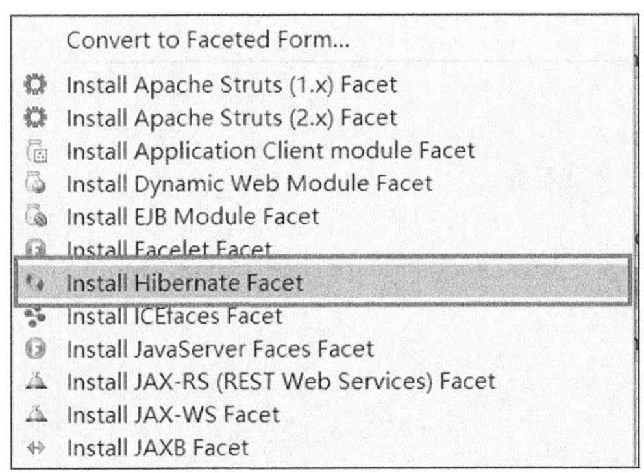

图 11.9　为项目添加 Hibernate 框架

在弹出的“Install Hibernate Facet”对话框中选择 Hibernate 4.1 版本，单击“Next”按钮，如图 11.10 所示。在弹出的对话框中选择 Hibernate 配置文件存放于根目录 src 下，会话工厂类存放在 com.DAO 包中，如图 11.11 所示。

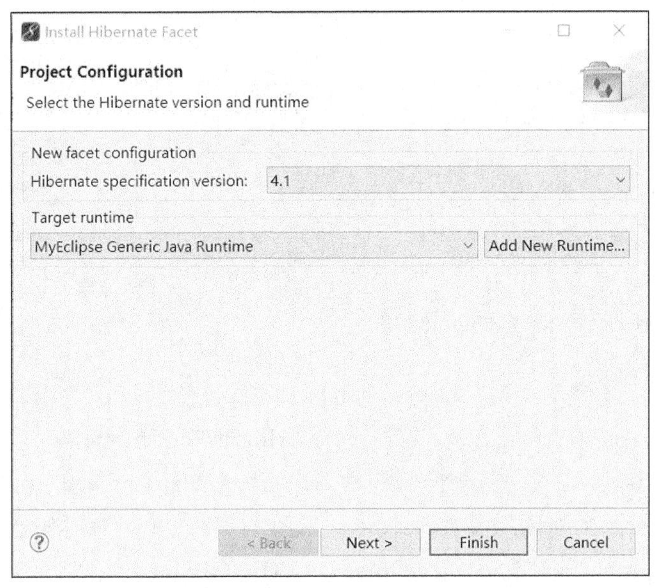

图 11.10　选择 Hibernate 4.1 版本

在图 11.12 中选择刚建立的数据源 User。

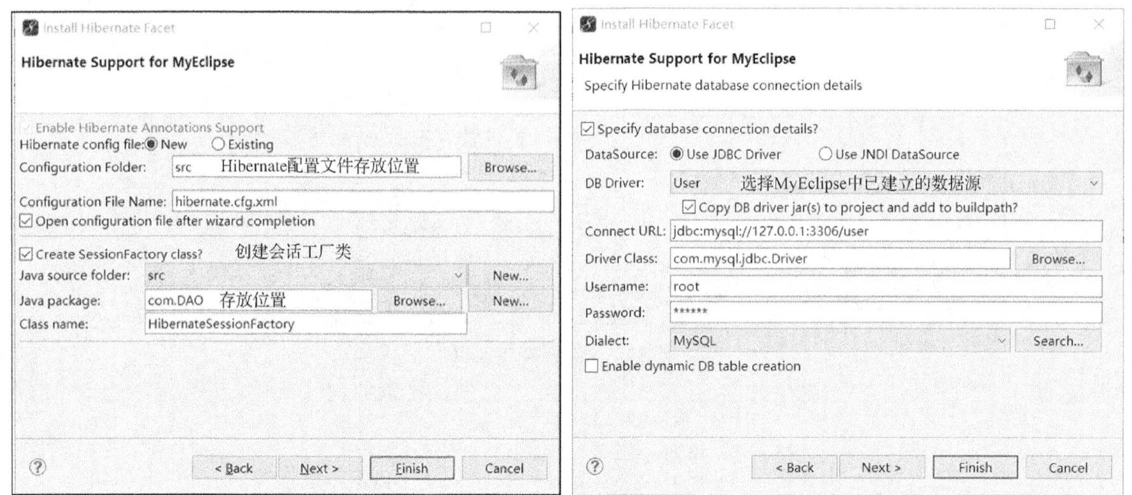

图 11.11　Hibernate 框架配置

图 11.12　选择数据源 User

然后在图 11.13 中选择 Hibernate 核心库，并单击“Finish”按钮，设置完成后的项目结构如图 11.14 所示。

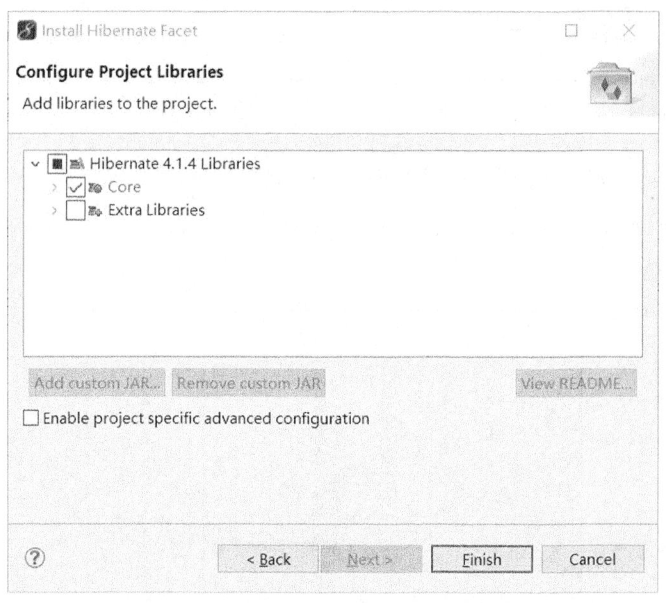

图 11.13　添加 Hibernate 框架

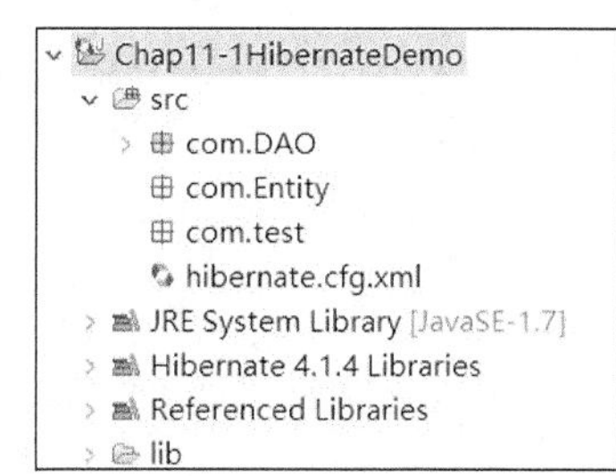

图 11.14　项目结构

单击 MyEclipse 左上角的“MyEclipse Database Explorer”按钮，如图 11.15 所示，切换到数据库视图下。选中 user 表，单击鼠标右键，选择“Hibernate Reverse Engineering”，即 Hibernate 逆向工程，如图 11.16 所示。在弹出的对话框“Hibernate Mapping and Application Generation”中选择 src 源文件目录及关系映射文件存放包，如图 11.17 所示，同时勾选“Create POJO<>DB Table mapping information”和“Java Data Object(POJO<>DB Table)”两个选项，不要勾选“Create abstract class”选项。然后按图 11.18 所示进行勾选，设置完毕单击“Finish”按钮。

图 11.15　切换到数据库视图

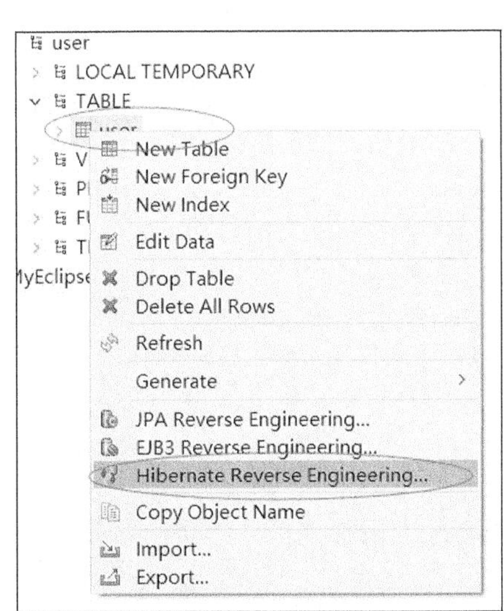

图 11.16　选中 user 表添加逆向工程

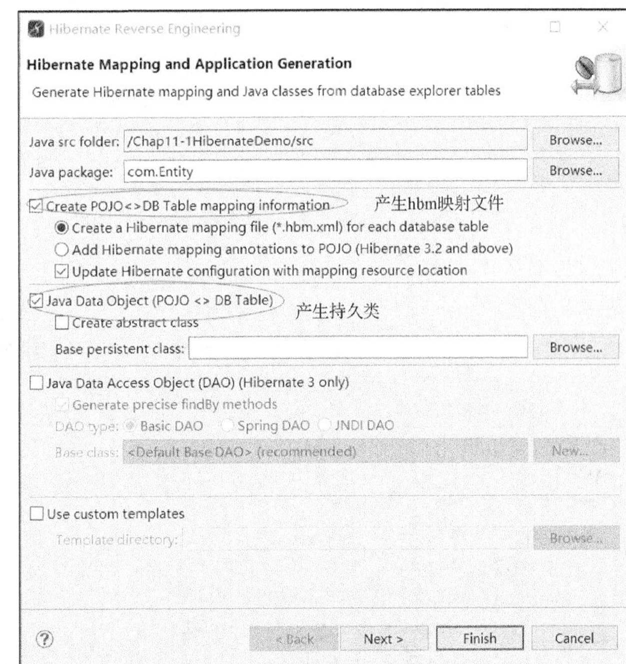

图 11.17　逆向工程配置

图 11.18　产生映射文件和实体文件

完成上述设置后，项目结构发生变化，如图 11.19 所示。选择 com.test 包，新建 Test.java 类，代码如下所示。

```
Chap11-1HibernateDemo
  src
    com.DAO
      HibernateSessionFactory.java
    com.Entity
      User.java
      User.hbm.xml
    com.test
    hibernate.cfg.xml
  JRE System Library [JavaSE-1.7]
  Hibernate 4.1.4 Libraries
  Referenced Libraries
  lib
```

图 11.19　项目结构变化

```
package com.test;
import org.hibernate.*;
import org.hibernate.cfg.Configuration;
import com.Entity.User;
public class Test {
    public static void main(String[] args) {
        Configuration cfg = null;
        SessionFactory sf = null;
        Session s = null;
        Transaction tx = null;
        try {
        cfg = new Configuration().configure();// 1.读取配置文件
        sf= cfg.buildSessionFactory();// 2.创建 SessionFactory
        s = sf.openSession();  // 3. 打开 Session
        tx = s.beginTransaction();// 4. 开始一个事务
           User us=new User();
        us.setName("Test");
        us.setPassword("123321");
        us.setSex("M");
        us.setEmail("Test@163.com");
        us.setInfo("Test!");
        s.save(us); // 5. 持久化操作
        tx.commit();// 6. 提交事务
        } catch (HibernateException e) {
        e.printStackTrace();
        tx.rollback();// 发生异常时回滚
        } finally{
        s.close(); // 7. 关闭 Session
        }
        System.out.print("======>"+getUser().getName());

    }
    public static User getUser()
```

```
    {
        Configuration cfg= null;
        SessionFactory sf = null;
        Session s = null;
        Transaction tx = null;
        try {
            cfg = new Configuration().configure();
            sf = conf.buildSessionFactory();
            s = sf.openSession();
            tx = s.beginTransaction();
            User us=(User)s.get(User.class,2);
            return us;
        } catch (HibernateException e) {
            e.printStackTrace();
        } finally {
            if (session != null)
                s.close();
        }
        return null;
    }
}
```

运行结果如图 11.20 所示。

```
<terminated> Test [Java Application] C:\Users\Administrator\AppData\Local\M
十二月 08, 2017 1:31:45 下午 org.hibernate.dialect.Dialect <init>
INFO: HHH000400: Using dialect: org.hibernate.dialect.MySQLDiale
十二月 08, 2017 1:31:45 下午 org.hibernate.engine.transaction.int
INFO: HHH000399: Using default transaction strategy (direct JDBC
十二月 08, 2017 1:31:45 下午 org.hibernate.hql.internal.ast.ASTQu
INFO: HHH000397: Using ASTQueryTranslatorFactory
======>Test
```

图 11.20　运行结果

从 Test 类中的 main 函数可以看出，Hibernate 与 JDBC 相比的最大不同是，Hibernate 可以在程序中直接对某个对象持久化，而不必像 JDBC 那样，先生成 insert 语句，然后再插入数据库。在 main 函数中用到的 Hibernate 对象如下。

Session：一个 Session 就是一个 Connection，也是一个一级缓存。

Configuration：配置对象，此类用于读取 hibernate.cfg.xml 文件。

SessionFactory：通过 Configuration 生成，用于管理所有的 Session，即连接。

Transaction：事务。

总的来说，Hibernate 操纵数据库可以分为 7 步：

① 读取并解析配置文件；

② 读取并解析映射信息，创建 SessionFactory；

③ 打开 Session；

④ 创建事务 Transaction；

⑤ 持久化操作；

⑥ 提交事务；

⑦ 关闭 Session。

启动 Hibernate 构建 Configuration 实例，初始化该实例中的所有变量 Configuration cfg = new Configuration().configure()。加载 hibernate.cfg.xml 文件至该实例内存，通过 hibernate.cfg.xml 文件中的 mapping 节点配置，加载 hbm.xml 文件至该实例内存，利用上面创建的 Configuration 实例构建 SessionFactory 实例，SessionFactory sf = cfg.buildSessionFactory()。得到的 SessionFactory 实例创建连接 Session s = sf.openSession()。

由上面得到的 Session 实例创建事务操作接口 Transaction 的一个实例 tx Transaction tx = s.beginTransaction()。通过 Session 接口提供的各种方法操作访问数据库，操作完成后提交数据库的操作结果，执行 tx.commit()。关闭 Session 链接 s.close()，具体流程如图 11.21 所示。

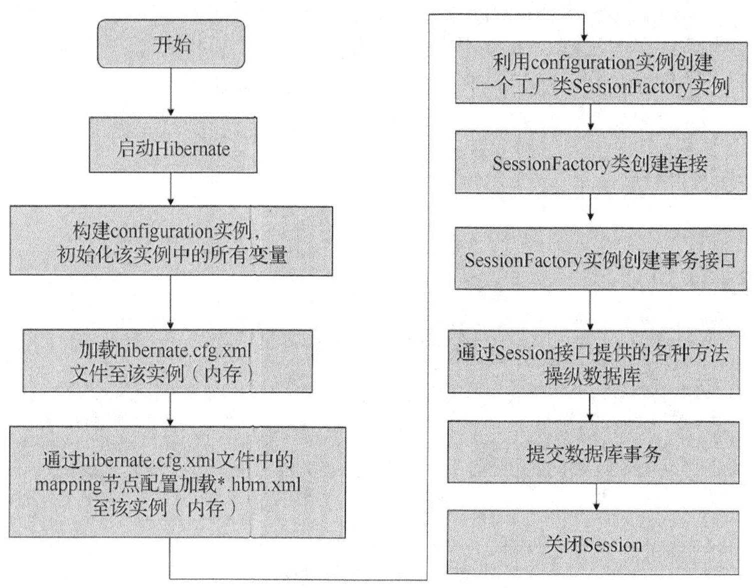

图 11.21 Hibernate 运行过程

Hibernate 访问数据库时，首先需要读取的就是 hibernate.xfg.xml 配置文件，如图 11.22 所示。

```
<hibernate-configuration>
    <session-factory>
        <property name="dialect"><!-- 数据连接方言,不同数据库使用不同方言 -->
            org.hibernate.dialect.MySQLDialect
        </property>
        <property name="connection.url">"><!-- 数据连接字符串 -->
            jdbc:mysql://127.0.0.1:3306/user?useUnicode=true&amp;characterEncoding=UTF-8
        </property>
        <property name="connection.username">root</property>
        <property name="connection.password">123456</property>
        <property name="connection.driver_class">"><!-- 数据库驱动 -->
            com.mysql.jdbc.Driver
        </property>
        <property name="myeclipse.connection.profile">
            com.mysql.jdbc.Driver
        </property>
        <mapping resource="com/Entity/User.hbm.xml" />"><!-- 映射资源文件-->
    </session-factory>
</hibernate-configuration>
```

com.Entity
User.java
User.hbm.xml

图 11.22 Hibernate 配置文件

在 Hibernate 中每一个表都对应有映射资源文件，例如 user 表，有 User 类和 User.hbm.xml 文件，User 实体类与 user 表字段对应如表 11.1 所示。

表 11.1　　User 实体类与 user 表字段对应

User 实体类	user 表字段
id	id
name	name
password	password
sex	sex
email	email
info	info

User 类与 User.hbm.xml 的对应关系如图 11.23 所示。

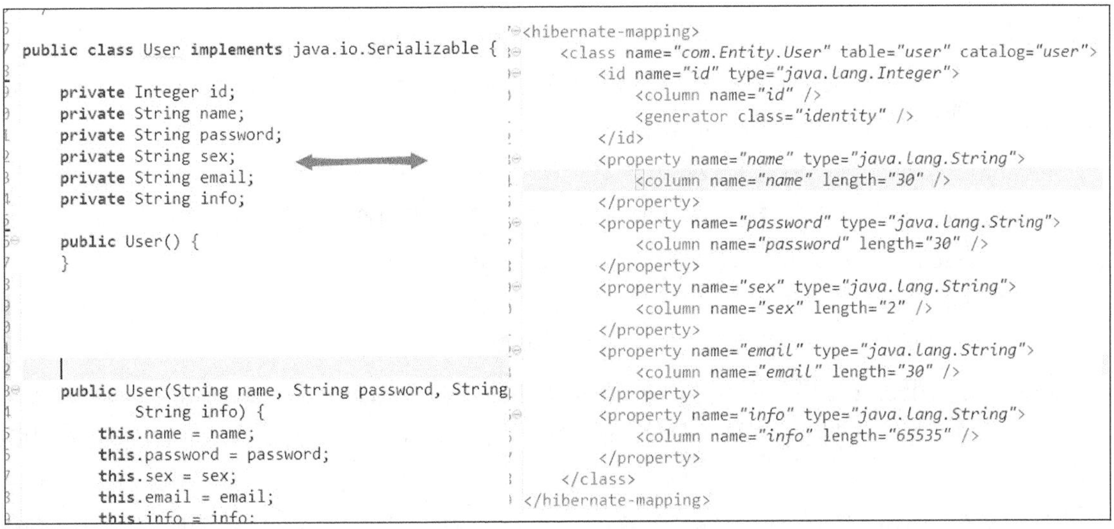

```java
public class User implements java.io.Serializable {

    private Integer id;
    private String name;
    private String password;
    private String sex;
    private String email;
    private String info;

    public User() {
    }



    public User(String name, String password, String
            String info) {
        this.name = name;
        this.password = password;
        this.sex = sex;
        this.email = email;
        this.info = info;
```

```xml
<hibernate-mapping>
    <class name="com.Entity.User" table="user" catalog="user">
        <id name="id" type="java.lang.Integer">
            <column name="id" />
            <generator class="identity" />
        </id>
        <property name="name" type="java.lang.String">
            <column name="name" length="30" />
        </property>
        <property name="password" type="java.lang.String">
            <column name="password" length="30" />
        </property>
        <property name="sex" type="java.lang.String">
            <column name="sex" length="2" />
        </property>
        <property name="email" type="java.lang.String">
            <column name="email" length="30" />
        </property>
        <property name="info" type="java.lang.String">
            <column name="info" length="65535" />
        </property>
    </class>
</hibernate-mapping>
```

图 11.23　实体文件与映射文件的对应关系

11.2.2　Hibernate 常用接口

Hibernate 的常用接口有以下 4 类。

① 提供访问数据库的操作的接口：Session、Transaction、Query。

② 用于配置 Hibernate 的接口：Configuration。

③ 回调接口，使用应用程序接受 Hibernate 内部发生的事件，并做出相关的回应：Interceptor、Lifecycle、Validatable。

④ 用于扩展 Hibernate 功能的接口：UserType。

其中，Hibernate 的核心接口有以下几种。

（1）Configuration 接口

作用：配置 Hibernate，启动 Hibernate 和创建 SessionFactory 对象。

Configuration 负责管理 Hibernate 的配置信息。Hibernate 运行时需要一些底层实现的基本信息。这些信息包括数据库 URL、数据库用户名、数据库用户密码、数据库 JDBC 驱动类、数据库 dialect。用于对特定数据库提供支持，其中包含了针对特定数据库特性的实现，如 Hibernate 数据库类型到特定数据库数据类型的映射等。

使用 Hibernate 必须首先提供这些基础信息以完成初始化的工作，为后续操作做好准备。这些属性在 Hibernate 配置文件 hibernate.cfg.xml 中加以设定，当调用 Configuration config=new Configuration().configure();时，Hibernate 会自动在目录下搜索 hibernate.cfg.xml 文件，并将其读取到内存中作为后续操作的基础配置。

（2）SessionFactory 接口

作用：初始化 Hibernate，充当数据存储源的代理，创建 session 对象。

SessionFactory 负责创建 Session 实例，可以通过 Configuration 实例构建 SessionFactory。

```
Configuration config=new Configuration().configure();
SessionFactory sessionFactory=config.buildSessionFactory();
```

Configuration 实例 config 会根据当前的数据库配置信息，构造 SessionFacory 实例并返回。SessionFactory 一旦构造完毕，就被赋予了特定的配置信息。也就是说，之后 config 的任何变更都不会影响已经创建的 SessionFactory 实例。如果使用基于变更后的 config 实例的 SessionFactory，需要从 config 重新构建一个 SessionFactory 实例。

SessionFactory 保存了对当前数据库配置的所有映射关系，同时也负责维护当前的二级数据缓存和 Statement Pool。使用 SessionFactory 应考虑数据库访问资源有限性和设计的重用策略，因此 SessionFactory 一般采用了线程安全的设计，可由多个线程并发调用。

（3）Session 接口

作用：负责保存、更新、删除、加载和查询对象。

Session 是 Hibernate 持久化操作的基础，提供了众多持久化方法，如 save()、update()、delete()等。通过这些方法，透明地完成对象的增加、删除、修改、查找等操作，Session 接口的常用方法如下。

① save()：save()方法把一个临时对象加入 Session 缓存中，并持久化该临时对象，计划执行一个 insert 语句。

② get()和 load()：试图从数据库加载一个实体对象时，Session 先判断对象是否存在，如果存在就不到数据库中检索。返回的对象都位于 Session 缓存中，接下来修改了持久对象的属性后，当 Session 清理缓存时，会根据持久对象的属性变化来同步更新数据库。

get()和 load()的区别如下。

- 当数据库中不存在与 OID 对应的记录时，load()方法抛出 ObjectNotFoundException 异常，而 get()方法返回 null。
- 两者采用不同的检索策略。

默认情况下，load()方法采用延迟检索策略（Hibernate 不会执行 select 语句，仅返回实体类的代理类实例，占用内存很少），而 get()采用立即检索策略（Hibernate 会立即执行 select 语句）。

使用场合如下：

- 如果加载一个对象的目的是访问它的各个属性，可以用 get()；

- 如果加载一个对象的目的是删除它，或者建立与别的对象的关联关系，可以用 load()。

值得注意的是，Hibernate Session 的设计是非线程安全的，即一个 Session 实例同时只可由一个线程使用。同一个 Session 实例的多线程并发调用将导致难以预知的错误。

③ saveOrUpdate()：同时包含了 save()和 update()方法的功能。如果传入的是瞬时对象，就调用 save()方法；如果传入的是游离对象，就调用 update()方法；如果传入的是持久对象，就直接返回。

④ delete()：计划执行一个 delete 语句，把对象从 Session 缓存中删除。

⑤ close()：清空 Session 缓存。

Session 实例由 SessionFactory 构建：

```
Configuration config=new Configuration().configure();
SessionFactory sessionFactory=config.buildSessionFactory();
Session session=sessionFactory.openSession();
```

（4）Transaction 接口

作用：它是 Hibernate 的数据事务接口，对底层的事务接口做了封装，底层事务接口有 JDBC、API、JTA、CORBA API 等。

Transaction 是 Hibernate 中进行事务操作的接口，Transaction 接口是对实际事务实现的一个抽象，这些实现包括 JDBC 的事务、JTA 中 UserTransaction，甚至可以是 CORBA 事务。之所以这样设计，是可以让开发者能够使用一个统一的操作界面，使自己的项目可以在不同的环境和容器之间方便地移植。

（5）Query 和 Criteria 接口

作用：执行数据库查询对象，以及控制执行查询过程。

11.3 Hibernate 对象状态

Hibernate 的对象有 3 种状态：瞬时状态（Transient）、持久状态（Persistent）、游离状态（Detached）。处于持久状态的对象也称为 PO，处于瞬时状态的对象和游离状态的对象也称为 VO。

1. 瞬时状态

由 new 命令开辟内存空间的 Java 对象，也就是平时所熟悉的普通 Java 对象。例如：

```
User us = new User();
```

瞬时对象的特点如下：

① 不与 Session 实例关联；

② 在数据库中没有与瞬时对象关联的记录。

2. 持久状态

持久的实例在数据库中有对应的记录，并拥有一个持久化标识（Identifier）。

持久对象总是与 Session 和 Transaction 相关联，在一个 Session 中，对持久对象的改变不会马上对数据库进行变更，而必须在 Transaction 终止，也就是执行 commit()之后，才在数据库中真正运行 SQL 进行变更，持久对象的状态才会与数据库进行同步。在同步之前的持久对象称为脏（Dirty）对象。

瞬时对象转为持久对象：

① 通过 Session 的 save()和 saveOrUpdate()方法把一个瞬时对象与数据库相关联，这个瞬时对象就成为持久对象；

② 使用 fine()、get()、load()和 iterate()等方法查询到的数据对象，将成为持久对象。

持久对象的特点如下：

① 与 Session 实例关联；

② 在数据库中有与持久对象关联的记录。

3. **游离状态**

与持久对象关联的 Session 被关闭后，对象就变为游离对象。对游离对象的引用依然有效，对象可继续被修改。

游离对象的特点如下：

① 本质上与瞬时对象相同；

② 只是比瞬时对象多了一个数据库记录标识值 id。

持久对象转为游离对象：当执行 close()或 clear()、evict()后，持久对象会变为游离对象。

游离对象转为持久对象：通过 Session 的 update()、saveOrUpdate()等方法，可以把游离对象变为持久对象。

三种状态相互转化如图 11.24 所示。

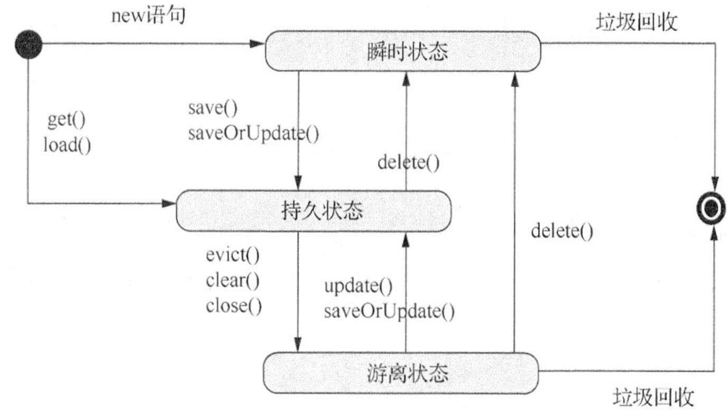

图 11.24　Hibernate 对象状态

当通过 get()或 load()方法得到的 PO 都处于持久状态，但如果执行 delete(po)时（不能执行事务），该 PO 状态就处于瞬时状态（表示和 Session 脱离关联）；因 delete()而变成瞬时状态，可以通过 save()或 saveOrUpdate()变成持久状态；当把 Session 关闭时，Session 缓存中的持久状态的 PO 对象也变成游离状态；因关闭 Session 而变成游离状态的可以通过 saveOrUpdate()、update()变成持久状态；持久状态实例可以通过调用 delete()变成瞬时状态。

save()方法的作用是把一个新的对象保存；update()是把一个游离状态的对象（一定要和一个记录对应）更新到数据库。

11.4 Hibernate 关系映射

O/R 映射是 ORM 框架中最重要、最关键的部分，在开发中也是最常用的。Hibernate 中持久化类的对象与关系数据库之间的映射关系通常是使用一个 XML 文档来定义的，这个 XML 文档就是映射文件，其默认名为*.hbm.xml，*表示持久化类的类名，通常将某个类的映射文件与这个类放在同一目录下。

映射文件易读且可以手工修改。开发人员可以手写 XML 映射文件，也可以使用一些工具来辅助生成映射文件。例如，在例 11.1 中，使用 MyEclipse 可生成映射文件。

【例 11.2】 User.hbm.xml 文件结构如下。

```
<hibernate-mapping>
<class name="com.Entity.User" table="user" catalog="user">
<id name="id" type="java.lang.Integer">
<column name="id"/>
<generator class="identity"/>
</id>
<property name="name" type="java.lang.String">
<column name="name" length="30"/>
</property>
<property name="password" type="java.lang.String">
<column name="password" length="30"/>
</property>
<property name="sex" type="java.lang.String">
<column name="sex" length="2"/>
</property>
<property name="email" type="java.lang.String">
<column name="email" length="30"/>
</property>
<property name="info" type="java.lang.String">
<column name="info" length="65535"/>
</property>
</class>
    </hibernate-mapping>
```

1. hibernate-mapping 元素

User.hbm.xml 中的 hibernate-mapping 元素是顶层元素，可用来配置映射文件的基本属性，hibernate-mapping 元素有如下属性定义。

```
<hibernate-mapping
schema="schemaName"                              <!--指定数据库 scheme 名-->
catalog="catalogName"                            <!--指定数据库 catalog 名-->
default-cascade="cascade_style"                  <!--指定默认级联方式-->
default-access="field|property|ClassName"        <!--指定默认属性访问策略-->
default-lazy="true|false"                        <!--指定是否延迟加载-->
auto-import="true|false"        <!--指定是否可以在查询语言中使用非全限定类名-->
package="package.name"                           <!--指定包前缀-->
 />
```

2. class 元素

class 元素可用来声明一个持久化类，它是 XML 配置文件中的主要配置内容。通过它可以定义 Java 持久化类与数据表之间的映射关系。

（1）name 属性：持久化类或接口的全限定名。如果未定义该属性，则 Hibernate 将该映射视为非 POJO 实体的映射。该属性可选。

（2）table 属性：持久化类对应的数据库表名，该属性可选，默认值为持久化类的非限定类名。

（3）lazy 属性：指定是否使用延迟加载。该属性可选，默认值为 false。

3. id 元素（即主键）

Hibernate 中映射文件表达数据库表中的主键可使用 id 来表示，id 元素包含的主要属性有以下几种。

（1）name 属性：持久化类中标识属性的名称。

（2）type 属性：持久化类中标识属性的数据类型。该类型可用 Hibernate 内建类型表示，也可以用 Java 类型表示。当使用 Java 类型表示时，需使用全限定类名。该属性可选。

（3）column 属性：数据表中主键列的名称。

（4）generator 子元素：id 元素中的子元素，指定了主键的生成方式。对不同的关系数据库和业务应用来说，其主键生成方式往往是不同的。有时可能依赖数据库自增字段生成主键，有时则由具体的应用逻辑来决定。

而在 Hibernate 中，就可以通过 generator 元素来指定主键的生成方式，generator 用来为持久化类的实例生成一个唯一标识。Hibernate 提供了几个内置的主键可定义属性，如表 11.2 所示。

表 11.2　Hibernate 中主键可定义属性

class 属性值	功能
assigned	应用程序对 id 赋值。当设置<generator class="assigned"/>时，应用程序自身需要负责主键 id 的赋值，一般应用在主键为自然主键时。例如 XH 为主键时，当添加一个学生信息时，程序员要自己设置学号的值，这时就需要应用该 id 生成器
native	由数据库对 id 赋值。当设置<generator class="native"/>时，数据库负责主键 id 的赋值，最常见的是 int 型的自增型主键。例如，在 SQL Server 中建立表的 id 字段为 identity，配置了该生成器，程序员就不用为该主键设置值，它会自动设置
hilo	通过 hi/lo 算法实现的主键生成机制，需要额外的数据库表保存主键生成历史状态
seqhilo	与 hilo 类似，通过 hi/lo 算法实现的主键生成机制，只是主键历史状态保存在 sequence 中，适用于支持 sequence 的数据库，如 Oracle
increment	主键按数值顺序递增。此方式的实现机制为在当前应用实例中维持一个变量，以保存当前的最大值，之后每次需要生成主键的时候将此值加 1 作为主键。这种方式可能产生的问题是：如果当前有多个实例访问同一个数据库，由于各个实例各自维护主键状态，不同实例可能生成同样的主键，从而造成主键重复异常。因此，如果同一个数据库有多个实例访问，应该避免使用这种方式

4. property 元素

property 元素将持久化类中的普通属性映射到数据库表的对应字段（列）上，例如：

```
<property  name="username"column="Name"type="java.lang.String"/>
```

其中，name 指定映射类中的属性名；column 指定数据库表中的对应字段名；type 指定映射字段的数据类型。

Hibernate 关联关系可分为单向关联和双向关联两大类。单向关联可以分为一对一、一对多、多对一和多对多 4 种关联方式，而双向关联可以分为一对一、一对多和多对多 3 种关联方式。

11.4.1　一对多关系映射

在数据库中一对多的关联是最常用的，如班级与学生之间的关系、部门与职工之间的关系、教师与学生之间的关系等都是一对多的关系。在 Hibernate 中可以把表之间的这种关系转换成对象之间的一对多的关联。当表之间存在这种一对多关系时，对其操作有两种情况：一种是从一方查找多方，还有一种是从多方查找一方。因此在 Hibernate 中就有单向一对多的关联映射和双向一对多的关联映射。

（1）单向一对多的关联

现实生活中一对多的关系是最普遍的关系，如一个班级有多个学生，而一个学生只能在一个班级，因此班级与学生之间的关系就是最典型的一对多的关系。下面我们以部门与用户之间的关系为例来讲解如何在 Hibernate 中创建这种单向的一对多关联。

单向多对一关联是一对多关联的逆向操作。一对多关联有两种实现方式：外键方式和关系表方式。Hibernate 框架不推荐使用外键方式。

以外键方式实现时，“一”方为主控方，“多”方对象持有外键。“一”方持久化类除了定义基本属性外，还需要定义一个集合类型的属性，“一”方通过集合属性找到与之对应的对象集合。在映射文件中，使用 one-to-many 定义一对多关联映射。

（2）双向一对多的关联

单向关联关系只需在主控方的持久化类及相应的映射文件中进行设置。在实际应用中，双向一对多（或双向多对一）关联映射经常被使用，双向一对多关联是单向多对一和单向一对多的组合。

【例 11.3】一对多关联。

接例 11.1，添加部门表，部门与用户间存在一对多的关系，即多个用户属于同一部门，在 Hibernate 中分别使用单向连接和双向连接实现一对多关系。

打开 MySQL 可视化工具 Navicat，新建图 11.25 所示的 dept 表，其中 deptID 是主键，自动增长类型。

名	类型	长度	小数点	允许空值 (	
deptID	int	11	0	☐	1
deptName	varchar	80	0	☑	
location	varchar	150	0	☑	

图 11.25　dept 表结构

user 表增加一个 deptid 字段，如图 11.26 所示，deptid 字段整数类型，非空，user 表与 dept 表的关系如图 11.27 所示。

名	类型	长度	小数点	允许空值 (	
id	int	11	0	☐	1
name	varchar	30	0	☑	
password	varchar	30	0	☑	
sex	varchar	2	0	☑	
email	varchar	30	0	☑	
info	text	0	0	☑	
deptid	int	11	0	☐	

图 11.26 修改 user 表结构

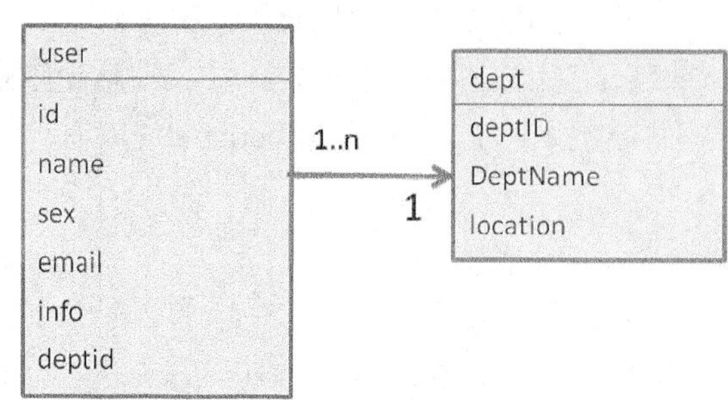

图 11.27 user 表与 dept 表的关系

在 MyEclipse 中打开项目 Chap11-1HibernateDemo，切换至“MyEclipse Database Explorer”视图，选中 dept 表，在右键菜单中选择“Hibernate Reverse Engineering”，生成 Dept.java、Dept.hbm.xml 文件，如图 11.28 所示。

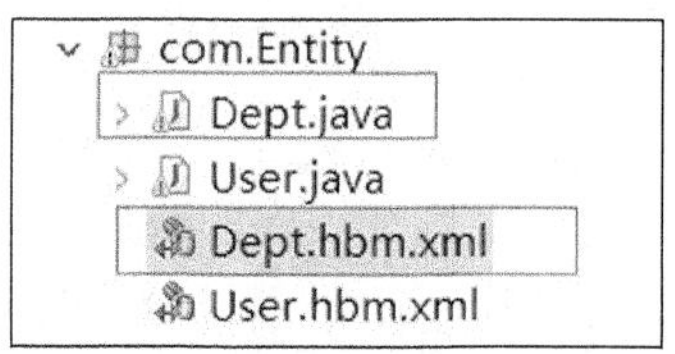

图 11.28 添加 dept 表映射文件和实体类

（1）单向关联

打开 User.java 文件，按图 11.29 所示进行修改，增加成员变量 dept，并为其增加 get()和 set()方法。

```
public class User implements java.io.Serializable {

    // Fields

    private Integer id;
    private String name;
    private String password;
    private String sex;
    private String email;
    private String info;
    private Dept dept;
```

图 11.29 修改 User 类

打开 User.hbm.xml 文件，按图 11.30 所示进行修改，dept 字段属性定义，将标签改为<many-to-one>。

```
    <property name="email" type="java.lang.String">
        <column name="email" length="20" />
    </property>
    <property name="info" type="java.lang.String">
        <column name="info" length="200" />
    </property>
    <many-to-one name="dept" column="deptid"  class="com.Entity.Dept" cascade="all"/>
</class>
```

图 11.30　修改映射文件

<many-to-one>标签中，name 属性为“成员变量名”，column 属性为“外键字段名”，class 属性为“被关联的类名”。单向关联只是实现 user 表和 dept 表之间的关系，即多个 user 属于一个 dept，但是如果要实现通过 dept 对象找到所属部门的 user 就无法实现，这时便需要双向关联。

Test 类测试代码如下所示。

```
// …
        Dept de=new Dept();
        de.setDeptName("研发部");
        de.setLocation("3 号园区-5 栋 1209");
        session.save(de);
            User us=new User();
        us.setName("王五");
        us.setSex("男");
        us.setPassword("123456");
        us.setEmail("wangwu@123.com");
        us.setDept(de);
            User us1=new User();
            us1.setName("李婷丽");
            us1.setSex("女");
        us1.setPassword("321");
        us1.setEmail("litingli@123.com");
        us1.setDept(de);
        session.save(us);
        session.save(us1);
//…
```

（2）双向关联

打开 Dept.java 文件，按图 11.31 所示增加 users 成员变量、数据类型 set，并为其增加 get() 和 set()方法。

```
public class Dept implements java.io.Serializable {

    // Fields

    private Integer deptId;
    private String deptName;
    private String location;
    private Set users;

```

图 11.31　修改 Dept 类

打开 Dept.hbm.xml 文件，按图 11.32 所示进行修改，增加 users 属性定义。

```
        </property>
        <property name="location" type="java.lang.String">
            <column name="location" length="150" />
        </property>
      <set name="users" inverse="false" cascade="all">
            <key column="deptid"></key>
            <one-to-many class="com.Entity.User"/>
        </set>
    </class>
hibernate-mapping>
```

图 11.32　修改映射文件

set 为集合类型，用来关联 user 对象，属性设置如下。

① name 属性为成员变量名。

② inverse 属性表示关联关系的维护工作由谁来负责，默认 false，表示由主控方负责；true 表示由被控方负责。由于此时是双向关联，故需要设为 false，或者也可不写。

③ cascade 属性为级联程度，其属性值如表 11.3 所示，本案例中设为 all，代表关联所有行为。

表 11.3　cascade 属性值

cascade 属性值	描述
none	当 Session 操纵当前对象时，忽略其他关联的对象。它是 cascade 属性的默认值
save-update	当通过 Session 的 save()、update()及 saveOrUpdate()方法来保存或更新当前对象时，级联保存所有关联的新建的瞬时状态的对象，并且级联更新所有关联的游离状态的对象
delete	当通过 Session 的 delete()方法删除当前对象时，会级联删除所有关联的对象
all	包含 save-update、delete 的行为

④ <key column>标签用来定义外键名。

⑤ <one-to-many class>标签用来定义被关联类名。

Test 类测试代码如下所示。

```
// …
        Set users=new HashSet();
        Dept de=new Dept();
        de.setDeptName("研发部 3");
        de.setLocation("3 号园区-5 栋 1209");
           User us=new User();
        us.setName("王五");
        us.setSex("男");
        us.setPassword("123456");
        us.setEmail("wangwu@123.com");
        us.setDept(de);

           User us1=new User();
           us1.setName("李婷丽");
           us1.setSex("女");
        us1.setPassword("321");
```

```
        us1.setEmail("litingli@123.com");
        us1.setDept(de);
        users.add(us);
        users.add(us1);
        de.setUsers(users);
        session.save(de);
// ……
```

双向关联后，只要存储 Dept 对象 de 就可以自动存放 us 和 us1 对象。

11.4.2 一对一关系映射

（1）通过主键关联

通过主键关联，是指两个数据表之间通过主键建立一对一的关联关系。这两个表的主键值是相同的，一个表改动时，另一个表也会相关地发生改变，这可以避免多余字段被创建。

一对一的关联可以使用主键关联，但基于主键关联的持久化类（其对应的数据表称为从表）却不能拥有自己的主键生成策略，这是因为从表的主键必须由关联类（其对应的数据表称为主表）来生成。此外，要在被关联的持久化类的映射文件中添加元素来指定关联属性，以表明从表的主键由关联类生成。

（2）通过外键关联

通过外键关联时，两个数据表的主键是不同的，通过在一个表中添加外键列来保持一对一的关系。配置外键关联关系时需要使用 many-to-one 元素。因为通过外键关联的一对一关系，本质上是一对多关系的特例，因此，只需要在 many-to-one 元素中增加 unique="true"属性即可，这相当于在“多”的一端增加了唯一性的约束，表示“多”的一端也必须是唯一的，这样就变成为单向的一对一关系了。

【例 11.4】一对一关系映射。

接例 11.1，假设每个用户都有一个账户，且用户表与账户表之间存在一对一的关系，完成两个表的映射关系。

打开 MySQL 可视化工具 Navicat，新建图 11.33 所示的 account 表，user 表与 account 表的关系如图 11.34 所示，在 account 表中 id 是主键，自动增长类型。

名	类型	长度	小数点	允许空值 (
id	int	11	0	☐
accountnum	varchar	50	0	☑
money	double	0	0	☑
userid	int	11	0	☑

图 11.33 account 表结构

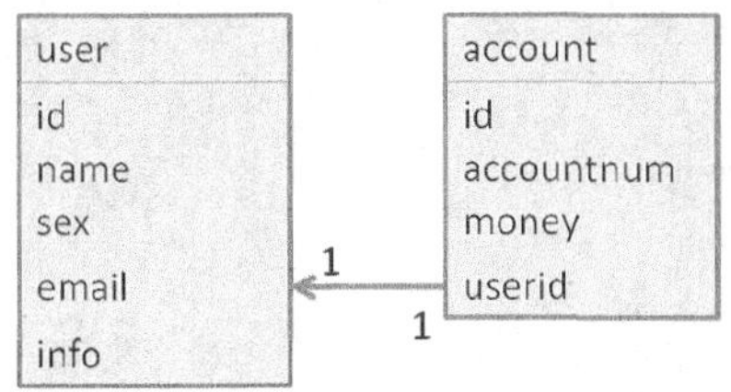

图 11.34 user 表与 account 表关系

在 MyEclipse 中打开项目 Chap11-1HibernateDemo，切换至“MyEclipse Database Explorer”视图，选中 account 表，选择右键菜单中的“Hibernate Reverse Engineering”，生成 Account.java、Account.hbm.xml 文件，如图 11.35 所示。

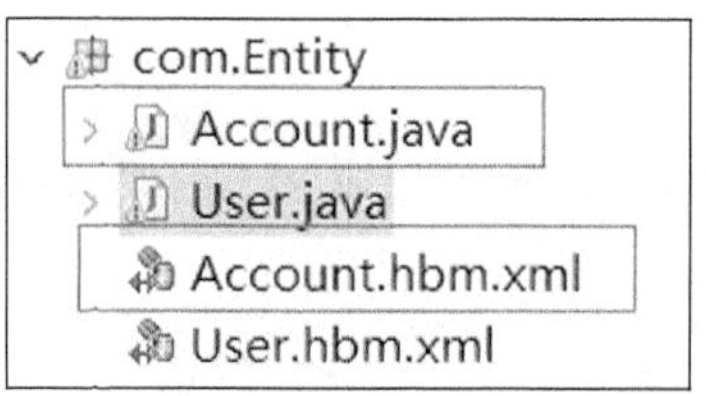

图 11.35 增加 account 表实体类和映射文件

打开 User.java 文件，如图 11.36 所示进行修改，增加 account 属性，并为其增加 get()和 set()方法。

```
public class User implements java.io.Serializable {

    private Integer id;
    private String name;
    private String password;
    private String sex;
    private String email;
    private String info;
    private Account account;        增加account
```

图 11.36 修改 User 类

打开 Account.java，如图 11.37 所示进行修改，将 userid 属性类型改为 User，并修改 get()与 set()方法。

```
public class Account implements java.io.Serializable {
    // Fields
    private Integer id;
    private String accountnum;
    private Double money;
    private User userid;      修改数据类型
```

图 11.37 修改 Account 类

User 类与 Account 类关系如图 11.38 所示。

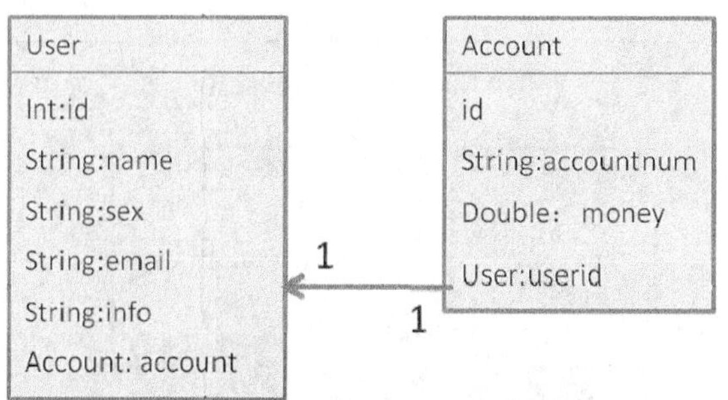

图 11.38 User 类与 Account 类关系

打开 User.hbm.xml 文件，增加 account 属性映射，如图 11.39 所示。

```
    <property name="name" type="java.lang.String">
        <column name="name" length="30" />
    </property>
    <property name="password" type="java.lang.String">
        <column name="password" length="30" />
    </property>
    <property name="sex" type="java.lang.String">
        <column name="sex" length="2" />
    </property>
    <property name="email" type="java.lang.String">
        <column name="email" length="30" />
    </property>
    <property name="info" type="java.lang.String">
        <column name="info" length="65535" />
    </property>
  <one-to-one name="account" class="com.Entity.Account"
       property-ref="userid" cascade="delete,save-update" />
</class>
```

图 11.39　修改 Account 类映射文件

打开 Account.hbm.xml，如图 11.40 所示修改 userid 字段映射。

```
    <id name="id" type="java.lang.Integer">
        <column name="id" />
        <generator class="identity" />
    </id>
    <property name="accountnum" type="java.lang.String">
        <column name="accountnum" length="50" />
    </property>
    <property name="money" type="java.lang.Double">
        <column name="money" precision="22" scale="0" />
    </property>
    <many-to-one name="userid" column="userid"
    class="com.Entity.User" unique="true" />
</class>
```

图 11.40　修改 User 类映射文件

Test 类测试代码如下所示。

```
// …
        User us=new User();
    us.setName("张三 3");
    us.setPassword("123321");
    us.setSex("M");
    us.setEmail("Test@163.com");
    us.setInfo("Test!");
        Account ac=new Account();
    ac.setAccountnum("XXXXX02710000684874");
    ac.setMoney(0.2d);
    ac.setUserid(us);
    us.setAccount(ac);
    session.save(us);
// …
```

11.4.3 多对多关系映射

多对多是数据关系中的一种。数据库表实现多对多对应，通常由一个中间表来完成，也就是由多对一、一对多来完成多对多关联。多对多由于使用了中间表，查询效率不高，且在程序的对象模式上，多对多会使对象与对象之间彼此依赖，并不是一个很好的设计方式，因此在设计上应避免使用多对多关系。

在映射文件上，使用<many-to-many>节点来完成映像关系，实现多对多关系，但是需要注意：cascade 设定为 save-update，因为在多对多的关系中，很少由于删除其中之一，而所关联的实体都要一并删除的，所以设定 save-update，表示在 save 或 update 时，一并对关联的对象进行对应的 save 或 update。

【例 11.5】实现学生表与课程表间的多对多关系。

在应用中，学生和课程就是多对多的关系，一个学生可以选择多门课程，而一门课程又可以被多个学生选择。多对多关系在关系数据库中不能直接实现，还必须依赖一个连接表。

打开 MySQL 可视化工具 Navicat，新建 student 表、course 表和 stu_cou 表，如图 11.41～图 11.43 所示。student 表与 course 表的关系如图 11.44 所示。

名	类型	长度	小数点	允许空值 (	
id	int	11	0	☐	1
StuNo	varchar	15	0	☐	
StuName	varchar	20	0	☑	
StuSex	varchar	2	0	☑	
Stuage	int	11	0	☑	

图 11.41 student 表结构

名	类型	长度	小数点	允许空值 (	
id	int	11	0	☐	1
courseName	varchar	30	0	☑	
courseInfo	varchar	200	0	☑	

图 11.42 course 表结构

名	类型	长度	小数点	允许空值 (
sid	int	11	0	☐
cid	int	11	0	☐

图 11.43 stu_cou 表结构

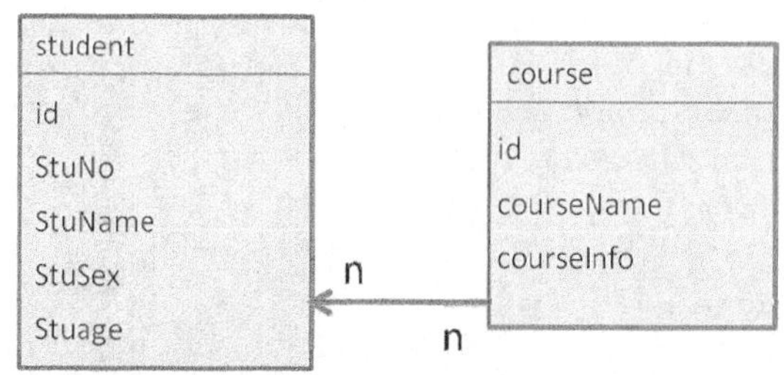

图 11.44 student 表与 course 表关系

在 MyEclipse 中新建项目 Chap11-2HibernateDemo，为项目添加 Hibernate 框架，新建 com.dao 包、com.entity 包，切换至“MyEclipse Database Explorer”视图，选中 student 表，选择右键菜单中的“Hibernate Reverse Engineering”，生成 Student.java、Student.hbm.xml 文件；选中 course 表，选择右键菜单中的“Hibernate Reverse Engineering”，生成 Course.java、Course.hbm.xml 文件，如图 11.45 所示。

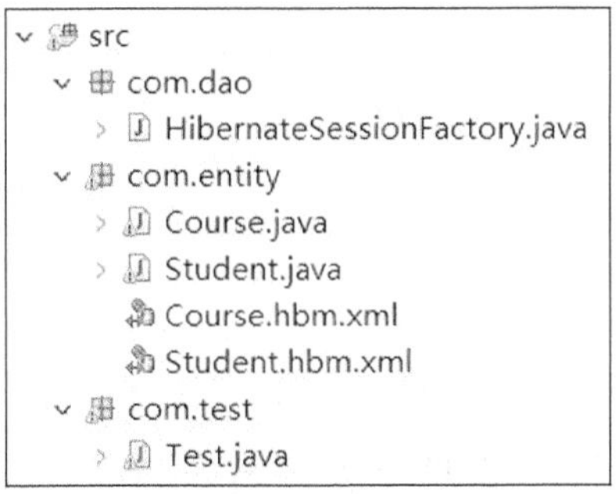

```
src
  com.dao
    HibernateSessionFactory.java
  com.entity
    Course.java
    Student.java
    Course.hbm.xml
    Student.hbm.xml
  com.test
    Test.java
```

图 11.45 添加实体类与映射文件

打开 Student.java 文件，如图 11.46 所示进行修改，增加 courses 属性，并为其增加 get()和 set()方法。

```java
public class Student implements java.io.Serializable {

    // Fields

    private Integer id;
    private String stuNo;
    private String stuName;
    private String stuSex;
    private Integer stuage;
    private Set courses=new HashSet();
```

图 11.46 修改 Student 类

打开 Course.java 文件，如图 11.47 所示进行修改，增加 stus 属性，并为其增加 get()和 set()方法。

```java
public class Course implements java.io.Serializable {

    // Fields

    private Integer id;
    private String courseName;
    private String courseInfo;
    private Set stus;
```

图 11.47 修改 Course 类

打开 Student.hbm.xml 文件，如图 11.48 所示，增加 courses 字段属性定义，courses 字段标签改为<set>，在<set>标签内使用<many-to-many>标签定义多对多。

```
<hibernate-mapping>
    <class name="com.entity.Course" table="course" catalog="user">
        <id name="id" type="java.lang.Integer">
            <column name="id" />
            <generator class="identity" />
        </id>
        <property name="courseName" type="java.lang.String">
            <column name="courseName" length="30" />
        </property>
        <property name="courseInfo" type="java.lang.String">
            <column name="courseInfo" length="200" />
        </property>
    <set name="courses"  lazy="true" cascade="all" table="stu_cour" >
        <key column="CID"></key>
        <many-to-many class="com.entity.Student" column="cid"/>
    </set>
    </class>
</hibernate-mapping>
```

图 11.48　修改 student 映射文件

打开 Course.hbm.xml 文件，如图 11.49 所示，增加 stus 字段属性定义，courses 字段标签改为<set>，在<set>标签内使用<many-to-many>标签定义多对多。

```
        </id>
        <property name="courseName" type="java.lang.String">
            <column name="courseName" length="30" />
        </property>
        <property name="courseInfo" type="java.lang.String">
            <column name="courseInfo" length="200" />
        </property>
    <set name="stus"  lazy="true"  cascade="all" table="stu_cour" >
        <key column="CID"></key>
        <many-to-many class="com.entity.Student" column="sid"/>
    </set>
    </class>
```

图 11.49　修改 course 映射文件

Test 类测试代码如下所示：

```
//…
    Course co1=new Course();
    Course co2=new Course();
    co1.setCourseName("计算机组成原理与汇编语言");
    co1.setCourseInfo("专业进阶课");
    co2.setCourseName("会计电算化实训");
    co2.setCourseInfo("专业课");
Set courses=new HashSet();
Setstus=new HashSet();
courses.add(co1);courses.add(co2);
    Student stu=new Student();
stu.setStuNo("2017010203002");
stu.setStuName("莫梓杰");
stu.setStuSex("男");
stu.setStuage(19);
stu.setCourses(courses);
stus.add(stu);
co1.setStus(stus);
co2.setStus(stus);
    Session se=com.dao.HibernateSessionFactory.getSession();
    Transaction tx =se.beginTransaction();
```

```
se.save(stu);
tx.commit();
//…
```

映射文件及运行结果如图 11.50 和图 11.51 所示。

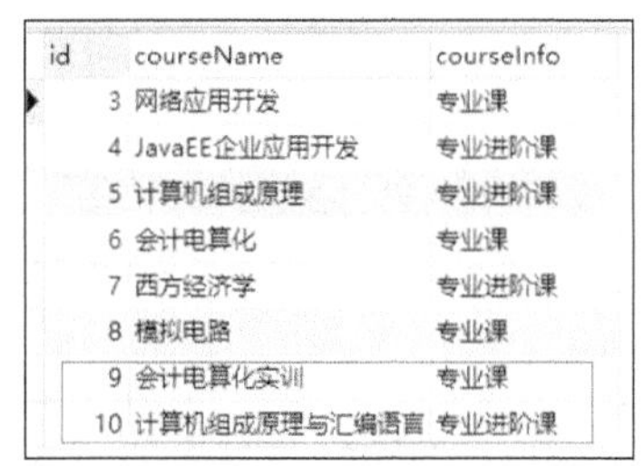

id	courseName	courseInfo
3	网络应用开发	专业课
4	JavaEE企业应用开发	专业进阶课
5	计算机组成原理	专业进阶课
6	会计电算化	专业课
7	西方经济学	专业进阶课
8	模拟电路	专业课
9	会计电算化实训	专业课
10	计算机组成原理与汇编语言	专业进阶课

图 11.50　映射文件

id	StuNo	StuName	StuSex	Stuage
5	2017010203002	张三	男	19
6	2017010203002	莫梓杰	男	19

图 11.51　运行结果

11.4.4　继承关系映射

对面向对象的程序设计语言而言，继承和多态是两个最基本的概念。Hibernate 的继承映射可以同样理解为两个持久化类之间的继承关系。例如，人（Person）和学生（Student）之间的关系，学生继承了人，可以认为学生是一类特殊的人，那么如果对人进行查询，就获得所有人的数据（多态查询）。

Hibernate 中实现继承映射有三种方式：

① 单表继承（所有类共用一个表）；

② 具体表继承（每个子类一个表类表继承）；

③ 每个具体类一个表。

【例 11.6】实现学生、工人和人之间的继承关系。

学生（Student）和工人（Work）与人（Person）之间存在继承关系，Person、Work、Student 三类之间的关系如图 11.52 所示。其中，Person 类中包含属性有编号(id，自动增长)、姓名(name)、性别（sex）、年龄（age）；Student 类中属性有编号（id，外键）、学号（stuNo）、学院（college）、专业（major）；Work 类属性有编号（id，外键）、工号（workNo）、部门（dept）、薪水（salary）。

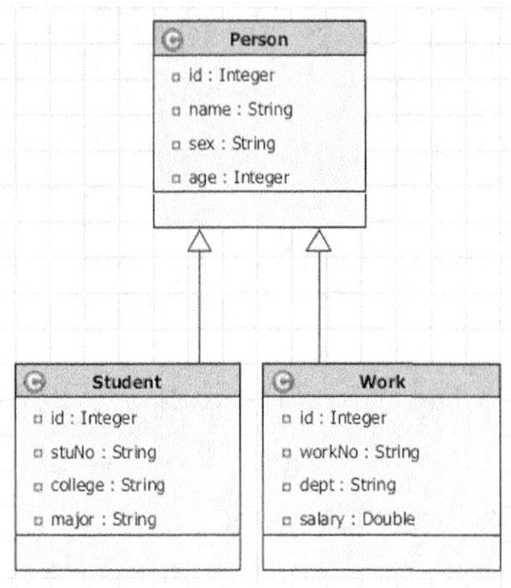

图 11.52　Person、Work、Student 之间的关系

打开 MySQL 可视化工具 Navicat，新建 Person 表、Student 表和 Work 表，如图 11.53～图 11.55 所示，三个表的结构如图 11.56 所示。

名	类型	长度	小数点	允许空值 (	
id	int	11	0	☐	1
name	varchar	20	0	☑	
sex	varchar	2	0	☑	
age	int	11	0	☑	

图 11.53　Person 表

名	类型	长度	小数点	允许空值 (	
id	int	11	0	☐	1
StuNo	varchar	15	0	☑	
college	varchar	20	0	☑	
major	varchar	20	0	☑	

图 11.54　Student 表

名	类型	长度	小数点	允许空值 (	
id	int	11	0	☐	1
WorkNo	varchar	15	0	☑	
dept	varchar	20	0	☑	
salary	double	0	0	☑	

图 11.55　Work 表

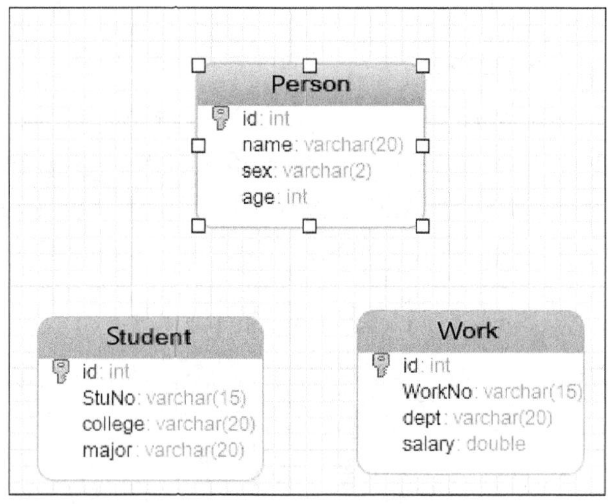

图 11.56　三个表的结构

在 MyEclipse 中新建项目 Chap11-3HibernateDemo，为项目添加 Hibernate 框架。新建 com.dao 包、com.entity 包，切换至“MyEclipse Database Explorer”视图，选中 Person 表，选择右键菜单中的“Hibernate Reverse Engineering”，生成 Person.java、Person.hbm.xml 文件；选中 Student 表和 Work 表，选择右键菜单中的“Hibernate Reverse Engineering”，不生成映射文件，只生成 Student.java、Work.java 类文件，如图 11.57 所示。

```
com.entity
    Person.java
    Student.java
    Work.java
    Person.hbm.xml
com.test
```

图 11.57　添加实体类

打开 Person.hbm.xml 文件，增加<joined-subclass>标签定义，其格式如下：

```
<joined-subclass name="类名（含路径）" table="每个子类对应的表名">
<key column="类对应表的外键名"></key>
<property name="类内的属性名" type="属性类型，可选" column="属性对应的列名"></property>
</joined-subclass>
```

修改文件如图 11.58 所示。

```
    <property name="sex" type="java.lang.String">
        <column name="sex" length="2" />
    </property>
    <property name="age" type="java.lang.Integer">
        <column name="age" />
    </property>
  <joined-subclass name="com.entity.Work" table="work">
      <key column="id" foreign-key="id"/>
    <property name="workNo" type="java.lang.String">
        <column name="WorkNo" length="15" />
    </property>
    <property name="dept" type="java.lang.String">
        <column name="dept" length="20" />
    </property>
    <property name="salary" type="java.lang.Double">
        <column name="salary" precision="22" scale="0" />
    </property>
  </joined-subclass>
<joined-subclass name="com.entity.Student" table="student">
      <key column="id" foreign-key="id"/>
    <property name="stuNo" type="java.lang.String">
        <column name="StuNo" length="15" />
    </property>
    <property name="college" type="java.lang.String">
        <column name="college" length="20" />
    </property>
    <property name="major" type="java.lang.String">
        <column name="major" length="20" />
    </property>
</joined-subclass>
    </class>
</hibernate-mapping>
```

图 11.58　修改 Person 映射文件

Test 类测试代码如下所示：

```
//…
public static void main(String[] args) {
        Work wk1=new Work("王凯","男",25,"SD0P002","研发部 2",8000.00);
        Work wk2=new Work("张瑞东","男",29,"SD0C007","销售部",4000.00);
        Student stu=new Student("尚莉","女",19,"SZ201705031015","管理学院","工商管理");
        Student stu2=new Student("陈查理","男",20,"SZ201402015015","计算机学院","计算机科学与技术");
```

```
        PersonDAO pd=new PersonDAO();
        pd.save(wk1);pd.save(wk2);
        pd.save(stu);pd.save(stu2);
        List<Person> persons=pd.findAllPerson();
        System.out.println("================Person================");
        for(Person p:persons)
        {
            System.out.println(" 姓 名 :"+p.getName()+"    性 别 :"+p.getSex()+"    年
龄:"+p.getAge());
        }
        List<Work> wks=pd.findAllWork();
        System.out.println("================Work================");
        for(Work w:wks)
        {
            System.out.println(" 工 号 :"+w.getWorkNo()+"    部 门 :"+w.getDept()+"    薪
水:"+w.getSalary());
        }
        List<Student> stus=pd.findAllStudent();
        System.out.println("================Work================");
        for(Student st:stus)
        {
            System.out.println(" 学 号 :"+st.getStuNo()+"    院 系 :"+st.getCollege()+"
专业:"+st.getMajor());
        }
    }
```

运行结果如图 11.59 所示。

```
================Person================
姓名:王凯 性别:男 年龄:25
姓名:张瑞东 性别:男 年龄:29
姓名:尚莉 性别:女 年龄:19
姓名:陈查理 性别:男 年龄:20
================Work================
工号:SD0P002   部门:研发部2   薪水:8000.0
工号:SD0C007   部门:销售部 薪水:4000.0
================Work================
学号:SZ201705031015   院系:管理学院 专业:工商管理
学号:SZ201402015015   院系:计算机学院 专业:计算机科学与技术
```

图 11.59　运行结果

11.5　小结

本章首先讲解了 ORM 的原理、Hibernate 的框架技术原理，然后讲解了 Hibernate 的应用、Hibernate 中的核心类与接口，以及 Hibernate 的多种映射关系的实现。

12 第12章　Hibernate高级开发

我们在第 11 章中讲解了 Hibernate 框架如何实现数据持久化，如何运用关系映射实现数据库表中的多种复杂关系。本章将从 Hibernate 的检索策略、查询方式、关联查询等角度来讲解 Hibernate。

本章内容：

- HQL 查询；
- Criteria 查询；
- Native SQL 查询；
- Hibernate 数据访问层。

12.1　HQL 查询

HQL（Hibernate Query Language，Hibernate 查询语言）是 Hibernate 中专用的查询语言，具有与 SQL 类似的语法规范，只不过 SQL 是针对数据表字段进行的查询，而 HQL 是针对持久对象的。HQL 是完全面向对象的，具备继承、多态和关联等特性。除 Java 类和属性外，HQL 对大小写不敏感。HQL 查询依赖于 Query 类，每个 Query 实例对应一个查询对象。

Query 接口的常用方法如下。

（1）setter()方法，用于设置 HQL 中问号或变量的值。例如：

```
Query query = session.createQuery ("from User u where u.age > ?
and u.name like ?");
    query.setInteger(0, 12);
    query.setString(1, "%Tom%");
```

（2）list()方法，返回查询结果，结果类型为 List 型集合数据。例如：

```
Query query = session.createQuery("from User u where u.age > ?");
    query.setInteger(0, 22);
    List list = query.list();
```

（3）iterate()方法，返回查询结果，结果类型为 Iterator 型集合数据。iterate()方法和 list()方法都是返回查询结果，但 list()会直接查询数据库，iterate()会先到数据库中把 id 取出来，需要遍历某个对象的时候再到缓存中找。如果找不到，就以 id 为条件再发一条 SQL 请求到数据库，这样如果缓存中没有数据，则查询数据库的次数为 n+1，且 iterate()会查询二级缓存，list()只会查询一级缓存。

（4）executeUpdate()方法，执行更新或删除语句，常用于批量删除或批量更新操作。

使用 HQL 查询可按如下步骤进行：

① 获取 HibernateSession 对象；

② 编写 HQL 语句；

③ 以 HQL 语句作为参数，调用 Session 的 createQuery()方法创建查询对象；

④ 如果 HQL 语句包含参数，调用 Query 的 setXxx()方法为参数赋值；

⑤ 调用 Query 对象的 list()等方法遍历查询结果。

1. from 子句

from 子句是最简单的 HQL 语句，例如，from User 也可以写成 select s from User s。它简单地返回 User 类的所有实例。

在使用 HQL 时，除 Java 类和属性的名称外，HQL 语句对大小写并不敏感，所以在上一句 HQL 语句中，from 与 FROM 是相同的，但是 User 与 user 就不同了，所以上述语句写成 from user 就会报错。

【例 12.1】from 子句案例。

接例 11.2，打开 MySQL 可视化工具 Navicat，为 user 表添加一个 age 年龄字段，类型为整型，如图 12.1 所示。

名	类型	长度	小数点	允许空值 (	
id	int	11	0	☐	1
name	varchar	30	0	☑	
password	varchar	20	0	☑	
sex	varchar	5	0	☑	
email	varchar	20	0	☑	
info	varchar	200	0	☑	
age	int	11	0	☑	
deptid	int	11	0	☑	

图 12.1 user 表结构

选择 com.test 包新建一个类，文件名为 HqlDemo1.java，按图 12.2 所示在该类中输入代码。

```
public class HqlDemo1 {
    public static void main(String[] args)
    {
        Session se=com.dao.HibernateSessionFactory.getSession();
        Query query = se.createQuery("from User");
          List list = query.list();
          System.out.println("===============查询结果================");
          for (int i=0;i<list.size(); i++)
          {User us = (User)list.get(i);
          System.out.println("用户名:"+us.getName()+"    性别:"+us.getSex());
          }
    }
}
```

图 12.2 HqlDemo1 类

查询结果如图 12.3 所示。

```
22:26:16,045 DEBUG ConnectionManager:427 - a
22:26:16,046 DEBUG ConnectionManager:464 - r
===============查询结果===============
用户名:aaa    性别:M
用户名:王五2    性别:男
用户名:李丽婷2    性别:女
```

图 12.3　查询结果

如果执行 HQL 语句“from User, Dept”，并不会简单地返回两个对象，而是返回这两个对象的笛卡儿积。在实际应用中，类似“from Student, Course”这样的语句几乎不会出现。

2. select 子句

如果不需要得到对象的所有属性，可以使用 select 子句进行属性查询，例如，select s.name from User s。下面的程序将演示如何执行这条语句。

【例 12.2】select 子句。

接例 12.1，在 com.test 包中新建一个类，文件名为 HqlDemo2.java，按图 12.4 所示在该类中输入代码。

```java
public class HqlDemo2 {
    public static void main(String[] args)
    {
        Session se=com.dao.HibernateSessionFactory.getSession();
        Query query = se.createQuery("select us.name from User us");
           List list = query.list();
           System.out.println("===============查询结果===============");
           for (int i=0;i<list.size(); i++)
           {String name = (String)list.get(i);
           System.out.println(name);
           }
           query = se.createQuery("select s.name, s.sex from User as s");
           list = query.list();
           System.out.println("===============查询结果===============");
            for (int i=0;i<list.size(); i++) {
                Object obj[] = (Object[])list.get(i);
                System.out.println("姓名:"+obj[0] + "  性别 : " +obj[1]);
            }
    }
```

图 12.4　HqlDemo2 类

查询结果如图 12.5 所示。

```
23:09:28,350 DEBUG ConnectionManager:464 -
===============查询结果===============
王五2
李丽婷2
王五2
李丽婷2
```

图 12.5　查询结果

3. where 子句

HQL 也支持子查询，它可通过 where 子句实现这一机制。可以在 where 后设置查询条件，按条件进行查询。例如，查询用户中性别为“男”的用户数据：

```
Query query = session.createQuery("from User as s where s.sex='男'");
```

HQL 中 where 子句支持 SQL 中的运算符，where 子句支持的运算符如下。

① 算术运算符：+，-，*，/。

② 比较运算符：=，>=，<=，<>，!=，like。

③ 逻辑运算符：and，or，not。

④ 字符串连接：||。

【例 12.3】使用 where 子句，检索所有男性用户信息。

接例 12.1，在 com.test 包中新建一个类，文件名为 HqlDemo3.java，如图 12.6 所示在该类中输入代码。

```
public class HqlDemo3 {
    public static void main(String[] args)
    {
        Session se=com.dao.HibernateSessionFactory.getSession();
        Query query = se.createQuery("from User as s where s.sex='男' ");
        List list = query.list();
        System.out.println("===============查询结果===============");
        for (int i=0;i<list.size(); i++) {
            User us = (User)list.get(i);
            System.out.println("用户名:"+us.getName()+"    性别:"+us.getSex());
        }

    }
```

图 12.6　HqlDemo3 类

查询结果如图 12.7 所示。

```
16:04:18,632 DEBUG ConnectionManager:464 -
===============查询结果===============
用户名:王五2    性别:男
```

图 12.7　查询结果

4. order by 子句

order by 子句的查询结果按指定属性排序：

```
from User us order by us.age asc
```

按 age 年龄属性排序，其中 asc 是升序排列，若为 desc，则是降序排列。

【例 12.4】使用 order by 子句，按年龄降序输出用户信息。

接例 12.1，在 com.test 包中新建一个类，文件名 HqlDemo4.java，如图 12.8 所示在该类中输入代码。

```
public class HqlDemo4 {
    public static void main(String[] args)
    {
        Session se=com.dao.HibernateSessionFactory.getSession();
        Query query = se.createQuery("from User us order by us.age desc");
            List list = query.list();
            System.out.println("===============查询结果===============");
            for (int i=0;i<list.size(); i++) {
                User us = (User)list.get(i);
                System.out.println("用户名:"+us.getName()+"    性别:"+us.getSex()+"    年龄:"+us.getAge());
                }
    }
}
```

图 12.8　HqlDemo4 类

查询结果如图 12.9 所示。

```
16:33:20,321 DEBUG ConnectionManager:464 - rele
===============查询结果===============
用户名:吕浩  性别:男  年龄:50
用户名:郭冬临  性别:男  年龄:42
用户名:王银银  性别:女  年龄:41
```

图 12.9 查询结果

5. group 子句

group 子句可对查询返回的列表数据按要求进行分组，或使用统计函数进行分组统计。

【例 12.5】分别统计用户表中的男女人数。

接例 12.1，在 com.test 包中新建一个类，文件名为 HqlDemo5.java，如图 12.10 所示在该类中输入代码。

```java
public class HqlDemo5 {
    public static void main(String[] args)
    {
        Session se=com.dao.HibernateSessionFactory.getSession();
        Query query = se.createQuery("select us.sex,count(*) from User us group by us.sex ");
        List list = query.list();
           System.out.println("===============查询结果===============");
           for (int i=0;i<list.size(); i++) {
               Object[] res = (Object[])list.get(i);
               System.out.println("性别:"+res[0]+"    人数:"+res[1]);
           }
```

图 12.10 HqlDemo5 类

查询结果如图 12.11 所示。

```
<terminated> HqlDemo5 [Java Application] C:\Users\Admin
17:14:36,023 DEBUG ConnectionManager:427 - aggres
17:14:36,023 DEBUG ConnectionManager:464 - releas
===============查询结果===============
性别:女  人数:8
性别:男  人数:8
```

图 12.11 查询结果

6. 统计函数查询

可以在 HQL 中使用统计函数，经常使用的函数有以下几种。

- count()：统计记录条数。
- min()：求最小值。
- max()：求最大值。
- sum()：求和。
- avg()：求平均值。

例如，要取得 Student 实例的数量，可以编写如下 HQL 语句：

```
select count(*) from User
```

取得 User 的平均年龄的 HQL 语句如下：

```
select avg(s.age) from User as s
```

可以使用 distinct 去除重复数据：

```
select distinct s.age from User as s
```

【例 12.6】统计用户的平均年龄。

接例 12.1，在 com.test 包中新建一个类，文件名为 HqlDemo6.java，如图 12.12 所示在该类中输入代码。

```
public class HqlDemo6 {
    public static void main(String[] args)
    {
        Session se=com.dao.HibernateSessionFactory.getSession();
         Query query = se.createQuery("select avg(s.age)  from User as s ");
         System.out.println("===============查询结果===============");
         System.out.println("平均年龄: "+((Double)query.uniqueResult()).doubleValue());
    }
}
```

图 12.12　HqlDemo6 类

查询结果如图 12.13 所示。

```
21:23:12,182 DEBUG Con
平均年龄: 32.75
```

图 12.13　查询结果

7. **连接查询**

与 SQL 查询一样，HQL 也支持连接查询，如内连接、外连接和交叉连接。其格式如下：

```
select [字段] from [表 1] cross/left/right/full/inner join [表 2] on [表 1.某字段]
<关系运算符(=/>/</>=/<=..)> [表 2.某字段]
```

① cross join：笛卡儿积，在没有任何条件的约束下就是一个表的行数乘以另一个表的行数。

② left join：返回"表名 1"的全部行，将"表名 2"中不满足 on 条件的记录用空值替换。

③ right join：返回"表名 2"的全部行，将"表名 1"中不满足 on 条件的记录用空值替换。

④ full join：返回两个表中的所有记录，对不满足 on 条件的记录用空值替换。

⑤ inner jon：只返回两个表中都满足 on 条件的记录。

【例 12.7】使用连接查询，检索出每个部门员工的信息。

接例 12.1，在 com.test 包中新建一个类，文件名为 HqlDemo7.java，如图 12.14 所示在该类中输入代码。

```
public class HqlDemo7 {
    public static void main(String[] args)
    {
        Session se=com.dao.HibernateSessionFactory.getSession();
        Query query = se.createQuery("from Dept as dept left join dept.users as users");
         List list = query.list();
         System.out.println("===============查询结果===============");
          for (int i=0;i<list.size(); i++)
          {   Object[] ob=(Object[])list.get(i);
              for (int j=0;j<ob.length;j++) {
                  if(ob[j] instanceof Dept)
                  {  Dept de=(Dept)ob[j];
                     System.out.println("部门信息: "+de.getDeptName()+"  地址:"+de.getLocation());
                     Set<User> users = de.getUsers();
                     for(User us : users)
                       System.out.println("姓名:"+us.getName()+" 年龄:"+us.getAge());
                  }
              }
          }
    }
}
```

图 12.14　HqlDemo7 类

查询结果如图 12.15 所示。

```
log4j:WARN Please initialize the log4j system properly.
===============查询结果===============
部门信息: 销售部 地址:3号园区-5栋1209
姓名:张海燕 年龄:29
姓名:石进 年龄:25
部门信息: 销售部 地址:3号园区-5栋1209
姓名:张海燕 年龄:29
姓名:石进 年龄:25
部门信息: 研发部 地址:3号园区-5栋1002
姓名:李晓明 年龄:32
```

图 12.15 查询结果

12.2 Criteria 查询

当查询数据时，人们往往需要设置查询条件。在 SQL 或 HQL 语句中，查询条件作为参数放在 where 子句中，这样虽然直观，但是并非面向对象。Criteria 查询（Criteria Query）是 Hibernate 提供的一种查询手段，这种查询方式把查询条件封装为一个 Criteria 对象。Criteria 查询主要由 org.hibernate.Criteria 接口、org.hibernate.Criterion 接口、org.hibernate.criterion.Order 类和 org.hibernate.criterion.Restriction 类实现，它支持动态生成查询语句。其中，Criteria 接口提供了用于查询的方法，Criterion 接口和 Restriction 类为当前查询提供了查询条件，Order 类为查询结果排序。

Criteria 查询较容易使用，即使用户对 SQL 不太熟悉，都可以使用 Criteria 查询。使用 Criteria 查询的基本步骤如下。

① 获取 HibernateSession 对象。

② 调用 Session 的 createCriteria()方法创建 Criteria 对象，参数是某个持久化类。

③ 如果需要查询条件，则调用 Criteria 对象的 add()方法增加查询条件，否则直接执行下一步操作。add()方法的参数是 Criterion 对象，即 Criteria 查询的查询条件由 Criterion 接口生成，Criterion 对象表示的查询条件则由 Restrictions 类负责产生。

④ 调用 Criteria 对象的 list()方法执行查询，得到查询结果。

Criteria 对 SQL 进行封装，让开发人员可以用对象的方式来对数据库进行操作。

【例 12.8】查询年龄 22～38 岁的用户信息。

接例 12.1，在 com.test 包中新建一个类，文件名为 HqlDemo8.java，如图 12.16 所示在该类中输入代码。

```
public class HqlDemo8 {
    public static void main(String[] args)
    {
        Session se=com.dao.HibernateSessionFactory.getSession();
        Criteria ca = se.createCriteria(User.class);
        ca.add(Restrictions.gt("age",new Integer(22)));
        ca.add(Restrictions.lt("age",new Integer(38)));
          List list = ca.list();
        System.out.println("===============查询结果===============");
          for (int i=0;i<list.size(); i++)
          {User us = (User)list.get(i);
          System.out.println("姓名:"+us.getName()+" 年龄:"+us.getAge());
          }
    }
}
```

图 12.16 HqlDemo8 类

查询结果如图 12.17 所示。

```
===============查询结果===============
姓名:石进 年龄:25
姓名:张海燕 年龄:29
姓名:李晓明 年龄:32
姓名:徐跃心 年龄:31
```

图 12.17　查询结果

其中，Restrictions.gt("age", new Integer(22))设置年龄大于 22 岁，Restrictions.lt("age", new Integer(38))设置年龄小于 38 岁。

也可以使用逻辑组合来进行查询，例如，结合 age 等于（eq）20 或（or）age 为空（isNull）的条件：

```
Criteria criteria = session.createCriteria(User.class);
criteria.add(Restrictions.or(
Restrictions.eq("age", new Integer(20)),
Restrictions.isNull("age")
));
List users = criteria.list();
```

Restrictions 类中常用的查询方法如表 12.1 所示。

表 12.1　　Restrictions 类中常用的查询方法

方法	功能
Restrictions.eq	=
Restrictions.allEq	利用 Map 进行多个等于的限制
Restrictions.gt	>
Restrictions.ge	>=
Restrictions.lt	<
Restrictions.le	<=
Restrictions.between	BETWEEN
Restrictions.like	LIKE
Restrictions.in	in
Restrictions.and	and
Restrictions.or	or
Restrictions.sqlRestriction	用 SQL 限定查询

【例 12.9】Criteria 查询。

接例 12.1，在 com.test 包中新建一个类，文件名为 HqlDemo10.java，如图 12.18 所示在该类中输入代码。

查询结果如图 12.19 所示。

Criteria 查询支持对结果集排序，Criteria 使用 Order 对结果进行排序，例如使用 Order.asc()由小到大排序（反之则使用 desc()）：

```
Criteria criteria = session.createCriteria(User.class);
criteria.addOrder(Order.asc("age"));
List users = criteria.list();
```

```
public class HqlDemo10{
    public static void main(String[] args)
    {
        List list;
        User us;
        Session se=com.dao.HibernateSessionFactory.getSession();
        Criteria cr = se.createCriteria(User.class);
        cr.add(Restrictions.eq("name", "张馨予"));//等价于where name='张馨予'
        list = cr.list();
        us = (User)list.get(0);
        System.out.println("==============查询结果===============");
        System.out.println(us.getName()+" 年龄"+us.getAge());
        cr = se.createCriteria(User.class);
        cr.add(Restrictions.like("name", "张%"));//等价于like name='张%'
        list = cr.list();
        System.out.println("==============查询结果===============");
        for(int i=0;i<list.size();i++){
        us = (User)list.get(i);
        System.out.println("姓名:"+us.getName()+" 年龄"+us.getAge());
        }
    }
}
```

图 12.18　HqlDemo10 类

```
log4j:WARN Please initialize the log4j sy
===============查询结果===============
张馨予 年龄30
===============查询结果===============
姓名:张海燕 年龄29
姓名:张大鹏 年龄36
姓名:张馨予 年龄30
姓名:张涵予 年龄40
```

图 12.19　查询结果

Criteria 查询也支持对结果集进行定位限制。Criteria 查询使用 setMaxResults()方法可设定查询回来的记录数，setFirstResult()方法可设定传回查询结果第一条记录的位置，将这两个方法配合起来，即可实现简单的分页。

例如，返回第 11 条记录之后的 20 条记录：

```
Criteria criteria = session.createCriteria(User.class);
criteria.setFirstResult(11);
criteria.setMaxResults(20);
List users = criteria.list();
```

12.3　Native SQL 查询

Native SQL 查询是 Hibernate 框架中直接使用 SQL 语句查询的一种方式，使用 Native SQL 查询可以利用某些数据库的特性，或者用于将原有的 JDBC 应用迁移到 Hibernate 应用上。使用命名的 Native SQL 查询还可以将 SQL 语句放在配置文件中设置，从而促进程序的解耦。

Native SQL 查询是通过 SQLQuery 接口来实现的。SQLQuery 接口是 Query 接口的子接口，因此完全可以调用 Query 接口的方法，具体如下。

① setFirstResult()，设置返回结果集的起始点。

② setMaxResults()，设置查询获取的最大记录数。

③ list()，返回查询到的结果集。

但 SQLQuery 比 Query 多了以下两个重载的方法。

- addEntity，将查询到的记录与特定的实体关联。
- addScalar，将查询的记录关联成标量值。

SQLQuery 接口的使用方法如下所示：

```
    List<User> UserList = session.createSQLQuery("SELECT * FROM user ").addEntity
(User.class).list();
    List objsList = session.createSQLQuery("SELECT * FROM user ")
            .addScalar("id", Hibernate.INTEGER)
            .addScalar("name", Hibernate.STRING).list();
            Object[] o= (Object[]) objsList.get(0);
            System.out.println(o[1]);
```

12.4 案例：Hibernate 构建数据访问层

通过前面的讲解，相信读者已基本掌握 Hibernate 框架的应用，下面结合前面讲解过多次的用户管理系统，应用 Hibernate 来构建数据访问层。

【例 12.10】使用 Hibernate 构建数据访问层。

在 MyEclipse 中打开 chap12-4UserManager，并为项目添加 Hibernate 框架及关系映射文件和 HibernateSessionFactory 文件，如图 12.20 所示新建 com.dao 包和 com.dao.lmp 包。

```
⌄ com.dao
  › UserDao.java
⌄ com.dao.lmp
  › UserDaoHilmp.java
⌄ com.dao.tools
  › HibernateSessionFactory.java
```

图 12.20　新建 com.dao 包和 com.dao.lmp 包

其中，com.dao 包下的 UserDao.java 文件是数据访问层的接口类，定义数据库访问层的接口规范；com.dao.lmp 包下的 UserDaoHilmp.java 文件是数据访问层的实现类；com.dao.tools 包下的 HibernateSessionFactory.java 文件是 Hibernate 会话工厂类。

UserDao 接口类代码如下：

```
public interface UserDao {
    public boolean Login(User user);
    public String regUser(User user);
    public List<User> getallUser();
    public User getUserByid(int id);
    public int getcount() ;
    public User search(User us);
    public void updata(User user);
```

```
        public void del(int id);
    }
```

UserDaoHilmp 实现类代码如下：

```
    public class UserDaoHilmp implements UserDao {
        public boolean Login(User user) {
            Session se=HibernateSessionFactory.getSession();
            Query query = se.createQuery("from User as s where s.name='"+user.
getName()+"' and s.password='"+user.getPassword()+"'");
            List list = query.list();
            if(list.size()>0)
            return true;
            return false;
        }
        public String regUser(User user) {
            Session se=HibernateSessionFactory.getSession();
            Transaction tx = se.beginTransaction();
            se.save(user);
            tx.commit();
            return "注册成功";
        }
        public List<User> getallUser() {
            Session se=HibernateSessionFactory.getSession();
            Query query = se.createQuery("from User");
             List<User> list = query.list();
            return list;
        }
        public User getUserByid(int id) {
            Session se=HibernateSessionFactory.getSession();
            return (User)se.get(User.class, id);
        }
        public int getcount() {
            Session se=HibernateSessionFactory.getSession();
            Query query = se.createQuery("select count(*)  from User");
            return ((Long)query.uniqueResult()).intValue();
        }
        public User search(User us) {
            Session se=HibernateSessionFactory.getSession();
            Query query = se.createQuery("from User as s where s.name='"+us.
getName()+"'");
            List list = query.list();
            if(list.size()>0)
            return (User)list.get(1);
            return null;
        }
        public void updata(User user) {
            Session se=HibernateSessionFactory.getSession();
            Transaction tx = se.beginTransaction();
            se.update(user);
            tx.commit();
        }
        public void del(int id) {
            Session se=HibernateSessionFactory.getSession();
            Query query = se.createQuery("delete from User user where user.id="+id);
```

```
            query.executeUpdate();
        }
    }
```

12.5 小结

本章以第 11 章的 Hibernate 框架应用为基础，详细讲解了 Hibernate 中常用的 HQL 和 Criteria 两类查询技术，以及应用 Hibernate 构建数据访问层等技术。

13 第13章　Spring基础

前面已介绍了 Struts 2 和 Hibernate 这两个框架的开发与使用，但如何将这两个框架有效整合起来，是 Java EE 开发人员必须掌握的技术。Spring 是目前广泛使用的轻量级 Java EE 框架技术之一，它以 IoC、AOP 为主要思想，能够协同 Struts 1、Struts 2、Hibernate、WebWork、JSF、iBatis 等众多框架一同工作。Spring 框架可以实现对 Java EE 中众多框架的有效管理，使用 Spring 框架可以实现 Java EE 中的模型层次的概念。本章将重点讲解 Spring 框架基础、IoC 模式、AOP 模式及 Spring 原理等内容。

本章内容：

- Spring 框架的发展及特点；
- Spring 框架的开发环境；
- 在 MyEclipse 中使用 Spring 框架；
- Spring 框架中 IoC 和 AOP 的原理及应用；
- BeanFactory 的原理及应用；
- ApplicationContext 的原理及应用。

13.1　Spring 简介

Spring 是 Java 平台上的一个开源应用框架，它有着深厚的历史根基。Spring 最初起源于罗德·约翰逊（Rod Johnson）于 2002 年所著的 *Expert One-on-One：J2EE Design and Development* 一书中的基础性代码。在该书中，罗德阐述了大量 Spring 框架的设计思想，并对 Java EE 平台进行了深层次的思考，指出了 EJB 存在的结构臃肿的问题。他认为采用一种轻量级的、基于 JavaBean 的框架就可以满足大多数程序开发的需要。

2003 年，罗德公开了所描述框架的源代码，这个框架逐渐演变成了我们所熟知的 Spring 框架。2004 年 3 月发布的 1.0 版本是 Spring 的第一个具有里程碑意义的版本。这个版本发布之后，Spring 框架在 Java 社区中变得非常流行。现在，Spring 已经获得了广泛的认可，并被许多公司认为是具有战略意义的重要框架。

Spring 框架是基于 Java 平台的，它为应用程序的开发提供了全面的基础设施支持。Spring 专注于基础设施，这使开发者能更好地致力于应用开发而不用去关心底层的架构。

Spring 框架本身并未强制使用任何特别的编程模式。从设计上看，Spring 框架给予了 Java 程序员很大的自由度，同时也对业界存在的一些常见问题提供了规范的文档和易于使用的方法。

Spring 框架的主要优势之一是其分层架构，分层架构允许选择使用任一个组件，同时为 Java EE 应用程序开发提供集成的框架。Spring 框架的分层架构由 7 个定义良好的模块组成，如图 13.1 所示。Spring 模块构建在核心容器之上，核心容器定义了创建、配置和管理 Bean 的方式。

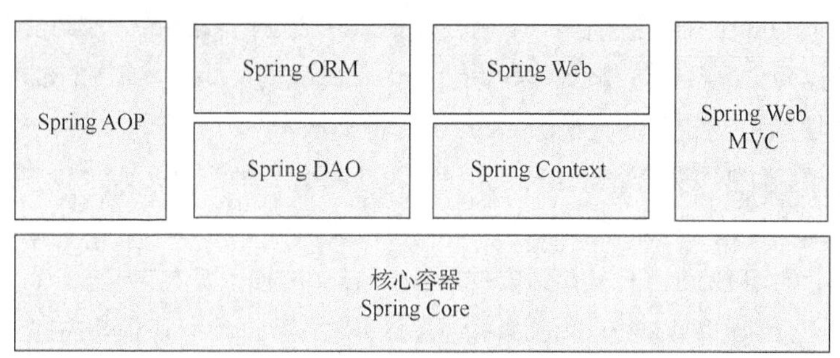

图 13.1　Spring 框架结构

组成 Spring 框架的每个模块（或组件）都可以单独存在，或者与其他一个或多个模块联合实现。各模块的功能如下。

（1）核心容器（Spring Core）。提供 Spring 框架的基本功能，其主要组件是 BeanFactory，是工厂模式的实现。

（2）Spring Context。向 Spring 框架提供上下文信息，包括企业服务，如 JNDI、EJB、电子邮件、国际化、校验和调度等。

（3）Spring AOP。通过配置管理特性，可以很容易地使 Spring 框架管理的任何对象支持 AOP。Spring AOP 模块直接将面向切面编程的功能集成到 Spring 框架中。它为基于 Spring 应用程序的对象提供了事务管理服务。

（4）Spring DAO。Spring DAO 抽象层提供了有用的异常层次结构，用来管理异常处理和不同数据库供应商抛出的错误消息。异常层次结构简化了错误处理，并且极大地减少了需要编写的异常代码数量（如打开和关闭连接）。

（5）Spring ORM。Spring 框架插入了若干 ORM 框架，提供 ORM 的对象关系工具，其中包括 JDO、Hibernate 和 iBatis SQL Map，且都遵从 Spring 的通用事务和 DAO 异常层次结构。

（6）Spring Web。为基于 Web 的应用程序提供上下文。它建立在应用程序上下文模块之上，简化了处理多份请求及将请求参数绑定到域对象的工作。Spring 框架支持与 Jakarta Struts 的集成。

（7）Spring Web MVC，是一个全功能构建 Web 应用程序的 MVC 实现。通过策略接口实现高度可配置。MVC 容纳了大量视图技术，其中包括 JSP、Velocity、Tiles、iText 和 POI。

Spring 框架源于工程化设计思想，其思想是将一个大型的工程模块化、结构化、接口化，以适应软件开发的需要。

13.2　Spring 框架的基本应用

【例 13.1】 在 MyEclipse 中使用 Spring 框架。

打开 MyEclipse，新建一个名为 Chap13-1SpringDemo 的 Java Project 项目，如图 13.2 所示，在“Package Explorer”面板中选中该项目，选择右键菜单中的“MyEclipse”→“Project Facets”→“Install Spring Facet”，如图 13.3 所示。在“Install Spring Facet”对话框中选择 Spring version 为 3.1，如图 13.4 所示。

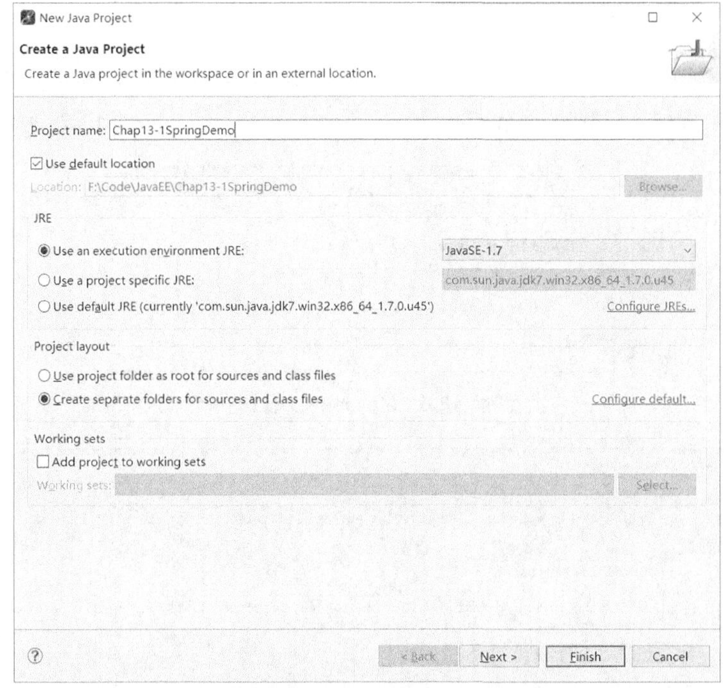

图 13.2　新建项目 Chap13-1SpringDemo

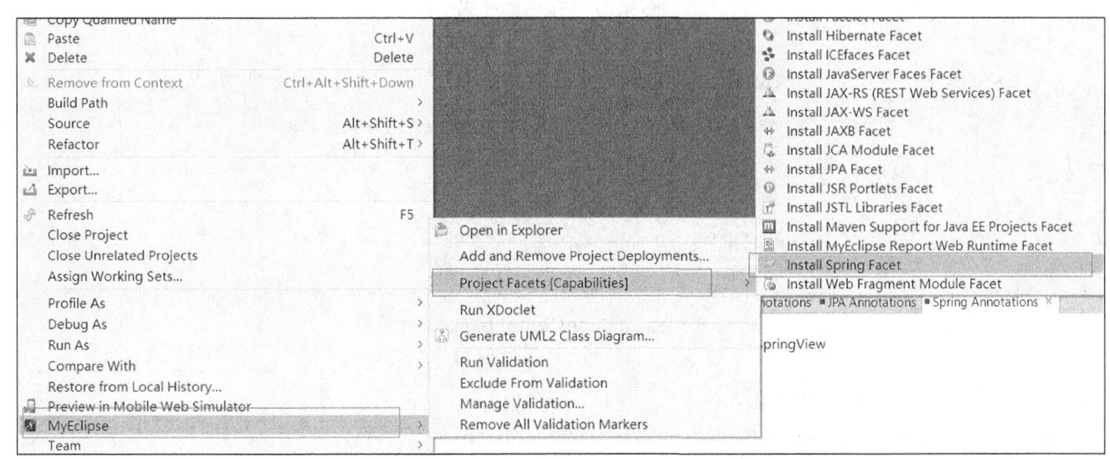

图 13.3　为项目添加 Spring 框架

选中 src 文件夹，新建一个名为 com.springbean 的包，在该包下新建两个类，分别是 Message 类和 Test 类，项目结构如图 13.5 所示，代码如图 13.6 和图 13.7 所示。

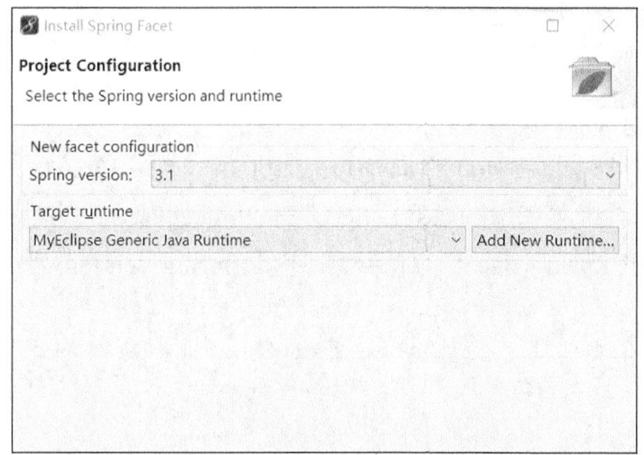

图 13.4　选择 Spring 版本

```
Chap13-1SpringDemo
  src
    com.springbean
      Message.java
      Test.java
    applicationContext.xml
  JRE System Library [JavaSE-1.7]
  Spring 3.1.1 Libraries
```

图 13.5　项目结构

```java
package com.springbean;

public class Message {
    String getMessage()
    {
        return "Hello world";
    }
}
```

图 13.6　Message 类代码

```java
package com.springbean;

import org.springframework.context.ApplicationContext;
import org.springframework.context.support.ClassPathXmlApplicationContext;

public class Test {
    public static void main(String[] args)
    {
        ApplicationContext context=new  ClassPathXmlApplicationContext("applicationContext.xml");
        Message msg=(Message)context.getBean("message");
        System.out.println(msg.getMessage());

    }
}
```

图 13.7　Test 类代码

打开 src 文件夹下的 applicationContext.xml 文件，添加图 13.8 所示的代码。

```xml
<?xml version="1.0" encoding="UTF-8"?>
<beans
    xmlns="http://www.springframework.org/schema/beans"
    xmlns:xsi="http://www.w3.org/2001/XMLSchema-instance"
    xmlns:p="http://www.springframework.org/schema/p"
    xsi:schemaLocation="http://www.springframework.org/schema/beans h
  <bean id="message" class="com.springbean.Message"></bean>
</beans>
```

图 13.8　applicationContext.xml 文件配置

运行 Test 类，运行结果如图 13.9 所示。

从实例中可以看出，Spring 框架可通过调用在 applicationContext.xml 中定义的 Bean 获取 Message 对象实例，进行访问。

```
<terminated> Test [Java Application] C:\Users\Ad
log4j:WARN No appenders could be found
log4j:WARN Please initialize the log4j
log4j:WARN See http://logging.apache.org
Hello world
```

图 13.9　运行结果

13.3 依赖注入

依赖注入又称控制反转（Inversion of Control，IoC），其思想是开发者不用去关心被调用功能模块是如何实现的，也不用开发者亲自创建被调用的功能模块实例，将这些操作都交给 Spring 框架去完成。例如，Java EE 项目中业务处理层不需要关心数据访问层如何实现，以及如何创建数据访问层的实例，只需通过 Spring 框架调用即可。

从功能定义上讲，依赖注入是指在程序运行期间，由容器动态地为目标类的实例构建完成依赖关系的手段。Spring 中依赖注入包括属性注入和构造函数注入两种。

13.3.1 属性注入

属性注入（Setter Injection）是指在接受注入的类中定义属性的 setter()方法，并在配置文件的参数中定义需要注入的元素。

下面通过一个案例来说明依赖注入中属性注入是如何实现及如何调用的。

【例 13.2】要表演一场歌剧，歌剧表演涉及演员与歌曲，不同演出需配置不同的演员与歌曲。现将歌剧定义为一个类，演员与歌曲定义为接口，根据不同演出需要配置不同的演员与歌曲。

打开 MyEclipse，新建一个名为 Chap13-2IOCDemo 的 Java Project 项目，实现过程如图 13.10 所示。

建立项目后，按图 13.11 所示的目录结构建立包、接口、类，项目结构的具体情况如表 13.1 所示。

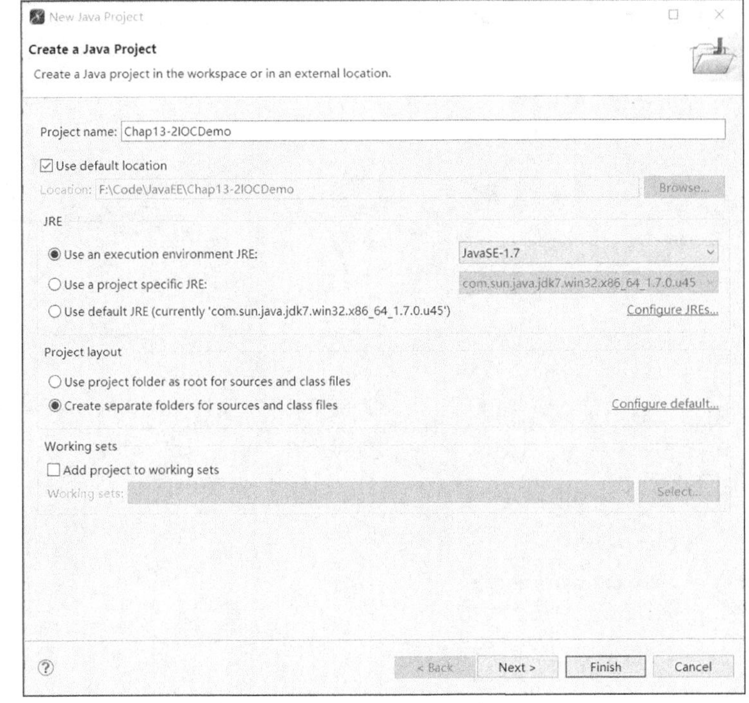

图 13.10 新建项目 Chap13-2IOCDemo

Chap13-2IOCDemo
- src
  - actors
    - AmericanActors.java
    - ChineseActors.java
  - opera
    - Actors.java
    - Opera.java
    - Song.java
  - song
    - ChildSong.java
    - PopularSong.java
  - test
    - TestOpera.java
  - applicationContext.xml
- JRE System Library [JavaSE-1.7]
- Spring 3.1.1 Libraries

图 13.11 Chap13-2IOCDemo 目录结构

表 13.1　　Chap13-2IOCDemo 项目结构

所属包	名称	说明
actors	AmericanActors	美国演员类，实现演员接口
actors	ChineseActors	中国演员类，实现演员接口
opera	Actors	演员接口
opera	Song	歌曲接口
opera	Opera	歌剧类
song	ChildSong	儿歌类，实现歌曲接口
song	PopularSong	流行歌曲类，实现歌曲接口
test	TestOpera	测试类

各类与接口的实现关系如图 13.12 所示。

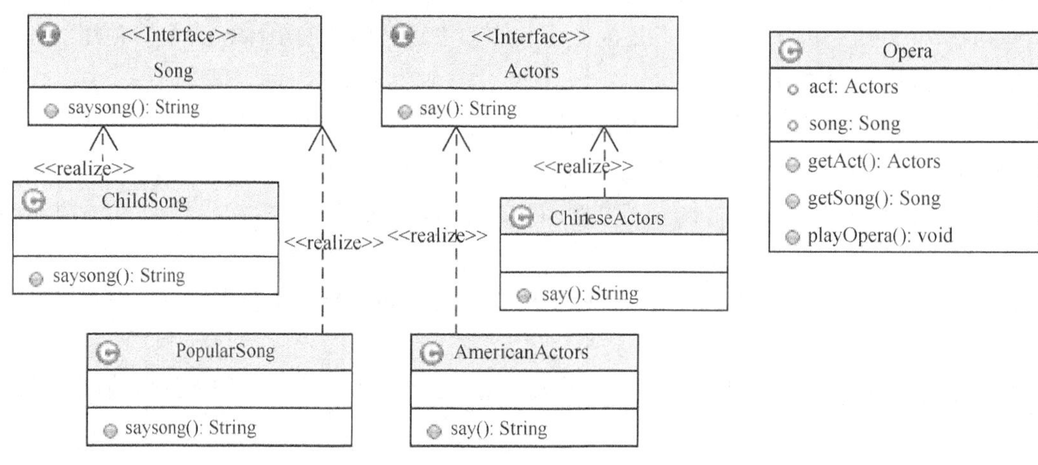

图 13.12　类与接口的实现关系

Actors 接口实现代码如下：

```
package opera;
public interface Actors
{
    public String say();
}
```

Song 接口实现代码如下：

```
package opera;
public interface Song
{
    public String saysong();
}
```

AmericanActors 类实现代码如下：

```
package actors;
import opera.Actors;
public class AmericanActors implements Actors
{
    @Override
    public String say()
    {
```

```
        return "Hello, Captain America";
    }
}
```

ChineseActors 类实现代码如下：

```
package actors;
import opera.Actors;
public class ChineseActors implements Actors
{
    @Override
    public String say()
{
        return "中国功夫，真棒！";
    }
}
```

PopularSong 类实现代码如下：

```
package song;
import opera.Song;
public class PopularSong implements Song
{
    @Override
    public String saysong()
{
        // TODO Auto-generated method stub
        return "小苹果";
    }
}
```

ChildSong 类实现代码如下：

```
package song;
import opera.Song;
public class ChildSong implements Song {
    @Override
    public String saysong() {
        // TODO Auto-generated method stub
        return "两只老虎"; }
}
```

Opera 类实现代码如下：

```
package opera;
public class Opera {
    private Actors act;
    private Song  song;
    private String typeopera;
    public void setTypeopera(String typeopera) {
        this.typeopera = typeopera;
    }
    public void setAct(Actors act) {
        this.act = act;
    }
    public void setSong(Song song) {
        this.song = song;
    }
    public void playOpera()
    {
```

```
        System.out.println("这是一场"+typeopera+"歌剧");
        System.out.println("一个演员表演了"+act.say()+"并演唱了"+song.saysong()+"歌
曲");    }
    }
```

打开 applicationContext.xml 文件，如图 13.13 所示编写配置文件，注意图中标注的注入关系。

<?xml version="1.0" encoding="UTF-8"?>
<beans
xmlns="http://www.springframework.org/schema/beans"
xmlns:xsi="http://www.w3.org/2001/XMLSchema-instance"
xmlns:p="http://www.springframework.org/schema/p"
xsi:schemaLocation="http://www.springframework.org/schema/beans ht
<bean id="American" class="actors.AmericanActors" />
<bean id="Chinese" class="actors.ChineseActors" />
<bean id="Child" class="song.ChildSong" />
<bean id="Popular" class="song.PopularSong" />
<bean id="Opera" class="opera.Opera" >
<property name="typeopera" value="中文" />
<property name="act" ref="Chinese"/>
注意act和song两个属性的注入
<property name="song" ref="Child"/>
</bean>
</beans>

图 13.13　applicationContext.xml 文件配置

Bean 类型变量 Opera 中有 act 和 song 两个属性，使用属性注入方式，将前面声明的 Bean 变量 Chinese 和 Child 注入 Opera 中，typeopera 属性直接给出属性值。

TestOpera 类实现代码如下：

```
public class TestOpera {
    public static void main(String[] args) {
    ApplicationContext context=new  ClassPathXmlApplicationContext
("applicationContext.xml");
        Opera ope=(Opera)context.getBean("Opera");
        ope.playOpera();
    }
}
```

运行结果如图 13.14 所示。

```
<terminated> TestOpera [Java Application] C:\Users\Administrator\Appl
log4j:WARN No appenders could be found for logger (org.spr
log4j:WARN Please initialize the log4j system properly.
log4j:WARN See http://logging.apache.org/log4j/1.2/faq.htm
这是一场中文歌剧
一个演员表演了中国功夫，真棒！并演唱了两只老虎歌曲
```

图 13.14　运行结果

从这个案例中可以看出 Spring 的 IoC 模式原理，通过配置文件的方式将运行时需要的对象通过注入方式提供给程序使用，如图 13.15 所示。

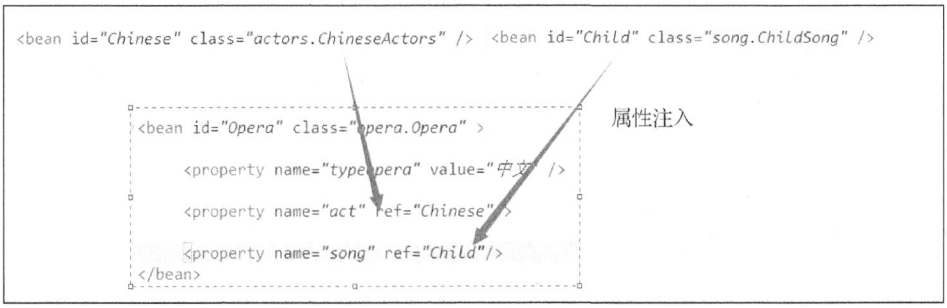

```
<bean id="Chinese" class="actors.ChineseActors" />    <bean id="Child" class="song.ChildSong" />

<bean id="Opera" class="opera.Opera" >
    <property name="typeopera" value="中文" />
    <property name="act" ref="Chinese" />
    <property name="song" ref="Child"/>
</bean>
```

属性注入

图 13.15　IoC 注入

13.3.2　构造函数注入

构造函数注入是指通过类的构造方法来完成依赖关系的设置，具体实现如下。

【例 13.3】构造函数注入。

接上例，打开 Opera.java 文件，如图 13.16 所示增加构造函数。

```java
public class Opera {
    private Actors act;
    private Song  song;
    private String typeopera;
    public void setTypeopera(String typeopera) {
        this.typeopera = typeopera;
    }
    public void setAct(Actors act) {
        this.act = act;
    }
    public void setSong(Song song) {
        this.song = song;
    }
    public Opera(Actors act,Song  song,String typeopera)
    {this.act=act;this.song=song;this.typeopera=typeopera;}
    public void playOpera()
    {
        System.out.println("这是一场"+typeopera+"歌剧");
        System.out.println("一个演员表演了"+act.say()+"并演唱了"+song.saysong(
}
```

图 13.16　修改 Opera 类

打开 applicationContext.xml 文件，如图 13.17 所示修改。

```xml
    xmlns:p="http://www.springframework.org/schema/p"
    xsi:schemaLocation="http://www.springframework.org/schema/beans htt
<bean id="American" class="actors.AmericanActors" />
<bean id="Chinese" class="actors.ChineseActors" />
<bean id="Child" class="song.ChildSong" />
<bean id="Popular" class="song.PopularSong" />
<bean id="Opera" class="opera.Opera" >
    <constructor-arg name="typeopera" value="中文" />
    <constructor-arg name="act" ref="Chinese"/>
    <constructor-arg name="song" ref="Child"/>
</bean>
</beans>
```

图 13.17　构造函数注入

从该例中可以看出构造函数注入的实现方式。

下面介绍属性注入和构造函数注入两种方式的特点。

（1）属性注入的特点：不需要知道属性类型，但是必须知道属性名称，可使用 set()方法实现依赖注入。

（2）构造函数注入的特点：不需要知道参数名称，不需要使用 set()方法，但是必须知道参数的序号和类型，必须定义包含不同参数的构造方法。

13.4 面向切面编程

在大型项目开发过程中，经常会遇到一个业务处理要关联到很多与核心业务无关的事物处理，例如，日志处理、事务管理、访问控制、性能监测等。而这些事物处理往往增加了开发人员的工作量，干扰了核心业务的开发。如何有效整理或者管理这些事物处理，面向切面编程提供了比较好的解决方式。

面向切面编程（Aspect-Oriented Programming，AOP）是 Spring 框架中用于抽取出现在多个业务方法中的横切关注点，使之模块化，并使模块化的横切关注点能够有机地融合到业务逻辑中的一种编程模型。

Spring AOP 是 Spring 的一个重要组成部分，需要 Spring IoC 容器的支持，目的是解决企业级开发中的横切关注点问题。使用 AOP 的好处如下。

① 降低模块的耦合度。

② 使系统容易扩展。

③ 设计决定的迟绑定：使用 AOP，设计师可以推迟为将来的需求做决定。

④ 更好的代码复用性。

在 AOP 编程中，包括很多新名词及概念，如关注点、核心关注点、切面、连接点、通知、切入点、引介等。下面介绍 AOP 的部分常用术语。

- Concern（关注点）：关注点也就是我们要考察或解决的问题。它是一个系统中的核心功能，也是一个系统中和特定业务需求联系最紧密的商业逻辑。
- Aspect（切面）：指横切关注点的抽象，与类类似。
- Joinpoint（连接点）：指那些被拦截到的点。
- Advice（通知）：指拦截到连接点之后所要执行的横切关注点。
- Pointcut（切入点）：指我们要对哪些连接点进行拦截的定义，它包括切入点表达式和切入点声明两部分。
- Target（目标对象）：指切面应用到的对象。
- Proxy（代理对象）：切面应用到目标对象之后，AOP 框架会创建一个对应目标对象的代理对象来实现切面。
- Weave（织入）：指将切面代码插入目标对象并导致代理对象创建的过程。

13.4.1 AOP 通知的原理和类型

AOP 通知的运行原理非常类似 Servlet 中的过滤器，即拦截特定方法的调用，并对调用方法执行特定的横切关注点代码。

根据通知执行的位置，可以将通知分成以下几种类型。

（1）前置通知，在连接点执行之前触发执行。

（2）后置通知，在连接点执行之后触发执行。

（3）异常通知，在连接点抛出未处理异常时触发执行。

（4）最终通知，不管是否有异常抛出，在连接点执行之后都将触发执行。

（5）环绕通知，在连接点执行前、后触发执行，可控制整个方法的执行与否，甚至修改方法的返回值或参数，是功能最强大的通知。

13.4.2　实现案例

下面通过一个案例来演示 AOP 的实现过程。

【例 13.4】为项目增加 AOP 类。

接例 13.2，删除例 13.3 中构造注入部分，选择 src 文件夹，按图 13.18 所示增加一个 aop 包，以及 LoggerBefore 和 LoggerAfter 两个类。

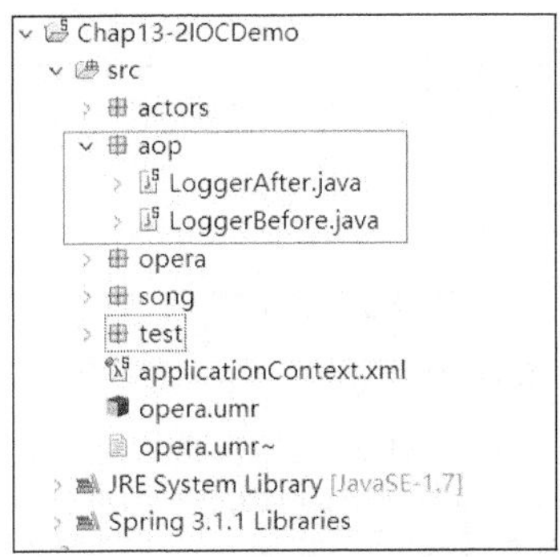

图 13.18　为项目增加 AOP 类

其中，LoggerBefore 类实现 MethodBeforeAdvice 接口，实现对方法调用前的处理，实现代码如下：

```
public class LoggerBefore implements MethodBeforeAdvice {
   @Override
   public void before(Method method, Object[] arguments, Object target)
         throws Throwable {
      System.out.println("==============AOP 运行前==============");
      System.out.println("调用 " + target + " 的 " + method.getName() + " 方法。");
   }
}
```

LoggerAfter 类实现 AfterReturningAdvice 接口，实现对方法运行后的处理，实现代码如下：

```
public class LoggerAfter implements AfterReturningAdvice {
   @Override
   public void afterReturning(Object returnValue, Method method,
         Object[] arguments, Object target) throws Throwable {
      System.out.println("==============AOP 运行后==============");
      System.out.println("调用 " + target + " 的 " + method.getName() + " 方法。"+
"方法返回值: " + returnValue);
   }
}
```

打开 applicationContext.xml 文件，如图 13.19 所示对 AOP 进行配置。

```
<?xml version="1.0" encoding="UTF-8"?>
<beans
    xmlns="http://www.springframework.org/schema/beans"
    xmlns:xsi="http://www.w3.org/2001/XMLSchema-instance"
    xmlns:p="http://www.springframework.org/schema/p"
    xmlns:aop="http://www.springframework.org/schema/aop"     增加AOP命名空间
    xsi:schemaLocation="http://www.springframework.org/schema/beans http://www.springframework.org/schema/beans
    http://www.springframework.org/schema/aop http://www.springframework.org/schema/aop/spring-aop-4.1.xsd">
<bean id="American" class="actors.AmericanActors" />
<bean id="Chinese" class="actors.ChineseActors" />
<bean id="Child" class="song.ChildSong" />
<bean id="Popular" class="song.PopularSong" />
<bean id="Opera" class="opera.Opera" >
      <property name="typeopera" value="中文"/>
      <property name="act" ref="Chinese"/>
      <property name="song" ref="Child"/>
</bean>                                             AOP处理Bean声明
<bean id="after" class="aop.LoggerAfter" />
<bean id="before" class="aop.LoggerBefore" />               AOP切入点
    <aop:config>
        <aop:pointcut id="pointcut" expression="execution(public void playOpera())" />
        <aop:advisor pointcut-ref="pointcut" advice-ref="before" />
        <aop:advisor pointcut-ref="pointcut" advice-ref="after" />
    </aop:config>
</beans>                                                          注入处理Bean
```

图 13.19　AOP 配置

运行结果如图 13.20 所示。

```
log4j:WARN See http://logging.apache.org/log4j/1.2/faq.html#n
===============AOP 运行前===============
调用 opera.Opera@32c57076 的 playOpera 方法。
这是一场中文歌剧
一个演员表演了中国功夫，真棒! 并演唱了两只老虎歌曲
===============AOP 运行后===============
调用 opera.Opera@32c57076 的 playOpera 方法。方法返回值：null
```

图 13.20　运行结果

13.5　Spring 核心技术

13.5.1　Spring 中的 JavaBean

在 Spring 中一切组件都是由 JavaBean 构成的，Bean 和 Bean 之间通过依赖注入确定依赖关系，Spring 可在内存中建立一个 Bean 依赖 Bean 的复杂的依赖关系网。

在 Spring 中 JavaBean 无处不在，到目前为止还没有任何一个框架像 Spring 一样能使用大量的 JavaBean。由于 JavaBean 对属性进行了封装，访问属性只能通过 setXxx()和 getXxx()方法访问。设置依赖注入方式就是利用这一点实现的。

在 Spring 中，有一些 JavaBean 是软件开发人员根据自己的业务需要定义的。还有一些 JavaBean 是 Spring 框架提供的，它们负责处理框架中的一些事情。Spring 中 Bean 定义具有以下属性。

（1）id 属性

在 HelloWorld 实例中，applicationContext.xml 中 Bean 的配置如下：

```
<bean id="HelloWorld" class="org.model.HelloWorld">
```

```
    <property name="message" >
        <value>Hello Yabber!</value>
    </property>
</bean>
```

在 Bean 中有一个 id 属性，这个 id 唯一标识了该 Bean。在配置文件中，不能有重复 id 的 Bean，因为在代码中通过 BeanFactory 或 ApplicationContext 获取 Bean 的实例时，都要用它来作为唯一索引：

```
HelloWorld helloWorld = (HelloWorld)ac.getBean("HelloWorld");
```

（2）name 属性

为 Bean 指定别名可以用 name 属性来完成，如果需要为 Bean 指定多个别名，可以在 name 属性中使用逗号（，）、分号（；）或空格来分隔多个别名，在程序中可以通过任意一个别名访问该 Bean 实例。例如，id 为“HelloWorld”的 Bean，其别名为：

```
<bean id="HelloWorld" name="a;b;c" class="org.model.HelloWorld">
    <property name="message" >
        <value>Hello Yabber!</value>
    </property>
</bean>
```

在程序中，可以采用“a”“b”“c”中的任意一个来获取 Bean 的实例：

```
HelloWorld helloWorld = (HelloWorld) ac.getBean("a");
```

或

```
HelloWorld helloWorld = (HelloWorld) ac.getBean("b");
```

或

```
HelloWorld helloWorld = (HelloWorld) ac.getBean("c");
```

（3）class 属性

每个 Bean 都会指定 class 属性，class 属性指明了 Bean 的来源，即 Bean 的实际路径。注意，这里要写出完整的包名+类名。例如：

```
<bean id="HelloWorld" name="a;b;c" class="org.model.HelloWorld">
```

（4）scope 属性

scope 属性用于指定 Bean 的作用域，Spring 支持 5 种作用域，具体如下。

① singleton：单例模式，当定义该模式时，在容器分配 Bean 的时候，它总是返回同一个实例。

② prototype：原型模式，即每次通过容器的 getBean()方法获取 Bean 的实例时，都将产生新的 Bean 实例。

③ request：对于每次 HTTP 请求，使用 request 定义的 Bean 都将产生一个新实例，即每次 HTTP 请求都会产生不同的 Bean 实例。

④ session：对于每次 HTTP Session 请求，使用 session 定义的 Bean 都将产生一个新实例，即每次 HTTP Session 请求将会产生不同的 Bean 实例。

⑤ globalSession：每个全局的 HTTP Session 对应一个 Bean 实例。

（5）property 属性

在 Spring 的依赖注入中，应用 Bean 的子元素 property 为属性注入值：

```
<bean id="HelloWorld" class="org.model.HelloWorld">
    <property name="message" >
        <value>Hello World!</value>
```

```
    </property>
</bean>
```

如果要为属性设置空值，有以下两种方法。

① 直接用 value 元素指定。

```
<bean id="HelloWorld" class="org.model.HelloWorld">
    <property name="message" >
        <value>null</value>
    </property>
</bean>
```

② 直接用<null/>指定。

```
<bean id="HelloWorld" class="org.model.HelloWorld">
    <property name="message" >
        <null/>
    </property>
</bean>
```

13.5.2 Bean 的生命周期

在 Spring 中 Bean 也有生命周期，Bean 的生命周期为定义、初始化、应用、销毁。

（1）Bean 的定义

Bean 的定义在前面的实例中已经应用很多了，从 HelloWorld 程序中就可以基本看出 Bean 的定义，这里不再列举其定义的形式。值得一提的是，在一个大的应用中，会有很多的 Bean 需要在配置文件中定义，这样配置文件就会很大，变得不易阅读及维护。这时可以把相关的 Bean 放置在一个配置文件中，并创建多个配置文件。

（2）Bean 的初始化

当 Bean 完成全部属性的设置后，Spring 中 Bean 的初始化回调有两种方法。一种是在配置文件中声明"init-method="init""，然后在 HelloWorld 类中写一个 init()方法来初始化；另一种是实现 InitializingBean 接口，然后覆盖其 afterPropertiesSet()方法。因为初始化过程中会应用这两种方法，所以我们可以在 Bean 的初始化过程中让其执行特定行为。

（3）Bean 的应用

Bean 的应用非常简单，在 Spring 中有以下两种使用 Bean 的方式。

① 使用 BeanFactory。

在 ClassPath 下寻找 BeanFactory。由于其配置文件就放在 ClassPath 下，故可以直接找到。

```
ClassPathResource res = new ClassPathResource("applicationContext.xml");
XmlBeanFactory factory = new XmlBeanFactory(res);
HelloWorld helloWorld = (HelloWorld)factory.getBean("HelloWorld");
System.out.println(helloWorld.getMessage());
```

② 使用 ApplicationContext。

```
ApplicationContext ac = new FileSystemXmlApplicationContext("src/
applicationContext.xml");
HelloWorld helloWorld = (HelloWorld) ac.getBean("HelloWorld");
System.out.println(helloWorld.getMessage());
```

（4）Bean 的销毁

在 Bean 实例被销毁之前，也会先调用两种方法。一种方法是在配置文件中声明"destroy-method="close""，然后在 HelloWorld 类中写一个 cleanup()方法来销毁；另一种方法是实现

DisposableBean 接口，然后覆盖其 destroy()方法。因为 Bean 实例在销毁前会应用这两种方法，所以我们可以在 Bean 实例销毁之前让其执行特定行为。

13.5.3　BeanFactory 接口

Spring 容器最基本的接口是 BeanFactory。BeanFactory 接口提供了高级的配置机制来管理任何性质的 Bean 实例。BeanFactory 有很多子接口和实现类，其中应用较多的是 ApplicationContext。

BeanFactory 实现类为 org.springframework.beans.factory.xml.XmlBeanFactory。

当使用 BeanFactory 的时候，需要创建并且从 XML 格式的配置文件中读 Bean 的定义，实现的方法有如下两种。

（1）使用 FileSystemResource 类可通过系统路径加载配置文件。

（2）使用 ClassPathResource 类可通过 Classpath 路径查找配置文件并加载。

13.5.4　ApplicationContext 接口

BeanFactory 主要适用于资源受限的应用。而 ApplicationContext 继承于 BeanFactory，除了具有 BeanFactory 容器的所有功能，还增加了很多企业级特性，具体如下。

（1）提供访问资源文件的更方便的方法。

（2）支持国际化消息。

（3）提供文字消息解析的方法。

（4）可以发布事件，对事件感兴趣的 Bean 可以接收到这些事件。

因此，ApplicationContext 更适用于企业级的应用开发。

13.6　小结

Spring 技术是 Java EE 中常用的技术框架。本章主要介绍了 Spring 框架中常用的两类技术——IoC 与 AOP 的实现原理及使用方法，以及涉及两类技术的核心类的使用。本章所涉及的技术点有一定的难度，读者应在课后多进行实践性练习。

14 第14章 Spring、Struts、Hibernate的整合

Spring 框架是一个轻量级容器，能够管理自身组件以及 Struts、Hibernate、Struts 2 组件。Spring 框架一般不会被单独使用，其定位目标是 Java EE Application Framework，也就是为快速 Web 应用开发提供基础技术架构。Spring 与 Struts 和 Hibernate 等项目结合后，会极大地提升应用开发效率。本章将介绍 Spring、Struts、Hibernate 框架的整合技术。

本章内容：

- SSH 简介；
- Spring 与数据持久层；
- Spring 与 Struts 2 的整合；
- 构建 SSH 整合框架体系。

14.1 SSH 简介

第 13 章介绍了 Spring 框架的相关知识及应用，在 Java EE 项目中，Spring 框架一般用于整合集成其他框架，从而实现轻量级 Java EE 项目结构，常见的为 SSH（Spring+Struts+Hibernate）模式。通常，一个 Java EE 项目可以划分为以下几个层次。

（1）表示层：既可以使用传统的 Servlet、JSP 技术实现，也可以使用 Struts 1、Struts 2 或 Spring MVC 框架等众多表示层技术实现。

（2）业务逻辑层：可以使用 Spring 框架技术实现。

（3）数据持久层：可以使用 JDBC 或 MyBatis、Hibernate 等框架技术实现。

（4）数据库层：可以使用 MySQL、SQL Server、Oracle 等众多数据库技术实现。

SSH 结构如图 14.1 所示，由图可知，Spring 框架需要与项目中多个不同层次的框架进行集成整合，下面进行全面阐述。

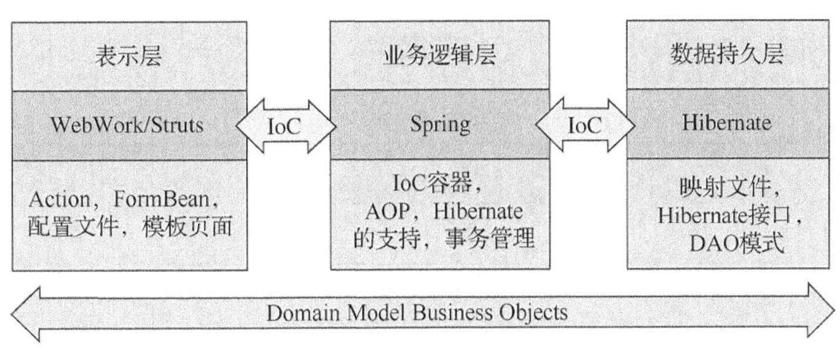

图 14.1　SSH 结构

14.2　Spring 与数据持久层

数据持久层将数据（内存中的变量或对象）保持到存储介质中，即数据持久化。Java 的数据持久化技术主要有以下两种方式。

① Java 对象的序列化。

② 将 Java 对象保存到关系数据库中。

序列化技术不便于使用在大量数据查询中，要解决此问题，可以将 Java 对象保存到关系数据库中。这种将对象保存到关系数据库，以及从数据库中取出数据到对象的过程称为 ORM（Object-Relational Mapping，对象关系映射）。例如，第 11～12 章所讲的 Hibernate 框架就是 ORM 类型。

在 Java EE 中存在很多数据持久层框架技术，例如，JDBC、Hibernate、Apache OJB、TopLink、MyBatis 等。

【例 14.1】使用 Spring 整合 Hibernate。

打开 MyEclipse，新建一个名为 Chap14-1SpringHibernate 的 Web 项目，项目的目录结构如图 14.2 所示。

图 14.2　Chap14-1SpringHibernate 项目目录结构

项目建立后，如图 14.2 所示建立包、类和接口。项目结构的具体情况如表 14.1 所示。

表 14.1　　Chap14–1SpringHibernate 项目结构

所属包	名称	说明
com.dal	UserDao	数据访问层接口
com.dal.imp	UserDaoImp	数据访问层实现类
com.entity	User	用户实体类
com.entity	User.hbm.xml	用户类映射文件
com.servlet	ListServlet	显示所有用户，用于测试

在“Package Explorer”面板中选中该项目，选择右键菜单中“MyEclipse”→“Project Facets”→“Install Spring Facet”命令为项目添加 Spring 框架，如图 14.3 所示，选择 Spring Persistence 库。

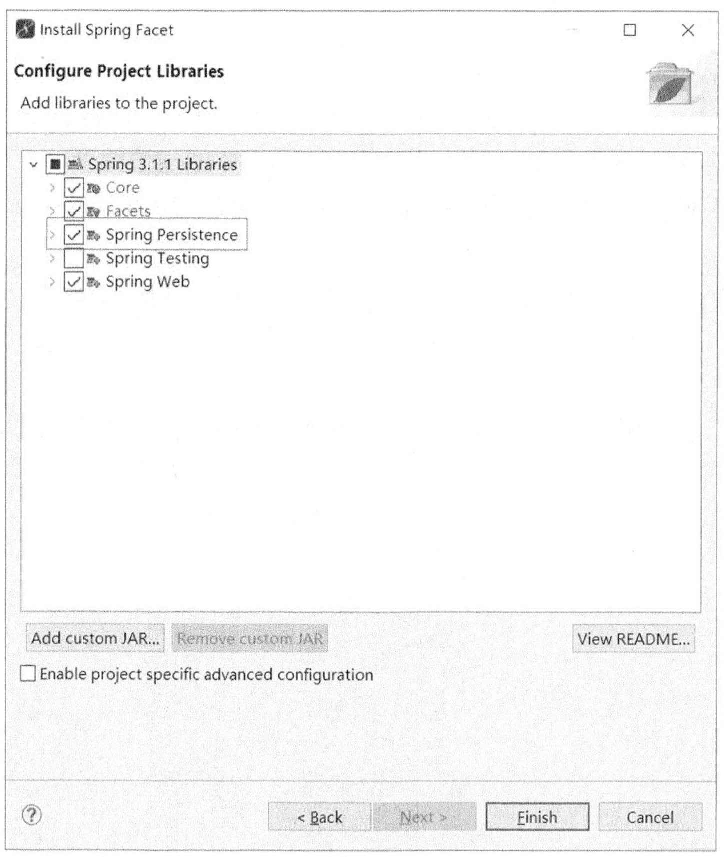

图 14.3　为项目添加 Spring 框架

添加 Spring 框架后，按同样的方式添加 Hibernate 框架。在添加 Hibernate 时注意选择 Hibernate 配置在 applicationContext.xml 文件中，如图 14.4 所示。

在 MyEclipse 的数据浏览视图中，选择 user 表，通过逆向工程产生 User.java 文件和 User.hbm.xml 文件，具体操作过程可参考例 11.1。

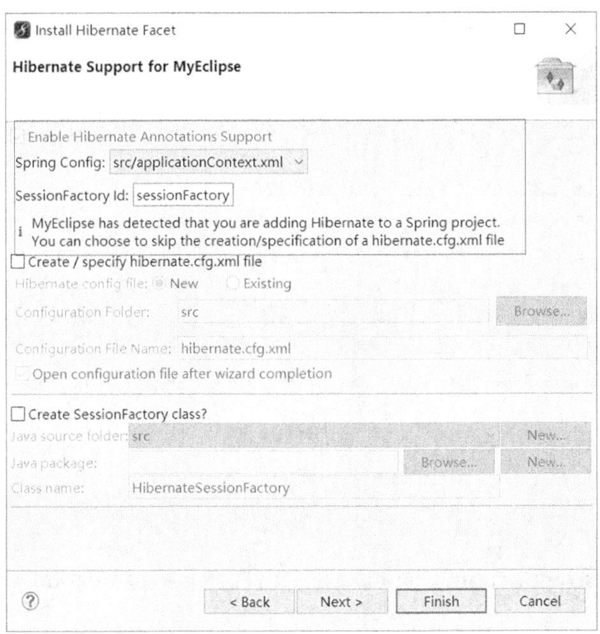

图 14.4　为项目添加 Hibernate 框架

UserDao 接口代码如下所示：

```
import java.util.List;
public interface UserDao {
   public List  getallUser();
   public boolean login(String name,String password);
}
```

UserDaoImp 类代码如下所示：

```
public class UserDaoImp implements UserDao {
    private SessionFactory sessionfactory;
    public void setSessionfactory(SessionFactory sessionfactory) {
        this.sessionfactory = sessionfactory;
    }
    @Override
    public List getallUser() {
        Session se=sessionfactory.openSession();
        Query query = se.createQuery("from User");
        return query.list();
    }
    public boolean login(String name,String password)
    {
        Session se=sessionfactory.openSession();
        String hql = "FROM User WHERE name = ? AND password = ?";
        List<User> list = se.createQuery(hql).setString(0, name).setString(1,
password).list();
        if(list.size()>0) return true;
        return false;
    }
}
```

ListServlet 类代码如下所示：

```
public class ListServlet extends HttpServlet {
    public void service(HttpServletRequest request, HttpServletResponse response)
            throws ServletException, IOException {
    ApplicationContext context=new  ClassPathXmlApplicationContext
("applicationContext.xml");
         UserDaoImp ud=(UserDaoImp)context.getBean("userdaoimp");
         response.setContentType("text/html");
         response.setCharacterEncoding("UTF-8");
         PrintWriter out = response.getWriter();
         out.println("===============查询结果===============<hr>");
         List list=ud.getallUser();
           for (int i=0;i<list.size(); i++)
           {User us = (User)list.get(i);
           out.println("用户名:"+us.getName()+"   性别:"+us.getSex()+"<hr>");
           }
        out.flush();
        out.close();
    }
}
```

在该 Servlet 中装载 applicationContext.xml 文件，获取 userdaoimp 对象访问用户表，其文件配置如下所示：

```
<?xml version="1.0" encoding="UTF-8"?>
<beans
    xmlns="http://www.springframework.org/schema/beans"
    xmlns:xsi="http://www.w3.org/2001/XMLSchema-instance"
    xmlns:p="http://www.springframework.org/schema/p"
   xsi:schemaLocation="http://www.springframework.org/schema/beans
http://www.springframework.org/schema/beans/spring-beans-3.1.xsd
http://www.springframework.org/schema/tx
http://www.springframework.org/schema/tx/spring-tx.xsd"
xmlns:tx="http://www.springframework.org/schema/tx">
<bean id="dataSource" class="com.mchange.v2.c3p0.ComboPooledDataSource"
        destroy-method="close">
        <property name="driverClass" value="com.mysql.jdbc.Driver" />
        <property name="jdbcUrl" value="jdbc:mysql://127.0.0.1:3306/user" />
        <property name="user" value="root" />
        <property name="password" value="123456" />
    </bean>
    <bean id="sessionFactory"
        class="org.springframework.orm.hibernate4.LocalSessionFactoryBean">
        <property name="dataSource">
            <ref bean="dataSource" />
        </property>
        <property name="mappingResources">
            <list>
                <value>/com/entity/User.hbm.xml</value>
            </list>
        </property>
        <property name="hibernateProperties">
            <props>
                <prop key="hibernate.dialect">
                    org.hibernate.dialect.MySQLDialect
                </prop>
            </props>
        </property>
```

```
    </bean>
    <bean id="userdaoimp" class="com.dal.imp.UserDaoImp">
      <property name="sessionfactory" ref="sessionFactory" />
    </bean>
    <bean id="transactionManager"
    class="org.springframework.orm.hibernate4.HibernateTransactionManager">
         <property name="sessionFactory" ref="sessionFactory" />
    </bean>
    <tx:annotation-driven transaction-manager="transactionManager" />
</beans>
```

dataSource 是该案例中的数据源 Bean，用于提供数据库连接。在项目中数据库连接是一种关键的、有限的资源，能影响整个应用程序的性能。这里使用了 C3P0 连接池作为数据源，连接池可负责分配、管理和释放数据库连接。在系统初始化的时候，将数据库连接作为对象存储在内存中，当用户需要访问数据库时，并不是建立一个新的连接，而是从连接池中取出一个已建立的空闲连接对象。

C3P0 是一个优秀的连接池，其名字源于《星球大战》中的 C3P0 机器人。C3P0 实现了 JDBC 3.0 规范的部分功能，性能稳定，故而得到了广泛的应用，其在项目中的应用如下：

```
<bean id="dataSource" class="com.mchange.v2.c3p0.ComboPooledDataSource"
         destroy-method="close">
         <property name="driverClass" value="com.mysql.jdbc.Driver" />
         <property name="jdbcUrl" value="jdbc:mysql://127.0.0.1:3306/user" />
         <property name="user" value="root" />
         <property name="password" value="123456" />
</bean>
```

sessionFactory 是 Spring 实现的 Hibernate 集成 Bean，在项目中实现 Hibernate 的连接，在这个 Bean 中提供了 Hibernate 相关的配置信息。Spring 框架由 LocalSessionFactoryBean 类实现，sessionFactory 中数据源采用注入的方式实现，该 Bean 定义如下：

```
<bean id="sessionFactory"
         class="org.springframework.orm.hibernate4.LocalSessionFactoryBean">
         <property name="dataSource">
             <ref bean="dataSource" />
         </property>
         <property name="mappingResources">
             <list>
                   <value>/com/entity/User.hbm.xml</value>
             </list>
         </property>
         <property name="hibernateProperties">
             <props>
                 <prop key="hibernate.dialect">
                     org.hibernate.dialect.MySQLDialect
                 </prop>
            </props>
         </property>
</bean>
```

userdaoimp 是数据访问层 Bean，数据库的连接访问采用注入的方式实现。完成后启动 ListServlet，运行结果如图 14.5 所示。

http://sc-201707160635:8080/Chap14-1SpringHibernate/servlet/ListServlet

===============查询结果===============

用户名:石进 性别:男

用户名:张海燕 性别:女

用户名:李晓明 性别:男

用户名:徐跃心 性别:女

用户名:古丽丽 性别:女

图 14.5　运行结果

14.3　Spring 整合 Struts 2

Spring 整合 Struts 2 的目的是将 Struts 2 中 Action 的实例化工作交由 Spring 容器统一管理，同时使 Struts 2 中的 Action 实例能够访问 Spring 提供的业务逻辑组件资源。而 Spring 容器自身所具有的依赖注入的优势也可以充分发挥出来。

由于 Struts 2 采用了基于插件的扩展机制，因此 Struts 2 与其他框架（或组件）的整合变得灵活方便。Struts 2 与 Spring 整合时要用到 Spring 的插件包，这个包是随着 Struts 2 一起发布的。

Spring 整合 Struts 2 的过程是：在已经开发好的 Struts 2 项目中，添加 Spring 框架，把用户自己编写的 Action 模块交给 Spring 容器管理，如图 14.6 所示。

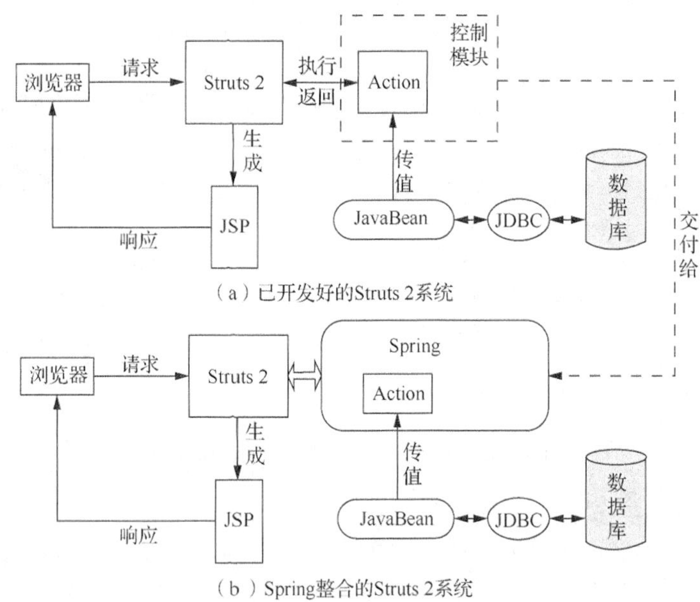

图 14.6　Spring 与 Struts 2 整合方案

14.4　Spring 整合 Struts 2、Hibernate

【例 14.2】Spring 整合 Struts 2、Hibernate。

打开例 14.1，在 “Package Explorer” 面板中选中该项目，选择右键菜单中 “MyEclipse” →

"Project Facets"→"Install Struts 2.x Facet"命令为项目添加 Struts 2 框架，如图 14.7 所示。

如图 14.8 所示修改 src 目录，增加 com.action 包、UserAction 类以及 login.jsp、fail.jsp 页面。

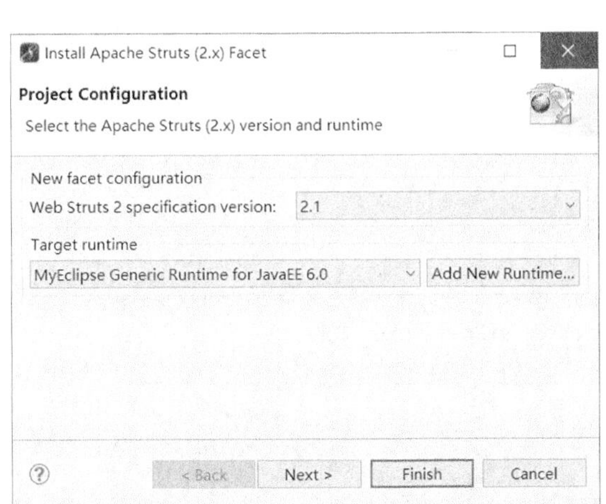

图 14.7　为项目添加 Struts 2 框架

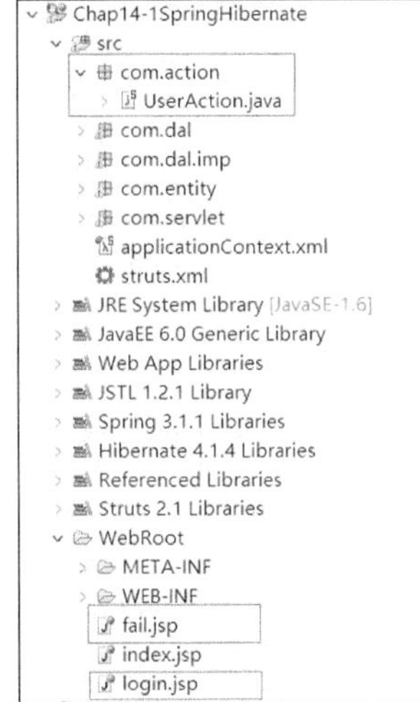

图 14.8　修改 Chap14-1SpringHibernate 项目结构

其中，UserAction 类代码如下：

```
public class UserAction {
    private User user;
    private UserDao ud;
    public void setUser(User user) {
        this.user = user;
    }
    public User getUser() {
        return user;
    }
    public void setUd(UserDao ud) {
        this.ud = ud;
    }
    public String login()
    {   if(ud.login(user.getName(), user.getPassword()))
        return "success";
    return "input";
    }
}
```

打开 web.xml 文件，如图 14.9 所示增加 Spring 监听器。

```
    <filter-class>org.apache.struts2.dispatcher.ng.filter.StrutsPrepareAn
  </filter>
  <filter-mapping>
    <filter-name>struts2</filter-name>
    <url-pattern>/*</url-pattern>
  </filter-mapping>
  <listener>
        <listener-class>
            org.springframework.web.context.ContextLoaderListener
        </listener-class>
  </listener>
  <context-param>
    <param-name>contextConfigLocation</param-name>
    <param-value>classpath:applicationContext.xml</param-value>
  </context-param>
</web-app>
```

图 14.9　修改 web.xml 文件配置

打开 applicationContext.xml 文件，添加 useraction 的 Bean 定义，如图 14.10 所示。然后使用 useraction 替换 struts.xml 文件中<login action>标签的 class 属性，如图 14.11 所示。

```
            </prop>
        </props>
    </property>
</bean>
<bean id="userdaoimp" class="com.dal.imp.UserDaoImp">
  <property name="sessionfactory" ref="sessionFactory" />
</bean>
<bean id="transactionManager"
    class="org.springframework.orm.hibernate4.HibernateTransactionManager">
    <property name="sessionFactory" ref="sessionFactory" />
</bean>
<bean id="useraction" class="com.action.UserAction">
   <property name="ud" ref="userdaoimp" />
</bean>
```

图 14.10　修改 applicationContext.xml 文件

```
<struts>
<package name="default" namespace="/" extends="struts-default">
        <action name="login"    class="useraction" method="login">
            <result name="input">login.jsp</result>
            <result name="success">index.jsp</result>
            <result name="fail">fail.jsp</result>
        </action>
</package>
</struts>
```

图 14.11　修改 struts.xml 文件

其中，login.jsp 页面代码如图 14.12 所示。

```
 <s:form action="login">
<table width="398" height="168" border="0" cellpadding="0" cellspacing="0" align="center">
  <tr>
    <td colspan="2" align="center">登录</td>
  </tr>
  <tr>
    <td width="111" align="right">用户名：</td>
    <td width="271"><s:textfield name="user.name"/>
    </td>
  </tr>
  <tr>
    <td align="right">密 码：</td>
    <td><s:password name="user.password"/></td>
  </tr>
  <tr>
    <td colspan="2" align="center"><label>
      <input type="submit" name="button" id="button" value="提交" />
    </label>
     </td>
  </tr>
</table>
</s:form>
```

图 14.12　login.jsp 页面代码

14.5　小结

本章介绍了 Spring 框架技术与 Struts 2、Hibernate 的整合技术，Spring 框架在 Java EE 项目中能将表示层、业务逻辑层、数据持久层较好地融合起来。本章涉及的技术点有一定的难度，读者应在课后多进行实践性练习。